カラー版 徹底

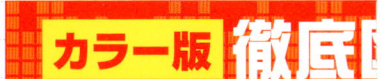

通信のしくみ

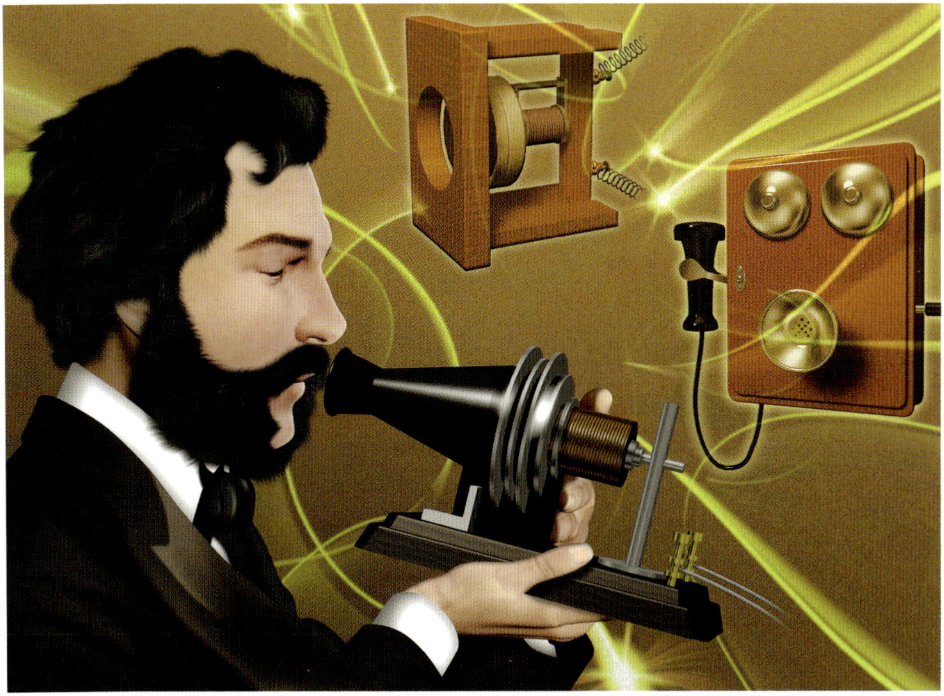

The visual encyclopedia of Communication

新星出版社

通信のしくみ

もくじ

はじめに……………………………………………………………6

第1章　最新の通信装置の構造としくみ ……………7

iPhone（スマートフォン）……………………………………8
iPad（タブレット端末）………………………………………10
携帯ゲーム機……………………………………………………12
無線LANルーター………………………………………………14
WiMAX Speed Wi-Fi …………………………………………16
固定電話機………………………………………………………18
ファクシミリ……………………………………………………20
フェリカ（FeliCa）………………………………………………22
カーナビ…………………………………………………………24
航空機の通信装置………………………………………………26
空港の通信装置…………………………………………………28
インターネット通信衛星………………………………………30
宇宙探査機の通信装置…………………………………………32
Column 電波時計……………………………………………34

第2章　通信の基礎知識 ……………………………35

通信の始まり……………………………………………………36
有線通信と無線通信のしくみ…………………………………38
有線の伝送〈メタルケーブル〉…………………………………40
有線の伝送〈光ファイバーケーブル〉…………………………42
無線の伝送方法…………………………………………………44
アナログ信号とデジタル信号の違い…………………………46
アナログからデジタルに変えるしくみ………………………48
信号の中継と伝送方式…………………………………………50
電気信号を光信号に変えるしくみ……………………………52

周波数を変えるしくみ ･････････････････････････････････････54
　　複数の回線の信号を送信するしくみ ･････････････････56
　　Column 専用回線のしくみ ･･･････････････････････････････58

第3章　ネットワークのしくみ ･････････････ **59**

　　ネットワーク通信の起源 ･･････････････････････････････････60
　　LANの配線形態 ･･･62
　　イーサネットの種類としくみ ･･･････････････････････････64
　　MACフレーム① ･･･66
　　MACフレーム② ･･･68
　　スイッチングハブのしくみ ･･････････････････････････････70
　　トークンリングのしくみ ････････････････････････････････72
　　FDDIのしくみ ･･･74
　　WANサービスとは ･･76
　　ハードウェアを超えるVLAN技術 ･････････････････････78
　　Column レイヤ3スイッチの機能 ･･･････････････････････80

第4章　インターネット通信のしくみ ･････ **81**

　　インターネットの構造 ･････････････････････････････････････82
　　インターネット通信のしくみ ･･････････････････････････84
　　MACフレームとIPパケット ････････････････････････････86
　　ドメイン名とIPアドレス ････････････････････････････････88
　　OSI参照とTCP/IP ･･90
　　TCP/IPでデータを送受信するしくみ ･････････････････92
　　ポート番号のしくみ ･･･････････････････････････････････････94
　　ルーティングのしくみ ･････････････････････････････････････96
　　ファイアウォールのしくみ ･･････････････････････････････98
　　ウェブページ閲覧のしくみ ･････････････････････････････100
　　メールの送受信のしくみ ･･･････････････････････････････102
　　電子認証システムのしくみ ･････････････････････････････104
　　インターネット検索のしくみ ･･････････････････････････106
　　動画配信のしくみ ･･108
　　クラウド・コンピューティング ････････････････････････110
　　Column マルチキャスト通信 ････････････････････････････112

第5章　無線通信のしくみ ･････････････････ **113**

　　無線通信の種類 ･･114

無線通信の伝送方式	116
無線LANのしくみ	118
無線LANの高速化	120
無線LANのセキュリティ	122
モバイルWiMAXの特徴	124
Column 家が公衆無線になる－FON	126

第6章　固定電話のしくみ　127

固定電話の始まりと歩み	128
固定電話がつながるしくみ	130
固定電話の加入者線のしくみ	132
固定電話網の構造としくみ	134
緊急電話と公衆電話のしくみ	136
国際電話がつながるしくみ	138
電話番号のしくみ	140
発信者番号を利用したサービスのしくみ	142
電話回線とインターネット	144
Column 盗聴と傍受	146

第7章　モバイル通信のしくみ　147

携帯電話の変遷	148
携帯電話の伝送のしくみ①	150
携帯電話の伝送のしくみ②	152
携帯電話のつながるしくみ	154
電波の割り当てとアンテナの話	156
基地局のしくみと種類	158
携帯電話の位置把握のしくみ	160
スマートフォンの特徴	162
タブレット端末の特徴	164
PHSのしくみ	166
ワンセグ放送受信のしくみ	168
Column 国際ローミング	170

第8章　IP電話のしくみ　171

IP電話とは	172
IP電話の通話のしくみ	174
IP電話の料金と品質	176

組織内でのIP電話のしくみ①……………………………………………178
　　組織内でのIP電話のしくみ②……………………………………………180
　　光回線を使用したIP電話の特徴…………………………………………182
　　家庭の電話機からNTTにつながるしくみ………………………………184
　　NTTから相手の電話機につながるしくみ………………………………186
　　Column スカイプはIP電話？…………………………………………188

第9章　テレビ放送のしくみ……………………………**189**

　　テレビ放送のしくみ………………………………………………………190
　　電波塔のしくみ……………………………………………………………192
　　地上デジタル放送のしくみ………………………………………………194
　　双方向データ放送のしくみ………………………………………………196
　　衛星放送のしくみ…………………………………………………………198
　　衛星デジタル放送のしくみ………………………………………………200
　　ディスプレイの種類としくみ……………………………………………202
　　デジタル放送の5.1chサラウンド………………………………………204
　　IP放送のしくみ……………………………………………………………206
　　CATVのしくみ……………………………………………………………208
　　Column テレビ受信アンテナのしくみ………………………………210

第10章　近未来通信のしくみ……………………………**211**

　　センサーネットワーク……………………………………………………212
　　モバイルネットワークの未来……………………………………………214
　　近未来のハイテク生活……………………………………………………216
　　Column ボディアクセスネットワーク………………………………218

　　さくいん……………………………………………………………………219

※本書は特に記載がない限り、2012年11月の情報を元に作成しています。

はじめに

　既刊書の「徹底図解　通信のしくみ」が出版されて、早5年が過ぎようとしています。当時は、固定電話を中心した通信から携帯電話やブロードバンドでのインターネット通信へと大きな変貌を遂げた時代でした。そして、その後、通信の世界は、また大きな変化をみせながら現在に至っています。

　例えば、インターネット回線がADSLから光ファイバー回線に、携帯電話がスマートフォンに、有線LANが無線LANへと私たちの身の回りだけでも様々な変化が見られます。

　そこで、この度、既刊書の「誰でも理解できるわかりやすい説明」と「それをサポートする豊富なイラスト」という特長は踏襲し、新しい情報を追加、修正し、改訂版として新しい通信の世界を紹介することになりました。

　今回は、まず、通信の基礎知識からネットワークさらにインターネット、無線LANなどのしくみについて、身近な疑問から専門的なことまで理解できるように説明しています。

　次に、かつてネットワークの原点であった固定電話の何故から、携帯電話のしくみ、そしてスマートフォン、タブレット端末などを説明しています。

　さらに、地上デジタル放送へ完全移行した放送網のしくみの説明、つまり、放送局からの一方的な情報ではなく、視聴者から放送局へ情報が流れるしくみなども説明しています。

　本書によって最先端の通信のしくみを理解していただき、それが生活や学習の一助になれば幸いです。

高作義明

第1章
最新の通信装置の構造としくみ

iPhone（スマートフォン）

Keyword スマートフォン　携帯電話機能をもった携帯情報端末といわれ、パソコンに近い仕様になっている。スマホとも呼ばれる。

iPhone 4Sの外観

Face Time（フェイスタイム）カメラ（※1）

ディスプレイ
3.5インチのRetina（レティーナ）ディスプレイ（解像度が高く、目の疲れを和らげ、さらに傷つきにくい）でタッチパネル搭載。解像度は960×640ピクセルで629ppi。

アプリケーションボタン
目的のボタンをタッチするとアプリケーションが起動する。

iSightカメラ（※2）
右横はLEDフラッシュ。

上部
電源ボタン
イヤフォン端子

左側面
サウンドオン/オフボタン

音量調節ボタン

右側面
Micro SIM
カードスロット

下部
スピーカー
マイク
Dockコネクタ

ホームボタン

※1 Face Timeカメラ
裏面照射型センサーで1.2メガピクセル。FaceTime（ビデオ通話アプリ）で利用する。

※2 iSightカメラ
裏面照射型センサーで8メガピクセル。一般的なデジタルカメラと同じようなオートフォーカス機能やパノラマ機能などを搭載。

豆知識　初代のiPhoneは2007年6月に米国で発売されたが、当時の日本の携帯電話は独自の通信規格PDC方式を採用していたため、日本での発売が遅れたという経緯がある。

iPhone 4Sの内部

前面ガラス+タッチパネル

ホームボタン

バッテリー
充電可能なリチウムポリマー2次電池。リチウムイオン電池に比べて小型軽量化が可能な電池。

上部アンテナ配置部分
無線LAN、Bluetooth用。

カメラ

アップルA5プロセッサー
CPUコアを2個搭載してA4に比べると処理能力は2倍、グラフィックス性能は7倍以上。

メイン基板
CPUやフラッシュメモリなど主要部品を搭載したメインモジュールと通信機能を搭載した無線モジュールの2枚重ねになっている。

下部アンテナ配置部分
携帯電話網用。

iPhone5

　iPhoneの最新機種は、2012年9月に登場したiPhone5だ。
　サイズは4Sと横幅は同じだが、縦が約8mm長くなったので若干大きくなったような感じになったが、薄くて軽く(140→112g)なり、ディスプレイは4インチになった。
　内部ではCPUがアップルA6プロセッサーで、OSがiOS6になり、メモリも1GBと大きくなり、高速化を実現させている。
　さらにバッテリーも長持ちするようになり、データ通信は電話回線網使用時が8時間、Wi-Fi使用時が10時間と、どちらも1時間程度長くなっている。

知っ得 iPhoneは、iPhone→iPhone3G→iPhone3GS→iPhone4→iPhone4S→iPhone5とバージョンアップしてきた。

iPad（タブレット端末）

 タブレット端末 タッチインターフェースを搭載した液晶ディスプレイを入出力インターフェースとする板状のコンピューターの総称。

新型iPadの外観

Face Timeカメラ（フェイス タイム）
Face Time（ビデオ通話アプリ）用カメラ。

ディスプレイ
9.7インチのRetina（レティーナ）ディスプレイ（8頁参照）でタッチパネルを搭載。

Wi-Fi+Cellular（セルラー）モデルの通信アンテナ
Wi-Fiモデルは下の背面画像。

電源スイッチ

iSightカメラ
8頁参照。

画面回転ロック/消音スイッチ

音量ボタン

ホームボタン

アプリケーションボタン
目的のボタンをタッチすると画面が切り替わる。

フィルムアンテナ
背面素材がAl合金のため無線の感度が低くなりがちなのを防ぐという理由で背面中央の位置に穴を開け、リンゴマークを構成する黒い樹脂でふさいである。また、その樹脂にはフィルムアンテナが装着されている。

外部接続用端子 **スピーカー**

知っ得 iPadには、無線LANだけに対応するWi-Fiモデル（652g）と無線LANと携帯電話網に対応するWi-Fi+Cellularモデル（662g）がある。

iPadの内部

前面ガラス+タッチパネル

液晶パネル
画素数は2048×1536で264ppi。iPad2の4倍のピクセル数でリアルな表現を可能にした。

ホームボタン

Face Timeカメラ
裏面照射型センサーで1.2メガピクセル。

iSightカメラ
裏面照射型センサーで8メガピクセル。

バッテリー
充電可能なリチウムポリマー2次電池。

アップルA5Xプロセッサー

メイン基板
CPUやフラッシュメモリなど主要部品を搭載している。

外部接続用端子
iPadに付属しているDockコネクタUSBケーブルでパソコンと接続して充電するときなどに利用する。

豆知識 参照。

豆知識 A5Xプロセッサーは、GPUがA5プロセッサーはデュアルコアなのに対しクァッド(4つ)コアになり、処理能力が2倍グラフィック性能が9倍と大きく向上した。

携帯ゲーム機

Key word IEEE802.11　IEEEにより策定された無線LANの通信規格。携帯ゲーム機ではIEEE802.11b/g/nなどが利用されている。

PSP Vita（ヴィータ）の外観と内部

Lボタン
LiveArea™（アプリケーション画面）とホーム画面を切り替える。右にも同じ機能のRボタンがある。

ディスプレイ
有機EL画面に直接触れて操作できる。960×544画素数、5インチ。多点入力対応の静電容量方式。

前面カメラ
写真や動画を作成する。背面カメラも搭載されている。

方向ボタン

○×△□ボタン

左スピーカー
左スピーカー、右には右スピーカーを搭載。

STARTボタン

SELECTボタン

アナログスティック

SIMカードスロット
3G/Wi-Fiモデルに搭載。モバイルネットワーク機能を利用できる。

通信機能
機種によって異なるが携帯電話網、無線LAN（IEEE802.11b/g/n）、Bluetoothが利用できる。通信のための各アンテナは背面の外周部に配置されている。

背面カメラ
解像度は最大640×480（VGA）。前面カメラも同様。

ジャイロセンサー
本体の傾きを感知する。

周辺基板（2層）
コントローラーボタン用。

メイン基板（10層）
アプリケーション・プロセッサー、LAN用LSI、フラッシュメモリ、加速度センサーなどを搭載。

周辺基板（2層）
コントローラーボタン用。

知っ得　それぞれがカードを所有する必要がある「ワイヤレスプレイ」、1つのカードで複数の携帯ゲーム機を使って多人数で遊べる「ダウンロードプレイ」などがある。

3DSの外観と内部

ディスプレイ
3.53インチで3D液晶画面（裸眼立体視）。画素数は800×240（3D表示時は400×240）。

イン・カメラ
この裏に2個のアウト・カメラが搭載され、3D写真を撮影できる。解像度は640×480。

ABXYボタン

ディスプレイ
3.02インチで液晶タッチパネル。
画素数は320×240。

スライドパッド
360°のアナログ入力ができる。

十字ボタン

HOMEボタン

タッチペン

スピーカー

タッチパネル
抵抗膜方式を採用。

液晶パネル

十字ボタンの操作スイッチ

ABXYボタンの操作スイッチ

通信機能
無線LAN（IEEE802.11b/g）が利用できる。

基板
片側（背面）実装のメイン基板。その他無線LANモジュール、赤外線モジュールSDカード用スロット基板搭載。

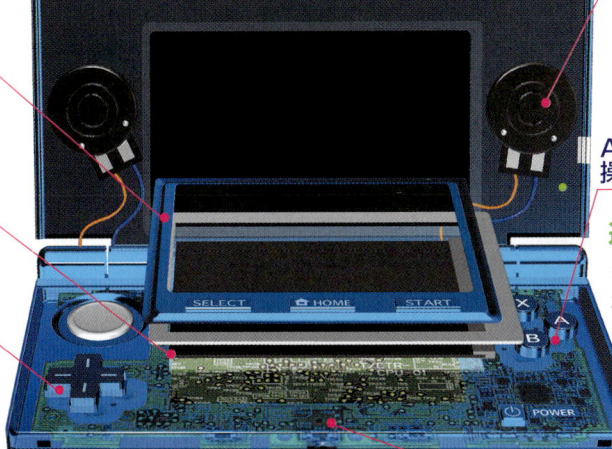

豆知識 本項目で取り上げたPSP Vitaはソニーが3DSは任天堂が製造販売しているが、その他にソニーではPSP、任天堂ではDSなどの携帯ゲーム機がある。

無線LANルーター

 ルーター 異なるネットワーク間でデータをやり取りするために必要な中継機器。例えば家庭内のネットワークとインターネットを中継する。

無線LNルーターの内部（前面）

アンテナ
機種によっては、アンテナが内部にあり外観からはわからない場合がある。

自動接続ボタン（※）

POWERランプ

2.4GHzランプ
2.4GHzの無線LANの動作中に点灯。

5GHzランプ
5GHzの無線LANの動作中に点灯。

ルーターランプ
ルーター機能が有効な場合に点灯。

DIAGランプ
無線機能の状態を点滅で表す。

基板

ムービーエンジンスイッチ
動画再生時のコマ落ちや音飛びを低減できる。

※自動接続ボタン

押すだけで、無線LAN接続とセキュリティの設定ができるボタン。自動接続機能としてバッファロー社ではAOSS（AirStationOne-Touch Secure System）が開発され、ゲーム機、プリンター、テレビ、携帯電話など対応する子機が多く、最も普及している。その他、米国の業界団体Wi-Fi Allianceが策定したWPS（Wi-Fi Protected Setup）やNECアクセステクニカ社が開発した「らくらく無線スタート」がある。

知っ得 無線LANには親機と子機が不可欠だ。家庭では無線LANルーターという親機を用意し、外出先では公衆無線LANサービスやモバイルWi-Fiルーターを親機として利用する。

無線LNルーターの内部（背面）

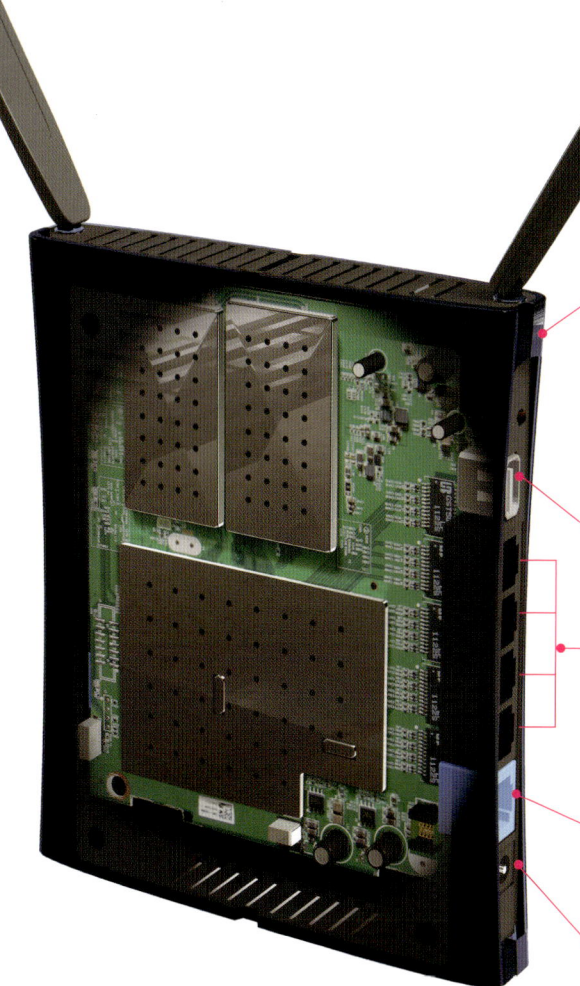

ルータースイッチ
ルーター機能の有効/無効/AUTOを切り替える。例えば、すでにブロードバンドルーターを利用している場合は、無線LANルーターのルーター機能を無効にして使用する。

USBポート

LANポート
LANケーブルでパソコンなどに接続し、有線でも利用できる。

インターネットポート
モデム/ONU/CTUなどインターネット回線と接続する。

DCコネクター

無線LANルーターの子機

無線LANルーターはLAN内のパソコンや情報端末と無線で情報をやり取りする機器で、無線LANルーターを親機、パソコンなどを子機と呼ぶ。最近のパソコンにはすでに子機の機能が搭載されているが、子機の機能を搭載していない機器の場合は、USB接続などで利用する右のような子機がある。

なるほど マルチセキュリティでは複数のSSID（ネットワーク名）や暗号化方式を設定でき、パソコンなどはWPA、古い機器やゲーム機などはWEPと分けて接続できる。

WiMAX Speed Wi-Fi

モバイルWiMAX　WiMax（ワイマックス）という規格から派生した移動体通信を想定した通信規格。

WiMAX Speed Wi-Fiの外観

POWERランプ
電源がONのとき点灯。

Wi-Fiランプ
無線LAN通信時に点灯。

WiMAXランプ
WiMAX/公衆無線LAN通信時に点灯。

バッテリーランプ
電池使用時は電池残量表示。充電時は充電状態表示。

アンテナランプ
WiMAXランプ点灯時の電界強度表示。

セットボタン
無線LAN設定が簡単にできる（14頁の「※自動接続ボタン」参照）。

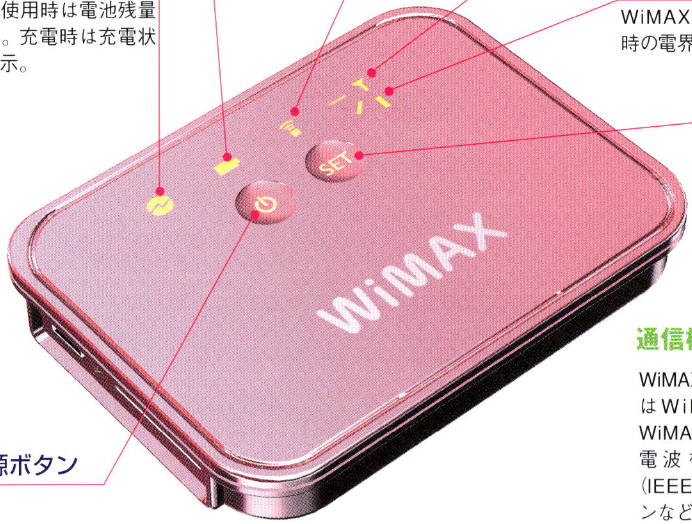

電源ボタン

通信機能
WiMAX Speed Wi-Fi（親機）はWiMAXの基地局からWiMAX（IEEE802.16e）の電波を受け、無線LAN（IEEE802.11b/g）でパソコンなどの情報端末（子機）へ電波を送る。
なお、この機種は屋外で公衆無線LANを利用することもできる。

リセットスイッチ
初期化するときに使用する。

USBポート
パソコンなどとUSB接続すれば、内蔵充電池を使うことなくWiMAX通信ができる。

クレードルポート
クレードルとはスタンド型の充電するための装置のことで、そのクレードルと接続させるためのポート。右頁下図参照。

知っ得　WiMAXの新しい規格であるWiMAX2は、第4世代移動通信システムの1つとなっている。

WiMAX Speed Wi-Fiの内部

基板

アンテナ
アンテナはWiMAX用が2（MIMO方式）と無線LAN用送信1、受信1が内蔵されている。

バッテリー
リチウムポリマー電池が使用されている。

クレードルに装着する

　ここで、サンプルとして取り上げているWiMAX Speed Wi-Fiは、小型（70×95×128mm）で持ち運べるモバイルタイプだが、他に、もう少し大きく家庭で複数台のパソコンや情報端末機器に利用するホームタイプもある（124頁参照）。

　ただし、モバイルタイプでも右のようにクレードルを装着するとLANケーブルを利用して有線通信も可能になり、家庭で無線LANアクセスポイントとしてホームタイプと同じように利用することもできる機種もある。

豆知識　1台のパソコンだけでWiMAXを利用するという場合には、パソコンにUSB接続できるカード型のデータ通信カードもある。

固定電話機

固定電話 電話会社と利用契約を結んで電話局から回線を引き込み、電話機をつないで使う、昔から家庭で使っている電話。

固定電話機の構造

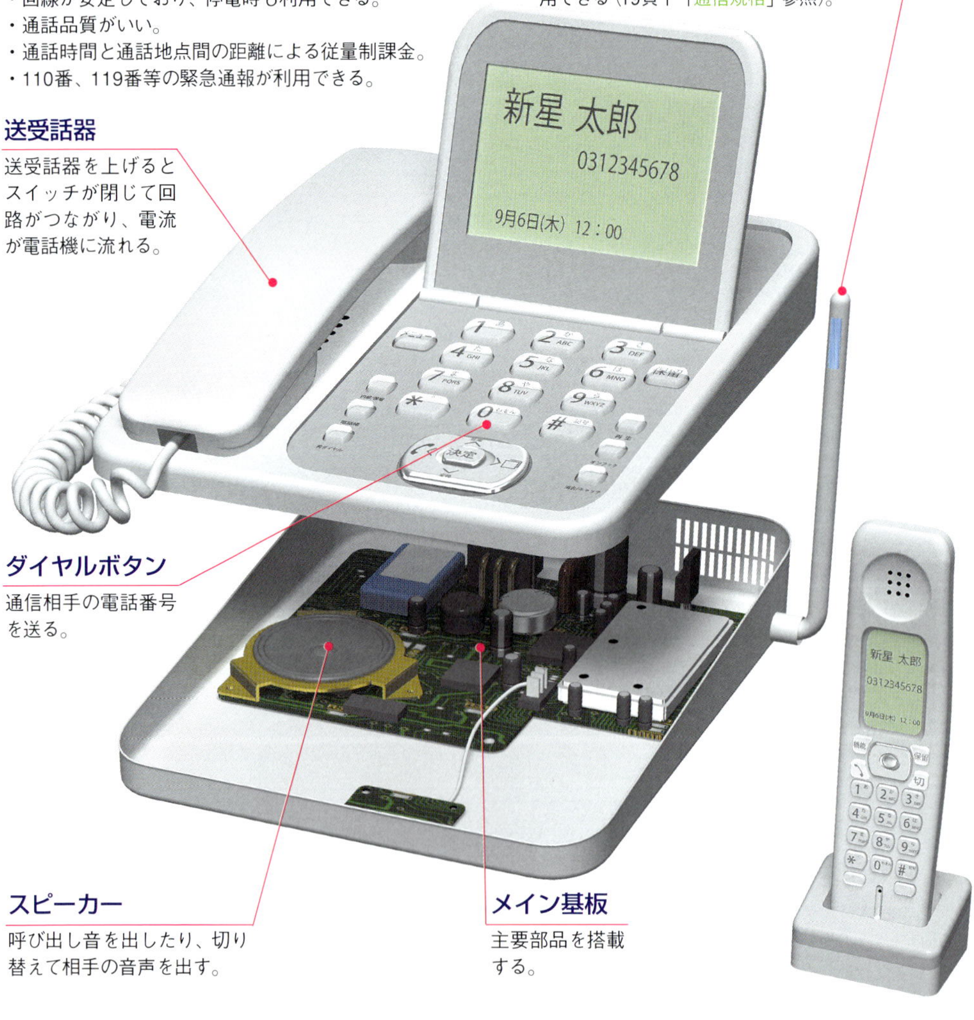

固定電話の特徴
・全国どこでも利用できる。
・回線が安定しており、停電時も利用できる。
・通話品質がいい。
・通話時間と通話地点間の距離による従量制課金。
・110番、119番等の緊急通報が利用できる。

アンテナ
子機との通信に使用する。他の無線LAN機器（2.4GHzを利用）とは異なる1.9GHzも利用できる（19頁下「通信規格」参照）。

送受話器
送受話器を上げるとスイッチが閉じて回路がつながり、電流が電話機に流れる。

ダイヤルボタン
通信相手の電話番号を送る。

スピーカー
呼び出し音を出したり、切り替えて相手の音声を出す。

メイン基板
主要部品を搭載する。

知っ得 携帯電話やPHS、IP電話の普及に伴い、従来の電話線を使った電話を固定電話と呼ぶようになった。家にある固定電話ということでイエデンと呼ばれることもある。

送受信器の構造

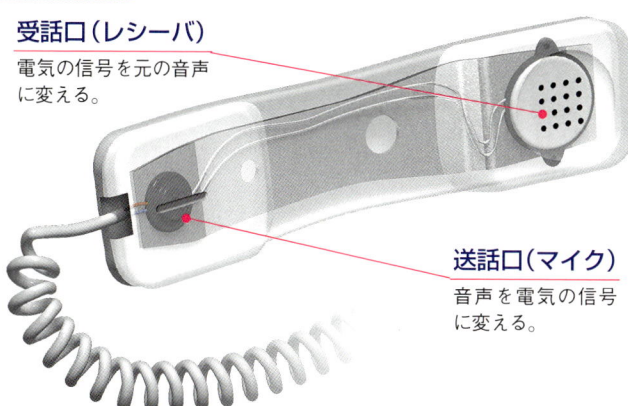

受話口（レシーバ）
電気の信号を元の音声に変える。

送話口（マイク）
音声を電気の信号に変える。

コードレス子機の構造

内蔵アンテナ
親機との通信に使用する。つながりにくい場合のために中継アンテナが用意されている機種もある。

受話口（レシーバ）
電気の信号を元の音声に変える。下の黒い円盤状のボタンが通話用のスピーカー。

スピーカー
着信音等を知らせるスピーカー。

液晶ディスプレイ
STN液晶。バックライト付き。

基板

送話口（マイク）
音声を電気の信号に変える。

通信規格

日本では、10mW（ミリワット）以下の出力であれば免許不要で自由に利用できる帯域として2.4GHz近辺の電波周波数帯域が開放されている。
従来のコードレス子機は、この帯域を利用して無線通信を行っていたが、この帯域は、電子レンジや無線LAN機器なども使用するため、当初は電波干渉による不具合も発生しやすく、盗聴の危険性も高かった。
最近では、1.9GHzの電波周波数帯域帯を利用するDECT規格の機種が多くなった。

豆知識 PHSは携帯電話と外観や機能がほぼ同じでも、携帯電話が自動車電話のしくみを発展させたものであるのに対し固定電話の子機のしくみを発展させたものである。

ファクシミリ

ファクシミリ 紙に描かれた画像や文字を読み取り、それをデジタル信号に変換し、それを受信側のファクシミリに送信する。

ファクシミリの構造

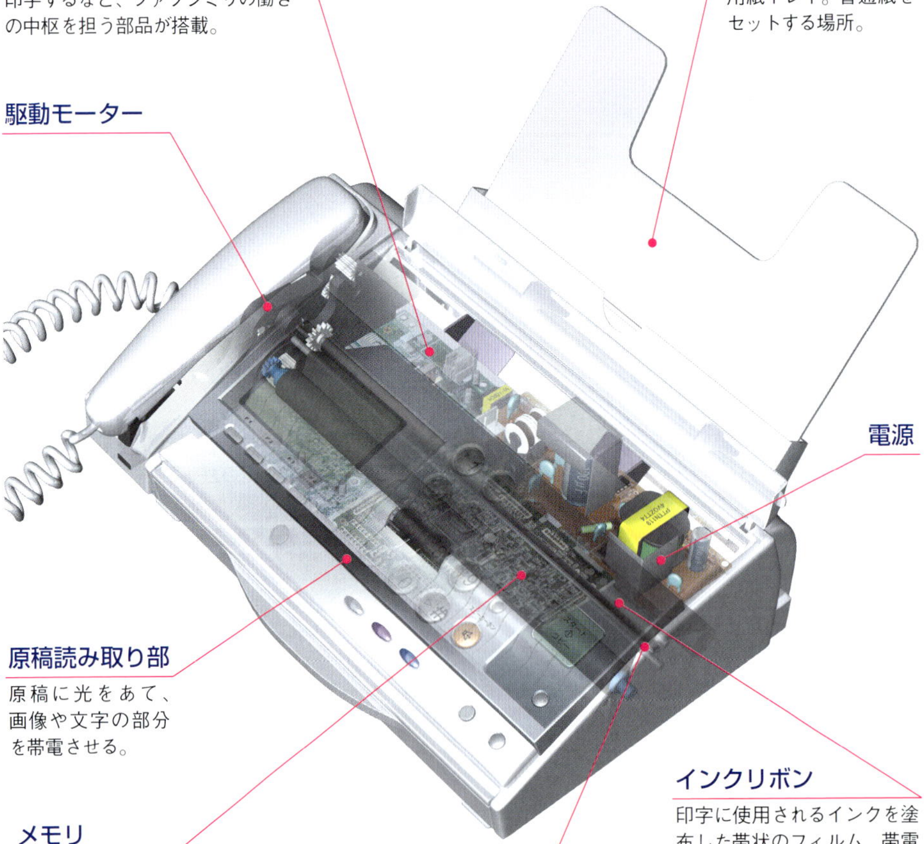

メイン基板
イメージ情報を読み取り電気信号に変換したり、受信したデータを印字するなど、ファクシミリの働きの中枢を担う部品が搭載。

駆動モーター

用紙トレイ
現在家庭で普及しているA4普通紙タイプの用紙トレイ。普通紙をセットする場所。

電源

原稿読み取り部
原稿に光をあて、画像や文字の部分を帯電させる。

メモリ
電話番号を記憶させたり、メッセージやファクシミリの受信内容を記憶する。

サーマル印字ヘッド
熱で印字部分にインクリボンを定着させる。

インクリボン
印字に使用されるインクを塗布した帯状のフィルム。帯電部分に熱によってインクリボンを定着させる。インクリボンの代わりにトナー（粉末）を使用する機種もある。

知っ得 通信回線としてアナログ回線を使っていると、アナログ信号が途中で弱くなったりノイズで乱れて、印刷結果が汚くなることがある。

画像の読み取りと送信のしくみ

● 密着イメージセンサ方式

光源から出た光が原稿にあたって反射され、反射した光がレンズを通してイメージセンサに到達する。イメージセンサでは、反射した画像や文字の光を細かいマス目に区切り、1マスごとに黒、白を読み取り、電気信号に変換する。この黒か白かの情報、デジタルデータが電話通信網で送信される。

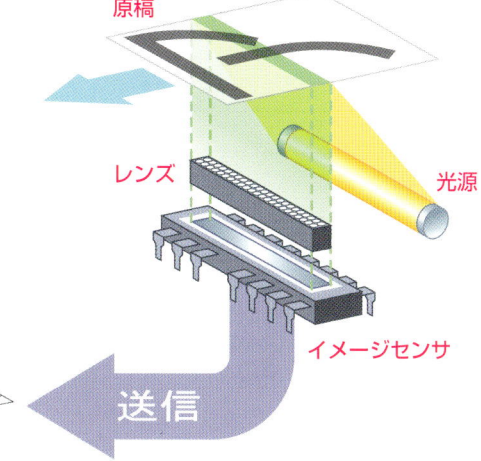

データを用紙に再現するしくみ

● 熱転写記録方式

普通紙タイプ。インクリボンを熱によって記録紙に転写する記録方式。帯電部分にサーマル印字ヘッドで熱を加え、インクリボンを定着させる。インクリボンの代わりにトナーを使用する機種もある。トナーを使用する機種では、感光体を帯電してトナーを引き寄せ、熱の力で用紙に定着させる。

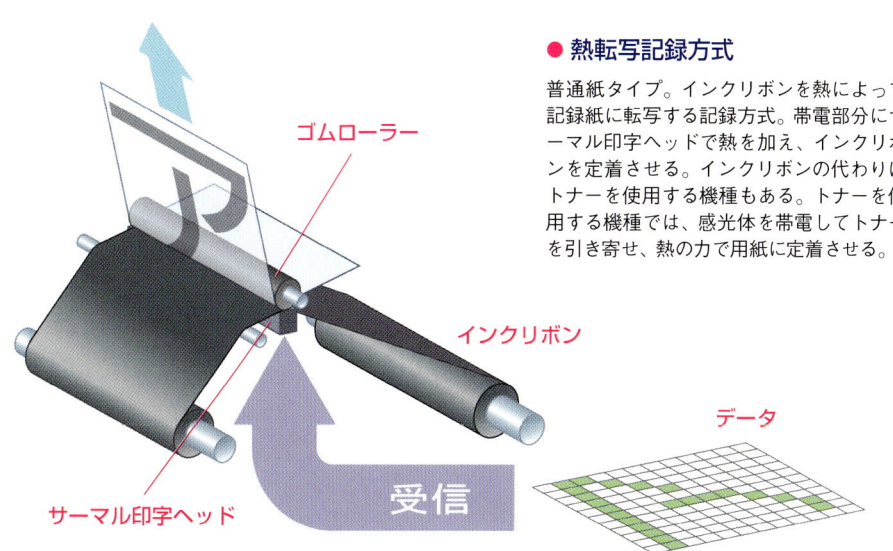

普通紙記録タイプと感熱記録紙タイプ

　普通紙記録タイプは記録紙への書き込みや捺印が可能で、変色や退色も少なく、保存性が高い。そのため、現在は普通紙タイプが主流となっている。従来よく使われていた感熱記録紙タイプは、熱が加わった箇所が黒く変色する特殊な用紙を使う。インクリボンやトナーを使わず、感熱紙さえ用意すれば手軽に使えるが印刷した文字や画像は時間がたつと薄くなったり、消えたりするのが難点。

豆知識 イメージセンサ（CCD）は、光信号をデジタル信号に変換する装置でデジタルカメラにも使われている。

フェリカ（FeliCa）

 RFID ラジオ・フリークエンシー・アイデンティフィケーション（Radio Frequency IDentification）の略。非接触IC技術全般のこと。

フェリカとは

ソニーが開発した非接触型ICカード技術のことを**FeliCa**（フェリカ）という。FeliCaを含め、ICチップとアンテナを使ってバーコードやカード情報を読み取って識別する技術全般のことを**RFID**（アールエフアイディー）という。

JR東日本のSuica（スイカ）（JR西日本はICOCA）や東京急行や京浜急行電鉄のPASMO、電子マネーのEdy（エディ）、おサイフケータイなどに使われている。

RFIDとしては、物流・流通の場での生産・製品管理や会計システム、図書館の蔵書管理やイベントの入退場管理、最近ではパスポートにも組み込まれ、入出国審査にも役立つなど幅広い用途に使われている。

アンテナ（カード）
ほとんどがアンテナ。無線通信を行う。

ICチップ
ゴマ粒大のチップでデータを記憶。CPUの付いたものもある。

アンテナ（リーダー／ライター）
ほとんどがアンテナ。無線通信を行う。

❶ リーダー/ライターが磁界を発生する。

フェリカカード

改札口のリーダー/ライター

一口メモ RFIDの技術は、第2次世界大戦中に米国で飛行機の同士討ちを避ける敵味方識別装置として開発されたレーダー技術がもとになったといわれる。

フェリカの特徴

　フェリカの大きな特徴は、直接、触れなくてもデータの読み書きができることだ。電波を通す遮蔽物（金属・水を除く）が間に入っても交信できるので、カードをカード入れや財布に入れたまま、改札口を通ることができる。バーコードなどに比べてデータの記憶容量が大きく、データの追加や書き換えも可能だ。汚れや振動にも強く、長期間の使用にも耐えられる。このように数々のメリットがあるが、コストが高いことや一般に金属や水に弱いことがデメリットになっている。

❷ カードを近付けるとカードのアンテナに磁界が発生。

❸ ICチップが作動。

❹ 情報を管理システムに送信。

❺ 管理システムが情報を処理し、結果を送信。

❻ 処理された情報を書き込む。

豆知識 ICタグとは非接触ICチップとアンテナで構成される無線機能を持つ識別用のタグ（荷札）。情報を読み取ったり、再書き込みすることもできる。

カーナビ

ビーコン 無線標識。幹線道路や高速道路に設置され、電波や赤外線により、地図情報や渋滞状況など道路交通情報を発信する。

最新のカーナビの構造

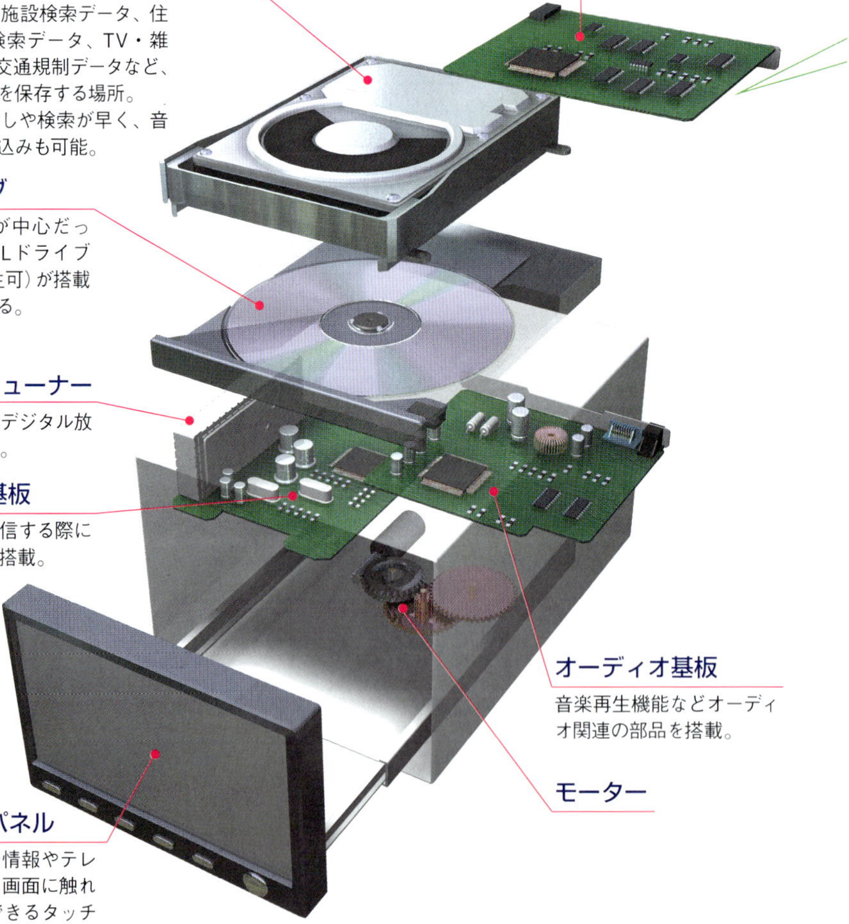

HDDユニット
ハードディスクは2.5インチ、1枚が標準となっているが1.8インチのものもある。道路情報、ハイウェイ情報、有料道路情報、施設検索データ、住所・郵便番号検索データ、TV・雑誌検索データ、交通規制データなど、大容量のデータを保存する場所。データの取り出しや検索が早く、音楽データの書き込みも可能。

ナビ基板
正確な位置情報を検知するための部品(右頁参照)を搭載。

再生ドライブ
DVDドライブが中心だったが、最近はBLドライブ(CD/DVDも再生可)が搭載された機種もある。

ワンセグ・地デジチューナー
ワンセグや地上デジタル放送の受信に使用。

チューナー基板
テレビ放送を受信する際に使用する部品を搭載。

オーディオ基板
音楽再生機能などオーディオ関連の部品を搭載。

モーター

液晶タッチパネル
ナビゲーション情報やテレビ番組を表示。画面に触れて機器を操作できるタッチパネル方式を採用。

知っ得 VICSビーコンユニットを接続すると、道路交通情報通信システムセンターで編集、処理された渋滞や交通規制などの道路交通情報をリアルタイムに取得し、表示できる。

ナビ基板の主な部品

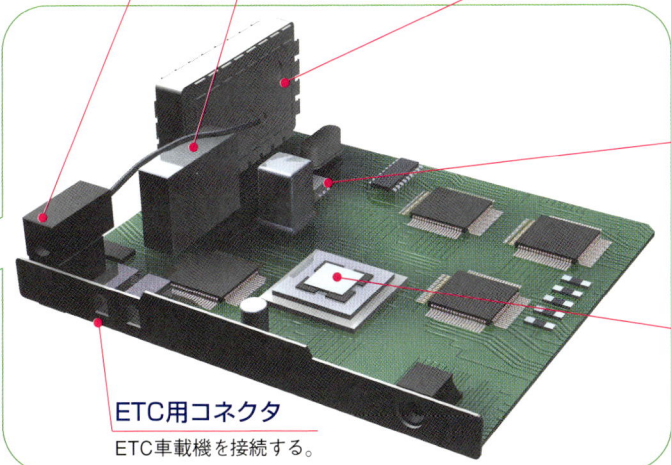

GPSコネクタ
GPSアンテナを接続する。

GPSレシーバー
GPS衛星からの電波をキャッチする。

FM多重チューナー
VICS放送局から提供される広域の道路交通情報を受信する。

ジャイロセンサー
1秒間に何度動いたかという車の角速度を検出。

メインCPU
情報を基に自動車位置を算出してディスプレイに表示したり、道路交通情報を基に目的地への最適ルートを表示したりする。

ETC用コネクタ
ETC車載機を接続する。

カーナビ本体と接続機器の配置

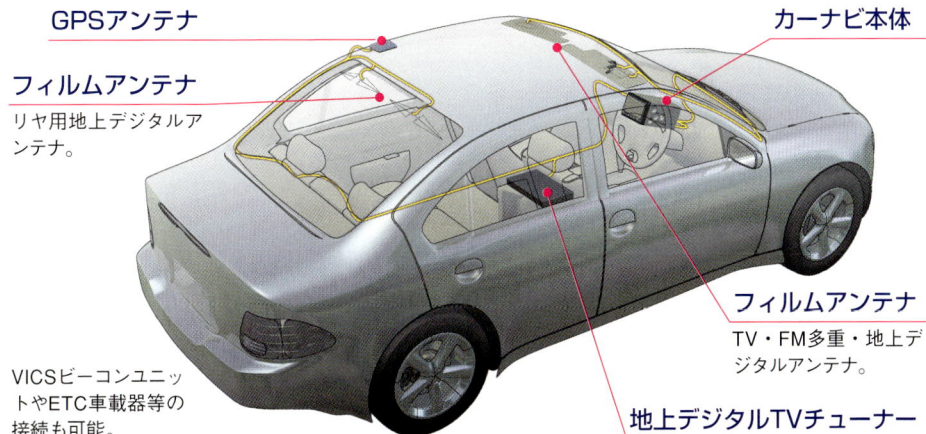

GPSアンテナ

フィルムアンテナ
リヤ用地上デジタルアンテナ。

カーナビ本体

フィルムアンテナ
TV・FM多重・地上デジタルアンテナ。

地上デジタルTVチューナー
VICSビーコンユニットやETC車載器等の接続も可能。

GPSと位置情報を検知するしくみ

カーナビは、地球を周回するGPS衛星からの電波を受信し、現在位置を検知している。4個以上の衛星から各衛星の現在位置と正確な時刻情報を受信し、カーナビに到着するまでの時間差を計算して自車位置を算出する。また、衛星からの電波が届かないトンネルなどでは、車速度センサーやジャイロセンサーなど車載された自律航法装置で車速や向きを計測し、位置情報を補正している。

豆知識 ETCは、有料道路で料金所ゲートに設置したアンテナとETC車載機との間で無線通信を行い、料金を支払うシステム。電波帯域は5.8GHzの専用帯域を利用している。

航空機の通信装置

 航法援助無線 安全に航行を支援するための無線システム。管制塔と通信する無線を航空無線通信といい、区別される。

航空機の通信システム

コックピット

主要飛行姿勢ディスプレイ（プライマリディスプレイ）
水平姿勢、速度、高度、進行方向の状況などが表示される。

航法ディスプレイ（フライトディスプレイ）
航行中の飛行位置やコースの状況が表示される。

HF通信送受信アンテナ
国際線の飛行機に装備されている遠距離用短波通新装置。

方向探知器受信用アンテナ
衛星を使って航行中の飛行位置を知る。

SATCOM
衛星を利用したデータ通信用アンテナ。

GPS
衛星を使って航行中の飛行位置を知る。

SATCOM
衛星を利用したデータ通信用アンテナ。

ATC トランスポンダー
航空交通管制応答装置。

TCAS
衝突防止警報装置。

VHF通信送受信用
パイロットと管制官が音声で通信を行う。

飛行機背面

知っ得 航空無線通信はVHF（超短波）を用い、周波数118MHz～136MHz帯域を使った近距離通信装置。国内線では専用のネットワークがある。

飛行機下部

気象レーダー
反射波のエネルギーの強度から雷雲の位置や領域を探知する。

ローカライザー
滑走路への進入コースの左右のずれを知る。

グライド スロープ
滑走路への進入コースの侵入角度を知る。

ATCトランスポンダー
航空機を識別するための信号をSSRに送信。

距離測定装置（DME）
航空機の地上からの距離を測定するための信号を送受信。

マーカービーコン受信用アンテナ
マーカーと送受信して、着陸時の侵入端までの距離を知る。

TCATS
無線遠隔操縦と飛行コースを追尾するための装置。

VHF通信送受信用
パイロットと管制官が音声で通信を行う。

電波高度計送受信用
高度を確認するために送信。

VHF通信送受信用
パイロットと管制官が音声で通信を行う。

VOR受信アンテナ
方位情報を知る。

機内の通信システム イメージ

有線LAN
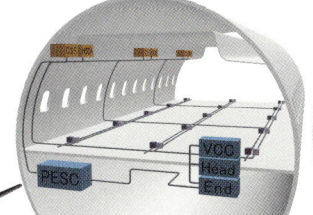

従来のLAN
有線での機内LAN接続イメージ。現在使われている機内LAN。

無線LAN
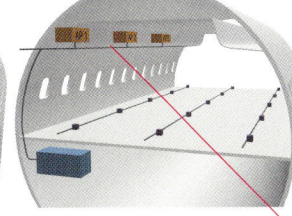

今後のLAN
基幹となる回線に光ファイバーを使い無線LANのアクセスポイントを配置。

豆知識 ILS（Instrument Landing System：計器着陸装置）とは指向性電波を送信して着陸時の支援を行うための装置。滑走路の中心線、航空機の侵入角、滑走路までの距離を示す3種類の装置から構成。

空港の通信装置

ILS(Instrument Landing System) 計器着陸装置のこと。空港に着陸する飛行機に信号を送って安全に着陸できるようにする。

ローカライザー
滑走路への進入コースの左右のずれを示す。108MHz～118MHzの電波を使い、侵入方向左側では90Hz、右側では150Hzの変調信号が強くなり、中心線上にくると双方の信号が等しくなる。

VOR（VHF Omnidirectional Range）
オムニディレクション レンジ

超短波全方向式レンジビーコン。108MHz～118MHzの電波を利用して、方位を示す位置情報と距離測定用電波を航空機と送受信する。

DME（Distance Measuring Equipment）
ディスタンス メジャリング エキュイップメント

電波の伝わる速度が一定であることを利用した距離測定装置。航空機の距離測定用電波を送受信して航空機の距離を測定する。

グライドスロープ（GS）
ILSの1つ。滑走路の着陸地点の手前に設置され、滑走路への進入コースの進入角度を示す。仰角（ぎょうかく）3度のラインを挟んで上部では90Hz、下部で150Hzの信号が強くなる。3度の仰角の進入角度を保つことで等しくなる。

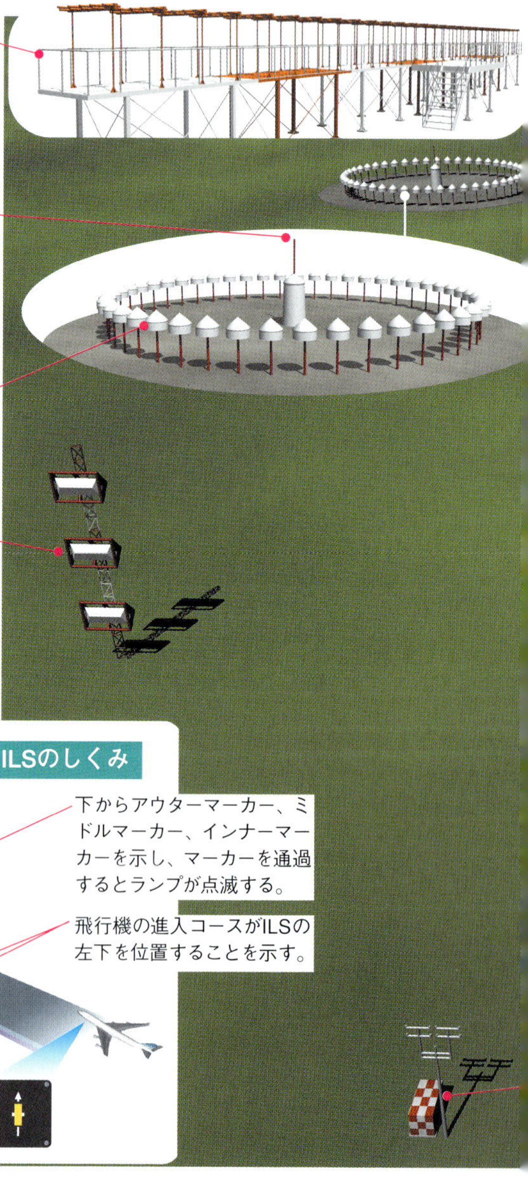

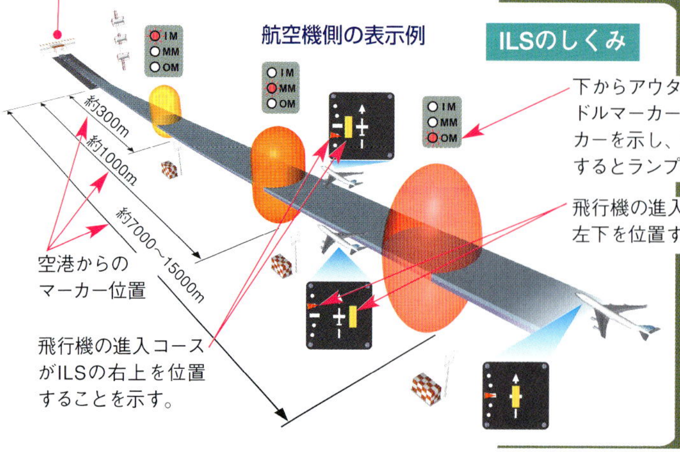

航空機側の表示例

ILSのしくみ

下からアウターマーカー、ミドルマーカー、インナーマーカーを示し、マーカーを通過するとランプが点滅する。

飛行機の進入コースがILSの左下を位置することを示す。

空港からのマーカー位置

飛行機の進入コースがILSの右上を位置することを示す。

知っ得 マーカーは上空に決まった方向に飛ぶ電波を飛ばして着陸進入路までの距離を知らせている。アウターが400Hz、ミドルが1300Hz、インナーが3000Hzの変調波を出す。

管制卓

航空管制卓（通信制御装置）
管制官とパイロットや管制官同士の音声による通信を行うところ。レーダー管制卓には航空機の異常接近警報機能などが付いている。

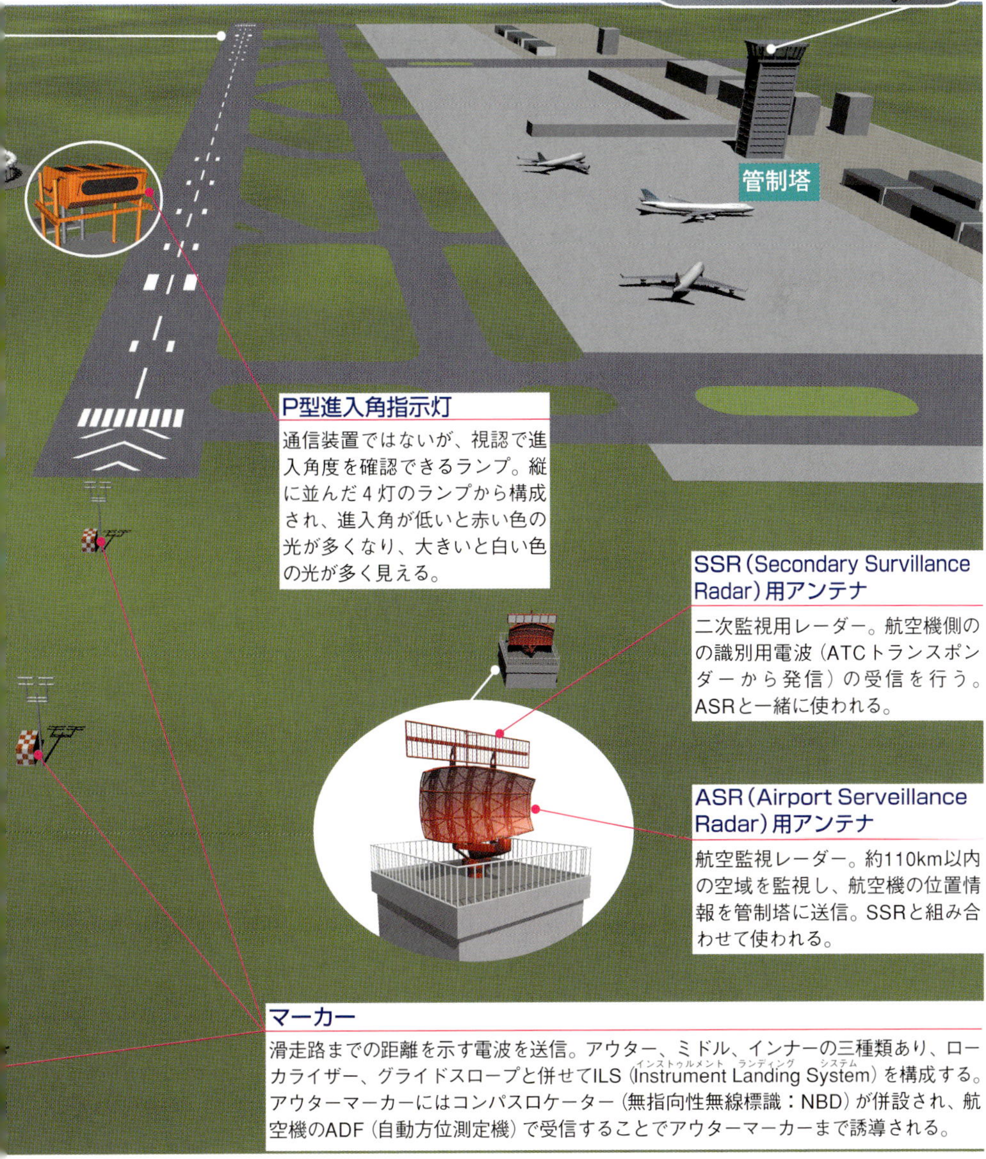

管制塔

P型進入角指示灯
通信装置ではないが、視認で進入角度を確認できるランプ。縦に並んだ4灯のランプから構成され、進入角が低いと赤い色の光が多くなり、大きいと白い色の光が多く見える。

SSR（Secondary Survillance Radar）用アンテナ
二次監視用レーダー。航空機側のの識別用電波（ATCトランスポンダーから発信）の受信を行う。ASRと一緒に使われる。

ASR（Airport Serveillance Radar）用アンテナ
航空監視レーダー。約110km以内の空域を監視し、航空機の位置情報を管制塔に送信。SSRと組み合わせて使われる。

マーカー
滑走路までの距離を示す電波を送信。アウター、ミドル、インナーの三種類あり、ローカライザー、グライドスロープと併せてILS（Instrument Landing System）を構成する。アウターマーカーにはコンパスロケーター（無指向性無線標識：NBD）が併設され、航空機のADF（自動方位測定機）で受信することでアウターマーカーまで誘導される。

豆知識 レーダーを使った飛行機位置の確認では、特定方向に電波を送信して、送信から反射波の受信までの時間を測ることで距離と方向を計測している。

インターネット通信衛星

Key word **きずな（WINDS）** 政府IT戦略本部「e-Japan重点計画」に基づき、2008年2月23日H-IIAロケット14号機により打ち上げられた衛星。

▶ 超高速インターネット衛星

　インターネット、教育、医療、災害対策、ITS（高度道路交通システム）などにおける衛星利用を推進する宇宙インフラ構想「i-Space」の一環で、国内のみならずアジア・太平洋地域の超高速通信の実現を目指して実験的に取り組んでいる衛星の1つに**きずな**（WINDS）がある。

　このような衛星からの通信の場合、受信側では大がかりな地上設備が不要で、一般家庭でも直径45cm程度の小型アンテナを設置すれば、最大155Mbpsの受信、6Mbpsの送信が可能。企業においては直径5m級のアンテナを設置すれば、最大1.2Gbpsの超高速データ通信が行える。

　そして、災害によって分断されたネットワークも、例え電気が止まった状態でも45cmのアンテナと信号処理機でどこでも簡単に回線の設定ができる。

　東日本大震災の際は、災害支援を優先し、被害を受けた航空自衛隊の松島基地（宮城県東松島市）の通信機能を確保するため、松島基地と入間基地の間で「きずな」を用いてブロードバンド回線接続の提供を開始した。この臨時通信回線により、両拠点間で大量のデータの送受信が可能になり、被害状況に関する情報共有に役立った。

きずな

天候に左右されない電波

高い周波数の電波は大容量の通信に向いているが雨による衰退が大きい。そこできずなは送信ビームの出力を自在に分配できるマルチポートアンプを搭載。雨の降っている地域には強い電波を送信し、晴れている地域には弱い電波を送って消費電力を抑えるよう、人工衛星が電力の割り振りを行う。

離島や僻地でも高速通信

BS/CS共用アンテナとほぼ同じサイズ（45cm程度）のアンテナを設置すれば、地上制御局がなくても、どこでも最大155Mbpsのインターネットを利用できる。これが本格的に実現すれば、離島や僻地から遠く離れた都市の専門医師に患者の状況をハイビジョンの鮮明な画像で正確に伝えることができる。

知っ得　「きずな」などの人工衛星やロケットを開発し打ち上げているのが独立行政法人「宇宙航空研究開発機構（JAXA）」で筑波宇宙センターに本部が置かれている。

マルチビームアンテナ

マルチポートアンプと組み合わせて使う電波の方向が固定されたマルチビームアンテナを2台搭載。1台は日本国内を9つのビームで分割して覆い、もう1台は東南アジア向けにマニラ、バンコク、シンガポールなどアジアの10都市をカバーしている。

アクティブ・フェイズアレイ・アンテナ

幅広い地域で超高速通信を実現。電波の送受信する放射方向を自在に変化できる。マルチビームアンテナがカバーできない地域の通信を可能にする。ビームがある瞬間にハワイ、次の瞬間にオセアニアというように方向を変え、きずなの静止軌道から見える地球の3分の1の範囲に自由自在な通信を行う。

災害時における通信衛星の活用

災害時に電気や電話が止まっても45cmのアンテナと信号処理機で通信回線が復活する。そのときには被災現場にウェブカメラを装着した作業員を配置する。ヘルメットに装着したビデオカメラの映像とGPSアンテナで取得した位置情報を地上無線装置で被災現場に設置した可搬型VSAT（小型のパラボラアンテナ使った衛星通信用の地球局）に伝送する。IP電話による対策本部、被災現場作業員間の会話もできるため対策本部の指示に基づく的確な画像の取得も可能。スティックカメラを使用することで作業員の目に届かない箇所（高所など）の撮影も可能。

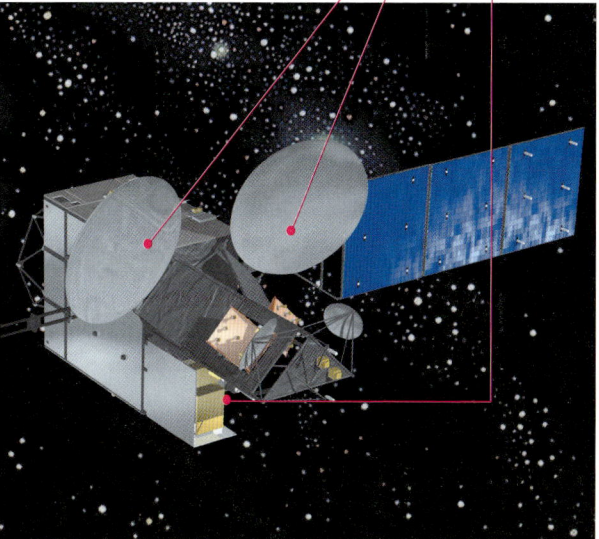

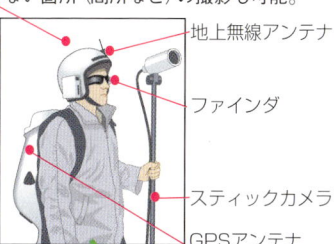

豆知識 きずなは高度約3万6000kmの円軌道を毎秒約3kmの速度で周回している。地球の自転と同じ速度で同じ方向に飛ぶ軌道なので、地球から見ると止まっているように見える。

宇宙探査機の通信装置

Key word **宇宙開発** アメリカと旧ソ連の競争から始まり人工衛星、月探査計画、有人飛行、惑星探査計画と進められ1980年より国際協力でより成果を遂げる。

ボイジャー1号、2号

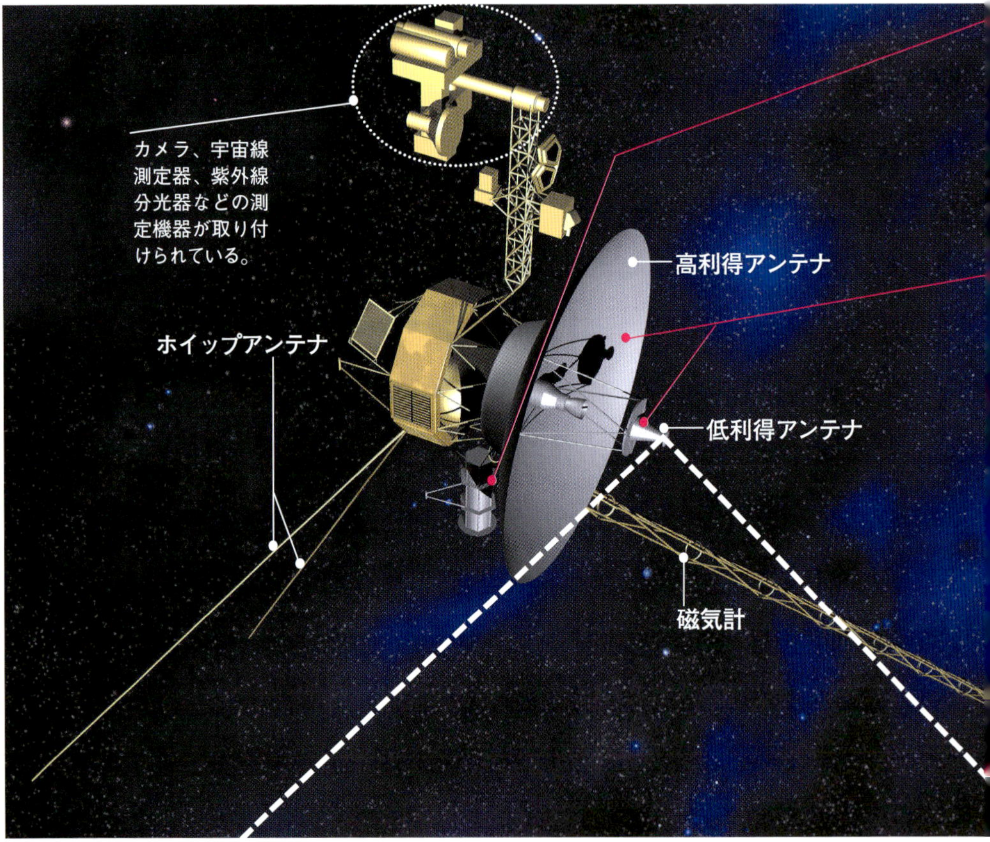

カメラ、宇宙線測定器、紫外線分光器などの測定機器が取り付けられている。

ホイップアンテナ

高利得アンテナ

低利得アンテナ

磁気計

口径70mのアンテナ

地球の自転や位置に関係なく1年を通じて外宇宙への探査衛星と交信できるように多くの機器の配置を考慮しアメリカのNASAが構築したネットワークをDSN（Deep Space Network：深宇宙ネットワーク）といい、交信拠点にアメリカのカリフォルニア州ゴールドストーン、スペインのマドリード、オーストラリアのキャンベラという経度120度離れた3箇所に置かれている。このアンテナはまた無線望遠鏡として使用。無線望遠鏡とは宇宙探査機からデータを追跡し、集めることを目的としたラジオのアンテナの形態である。

 知っ得 旧ソ連は世界初の人工衛星スプートニク1号（1957年）を打ち上げ地球を回る軌道に成功、また無人月探査においても月探査機ルナ2号（1959年）が世界初となる。

観測するアンテナ（ホイップアンテナ）

長さ10mの2本のホイップアンテナが垂直に伸びている。これは惑星波やプラズマ波を検出するためのアンテナ。

原子力電池

電力を供給するプルトニウム238を燃料とするラジオアイソトープ熱電対発電器（RYGs）が備え付けられている。これはプルトニウムの崩壊により発生する熱を電力に変換している。2025年まではデータを送信し続けることが可能だという。

ボイジャーのアンテナ

地球との交信はパラボラ型の高利得アンテナと低利得アンテナの2つで行われる。3.7m高利得アンテナを中心に低利得アンテナをバックアップとして利用する。

地球と交信する電波

探査機は地球との間で電波を使い情報のやりとりをしなければならない。ところが電波が伝わってくる途中には電波に影響を与えるもの（太陽プラズマ、太陽や惑星の磁場、重力場など）が宇宙には多く存在する。例えば、ボイジャー2号の場合、海王星の大気中をうまく電波が通るように探査機が地球から見て惑星の裏側を通り、この時最大7度位の屈折効果が確認された。このような自然現象による電波の変化を解析することで惑星の実体がわかる。

▶ 宇宙探査機ボイジャー

ボイジャー1号・2号は共に1977年に打ち上げられた無人惑星探査機で、35年後の現在も運行している。

地球との距離が遠いため、指令が探査機に届くまでに間に合わないこともでてくる。そのため3台の相互連動するコンピューターが搭載され、探査機自身が判断して作動するよう設計されている。

また、宇宙を飛行している探査機のプログラムを地上から修正した結果、1号機は現在、太陽系の一番端の部分に到達し、近く初めて太陽系の外に出る見通しだ。2号機は天王星と海王星を訪れた唯一の探査機としても有名。

帰還した小惑星探査機「はやぶさ」

1970年に日本初の人工衛星「おおすみ」が軌道にのり、日本は世界で4番目の衛星を自力で打ち上げた国となる。それ以後日本の宇宙科学は急速に発展する。上図は2003年打ち上げられ、2010年6月に60億kmの旅を終え地球に帰還した小惑星探査機「はやぶさ」。小惑星探査が目的で、小惑星からのサンプルを採集した。

臼田宇宙空間観測所（長野県佐久市）

1984年に運用が開始されて以来、小惑星探査機「はやぶさ」などの日本の惑星探査機の運用を支えてきた施設。直径64mのパラボラアンテナを持ち、宇宙探査機への動作指令の送信や探査機からの観測データを受信する。国際協力で欧米の探査機の通信も行うこともあり、1989年ボイジャー2号の海王星探査時には、45億km離れたボイジャー2号からの電波を地上で一番最初に受け取り、超遠距離通信に成功した。

豆知識 海王星観測時、ボイジャー2号からの電波は20Wの微弱な電波で45億km離れた地球に届いた時にはさらに減衰したが、臼田宇宙空間観測所では雑信号との識別に成功した。

COLUMN

電波時計

● 電波時計とは

　電波時計は独立行政法人情報通信研究機構が管理している標準周波数電波（標準電波：JJY）から発信される時間情報を載せた電波を受信して時間を合わせるしくみの時計のことだ。10万年に1秒の誤差という精度を持つ世界中の原子時計の時刻を平均化して定められる国際原子時に地球の自転によるずれを加味して定められる協定世界時から9時間進め時間を日本標準時として定めている。日本には原子時計は18台セシウム時計と4台の水素メーザー時計が設置。

　標準電波は福島県のおおたかどや山（40kHz）と福岡県と佐賀県の県境にある羽金山（60kHz）にある送信所から発信されている。

標準電波送信所　　原子時計

水素メーザー　セシウム

写真提供：独立行政法人 情報通信研究機構

● 電波時計の構造

　電波時計は標準電波から送信される長波を受信する高感度小型アンテナと受信回路、受信した標準電波を増幅してマイクロプロセッサに送る装置、時刻信号を解読するマイクロプロセッサ等が搭載される。

　定期的に時刻情報の乗った標準電波を受信し、自動的に時刻を修整する。電波の受信が行われない場合は、通常のクォーツ時計としての精度で動く。この精度は月に＋3秒以内だ。

電波時計のアンテナ
❶ 標準電波を受信。
❷ タイムコードを検出
❸ 2進数に変換して、時刻に変換。
❹ 変換した時刻のデータと内蔵時計のデータを照らし合わせる。
❺ 時計の針、または表示時間を修整する。

送信所
原子時計

The Visual Encyclopedia of Communication

第2章
通信の基礎知識

通信の始まり

モールス信号 1837年にモールス（Samuel Finley Breese Morse）によって初めて行われた電信機による通信の信号。

🔵 通信の起源

　人が何らかの情報や意思を他の人と伝えあうときに、会話では相手に届かない遠距離で伝えあうことを**通信**という。

　人類が最初に集落を作って生活するようになったころには、集落間を狼煙（のろし）や笛や太鼓のような道具を用いて、離れたところへ意思を伝達していた。狼煙は、集落から集落へと伝えられ、情報ネットワークをなしていたといわれている。いわゆる、ネットワーク通信の始まりといえるであろう。

　そして近代となり、有線通信が登場する。最も身近な例は簡単な糸電話にみられる。2つの紙コップの底を糸でつないで、一方の紙コップで声を出せば、紙コップの底が振動し、これが糸に伝わり、一方の紙コップの底が振動し、これが空気を振動させて声となり伝わる。

　最初の遠距離での有線通信は、1837年にモールス（Samuel Finley Breese Morse）が発明した電信機である。彼は、1844年にワシントンとボルチモア間、距離にして約64.4kmの有線通信を成功させた。モールスの電気通信は紙に符号を再現して読み取るものだ。「・（ドット）」「—（ダッシュ）」の2種類で表すモールス信号は、ここから生まれた。

　この後、1876年グラハム・ベル（Graham Bell）が電話機を発明して音声の通信に成功し、現代の電話通信にいたる。

　ベルの電話機は、上記の糸電話を応用したものだ。つまり、紙コップを電話機にかえて、そこで話される音声の振動を電気のオンオフに変換して、電気信号として送信する。受信側で受けた電気信号は振動に変換され、これが音声として伝わるというしくみだ。

　また、無線では、ファラデーの電磁誘導の法則から、1888年にヘルツが電磁波の存在を実証し、1895年にマルコーニがモールス符号による無線通信に成功している。

🔵 光通信の始まり

　モールスの時代に比べて、膨大な情報をすばやく送信することを求められる現代では、伝達媒体に光信号が使われるようになる。

　光通信が安定して送信できるようになったのは、1960年の米国のセオドア メイマンによるレーザー、1962年の米国GTE社による半導体レーザー、1970年の米国コーニング社による低損失光ファイバーなどの発明や開発によるものである。

豆知識 狼煙（のろし）の材料として燃やされたのは狼（おおかみ）の糞（ふん）だと言われている。煙（けむ）りがよく出るので用いられた。

2-1 モールスと電信機のしくみ

◆ モールスの電信機（1837年）

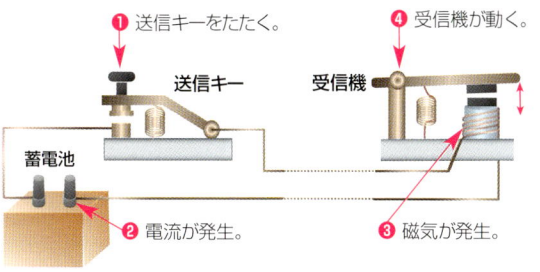

Samuel Finley Breese Morse
サミエル フィンレイ ブリーズ モールス

モールスは電信機を発明し、ワシントンからボルチモア間（約60km）での電信に成功。通信に用いた単語と数値の対照表が改良され、現在のモールス符号（信号）になる。

❶ 送信キーをたたく。
❹ 受信機が動く。
送信キー
受信機
蓄電池
❷ 電流が発生。
❸ 磁気が発生。

2-2 ベルの電話のしくみ

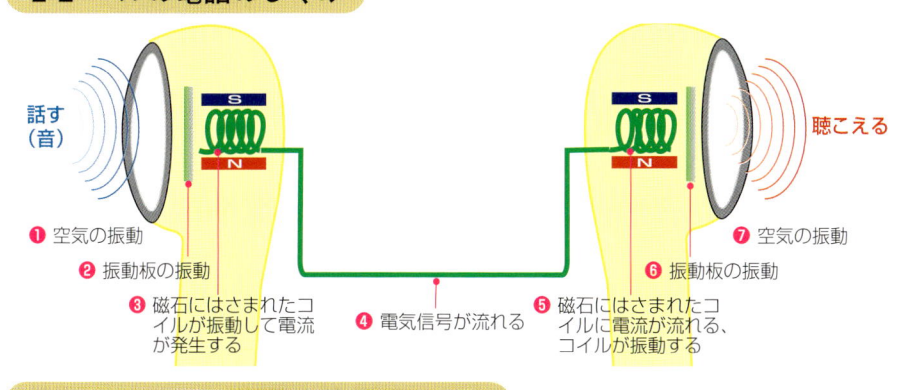

話す（音）
聴こえる

❶ 空気の振動
❷ 振動板の振動
❸ 磁石にはさまれたコイルが振動して電流が発生する
❹ 電気信号が流れる
❺ 磁石にはさまれたコイルに電流が流れる、コイルが振動する
❻ 振動板の振動
❼ 空気の振動

2-3 マルコーニの電波送信のしくみ

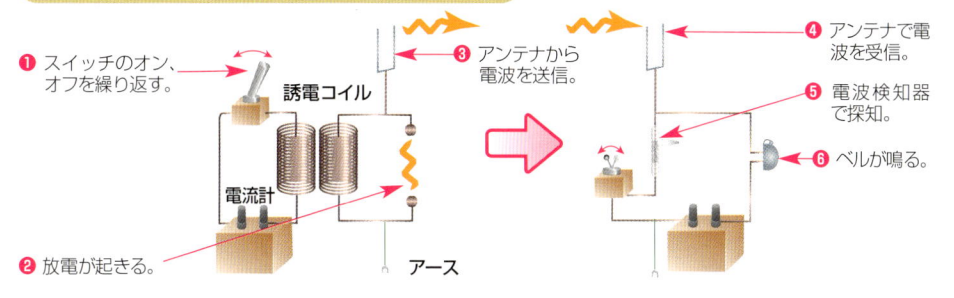

❶ スイッチのオン、オフを繰り返す。
誘電コイル
電流計
❷ 放電が起きる。
アース
❸ アンテナから電波を送信。
❹ アンテナで電波を受信。
❺ 電波検知器で探知。
❻ ベルが鳴る。

一口メモ メイマンが成功したレーザー発振装置はルビーを使ったものだった。1954年にマイクロ波領域の分子線レーザー（＝メーザー）はすでに発明されていた。

有線通信と無線通信のしくみ

> **Key word　有線と無線**　有線通信というのは銅線（メタルケーブル）や光ファイバーケーブルで通信をすることで、無線通信は電波を使って通信をすること。

▶ 有線通信のしくみ

　有線通信というのは、銅線（メタルケーブル）や光ケーブルを使って通信をすることである。

　有線通信の1つである電話で音声を伝送するには、音声を電気の信号に変えてケーブルに伝えていく。また、インターネットで文字、音声、画像を伝送するときも、それらの情報を電気の信号に変えてケーブルを伝えていく。

　このように、情報を電気の信号に変えるときは直流ではなく**交流電流**を使う。交流の特徴は、電圧がプラスとマイナスに切り替わりながらケーブルを伝わっていく。この電圧がプラスとマイナスに切り替わって伝わる様子は、基準線をはさんで上から下へ、さらに下から上へ進み、山と谷を形作るように繰り返し、滑らかな波のような状態で表現される。

　例えば、空気の振動である音声（音波）には、高低、強弱があるが、このような状態を表現するときは、波の幅の間隔（波長）や、波の上下の高さ（振幅）を変化させる。

　なお、電気信号が1秒間に繰り返す電圧の変化の回数を周波数といい、単位はヘルツ（Hz）で表す。

▶ 無線通信のしくみ

　無線通信というのは、**電波**を使って通信をすることである。ここでは、電流から電波が発生するしくみを説明する。

　まず、送信側は2本のケーブルと、その先端に電極を接続して、これを送信アンテナとする。次に、この2本のケーブルの一方の電極にプラスの電流を流し、他方の電極にマイナスの電流を流すと、その電極の間に電界（電気力線）と磁界（磁力線）が発生する。

　そして、この電極にプラスとマイナスを逆転して流すと、新たに電界と磁界が発生して、最初に発生した電界と磁界が空中に放出される。これが電波つまり電磁波である。

　このように、電波の発生に必要なものは絶えず電位が時間の経過とともに変化し続ける変位電圧の存在だ。つまり振幅が異なっていても常にプラスとマイナスの間を電圧が変化し続ける電流（電波の発生源）があれば電波は発生し、電圧が常に一定の直流では電波は発生しないのである。

　他方、受信側でも2本の電極を用意して、それをケーブルに接続すると、この2本の電極が受信アンテナとなり電波を

一口メモ　通信で使われる電波は300万MHz（=3THz）以下の周波数の電磁波と電波法で定められている。光も電磁波の1種だが、可視光線は100THz以上の高周波帯域にある。

キャッチする。

　なお、理論上、アンテナは、どのような金属でも電波をとらえると電気が流れるので、その電気信号をテレビなどに接続するとテレビを見ることができるとされているが、一般的なアンテナは伝導性に優れた物質を利用することにより、電磁波を捕らえる精度を上げている。

2-4　交流の基本

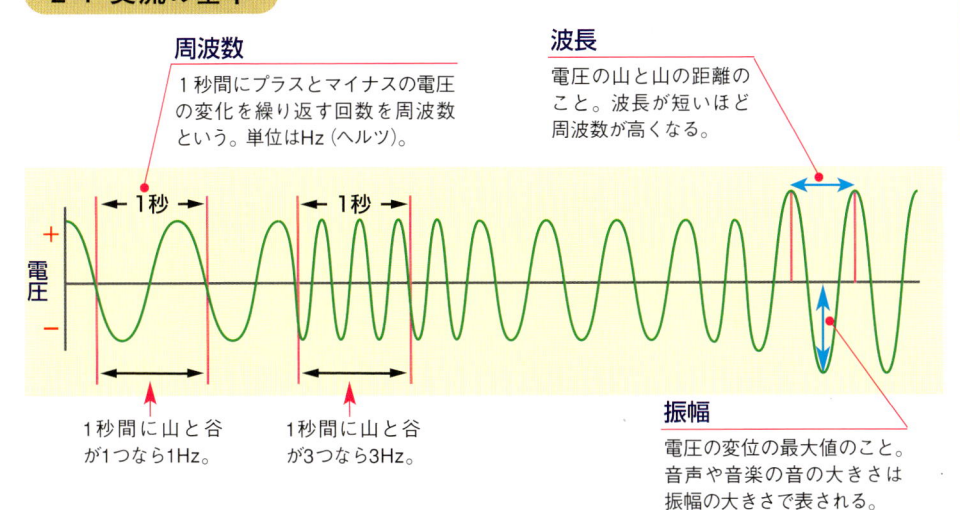

周波数
1秒間にプラスとマイナスの電圧の変化を繰り返す回数を周波数という。単位はHz（ヘルツ）。

波長
電圧の山と山の距離のこと。波長が短いほど周波数が高くなる。

1秒間に山と谷が1つなら1Hz。

1秒間に山と谷が3つなら3Hz。

振幅
電圧の変位の最大値のこと。音声や音楽の音の大きさは振幅の大きさで表される。

2-5　電波の発生のしくみ

電波を発生させるのは必ず交流電極（交流電源）である。プラスとマイナスが絶えず反転することで、新たな電界と磁界が生まれる。すると古い電界と磁界が外へ放出されて、これが電波となって伝わる。

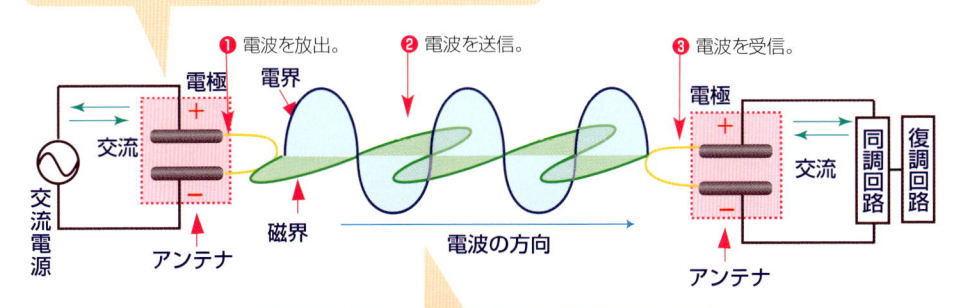

❶ 電波を放出。
❷ 電波を送信。
❸ 電波を受信。

電極　電界　電極
交流　　　　　交流　　同調回路　復調回路
交流電源　アンテナ　磁界　電波の方向　アンテナ

電波とは電流のように電気を帯びた粒子の流れではなく、光と同じ電磁波というエネルギーの流れである。

豆知識　有線でも無線でも、周波数が高いことを高周波といい、一般的には可聴可能な20～2万Hzより高い周波数をいう。電波法では3～30MHzの電波を指す。

有線の伝送〈メタルケーブル〉

> **Key word　有線通信のケーブル**　通信のケーブルの素材は、電気をよく通す銅線と光を通す光ファイバーに大別される。

ツイストペアケーブルの伝送

有線通信で利用される通信ケーブルで最も単純なものは**ツイストペアケーブル**である。これは、「より対線」とも呼ばれ、ポリエチレンなどで被覆した銅線を2本1組で縄のように撚り合わせたケーブルである。

そして、このようなツイストペアケーブルを多数束ねて使うことになる。ただし、単純に束ねただけでは1線の電気信号が別の線に漏れてしまう現象が起こる。特に、電気信号の周波数が高くなればなるほど、このような電気信号の漏れがノイズとして多く発生してしまうのだ。そこで、ツイストペアケーブルを束ねるときは、まず2本のケーブルを2組、つまり4本のケーブルにして、その間に十字のしきりを付けてノイズが外に漏れないような工夫をしている。

しかし、それでも送信する情報量が増えてくると、高周波の電気信号を長時間使用せざるをえず、ノイズが漏れてしまうので、ツイストペアケーブルは電話局と利用者の自宅を結ぶ加入者線や短いネットワークに利用されるようになった。

同軸ケーブルの伝送

上記のように、ツイストペアケーブルでは長距離の通信には使えず、特に高周波の通信では使うことができない。そこで、登場したのが**同軸ケーブル**である。

同軸ケーブルは、中心に1本の銅線を「芯線」としておき、その周りを絶縁体で包み、その周りをシールド（外部導体）で包む。そして、その周りを外被で包むようにしている。このような工夫により、中心の銅線を流れる電気信号は絶縁体で遮蔽され、外に漏れず、また外部のノイズが入り込みにくくなっている。

ただし、これでも長距離の通信ではノイズが侵入することがある。そこで、長距離用の同軸ケーブルでは中心を太めの銅線、その銅線のところどころをポリエチレンの円盤を配置し、その間の空気を絶縁体にする構造にしている。そして、その周りを鉄製のテープで囲むようにしている。このようにすることによって、長距離で周波数の高い電気信号を送信できるようにしたのだ。この同軸ケーブルは、テレビとアンテナを接続したり、長距離のネットワークに使われている。

なお、有線のデータ通信には光ファイバーが使われることが多くなっているが、この構造については次項を参照していただきたい。

なるほど　LAN用ケーブルはカテゴリという規格に分かれていて、使用機器に合わせて選ぶ必要がある。もっともよく利用されているのはカテゴリ5eである。

2-6 メタルケーブルの種類と構造

ツイストペア線の構造

◆ **一般的なツイストペアケーブル**

ポリエチレンなどの皮膜で覆われた2本のケーブルを撚り合わせたものを4本束ねている。

◆ **シールド付きツイストペアケーブル**

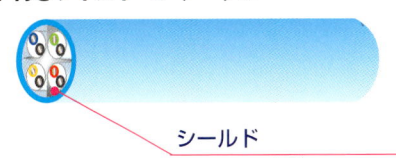

シールド
4本のより対線を仕切って、対線相互のノイズを遮断。

同軸ケーブルの構造

◆ **一般的な同軸ケーブル**

シールド（外部導体）
網組み銅線が使われている。

芯線
一本の銅線でできている。太くすることで信号の減衰を防ぐ。アマチュア無線やテレビでアンテナとの接続部分に使われるアナログテレビ用では0.5～0.7mmの太さ。

絶縁体
ポリエチレンが使われている。

外被
ビニールが使われている。

◆ **長距離用の同軸ケーブル**

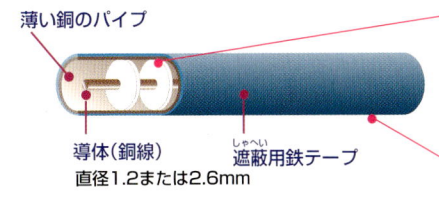

薄い銅のパイプ

導体（銅線）
直径1.2または2.6mm

遮蔽用鉄テープ

ポリエチレンの円盤
銅線とテープの間に隙間を作り、絶縁体とさせるもの。

絶縁体
太い銅線ではケーブルも太くしなければならないので、ポリエチレンの円盤をところどころに配置して空気層を絶縁体にしている。

一口メモ デジタル信号では、一秒間に何ビットの信号が送られるかを伝送速度（ビットレート）といい、「bps（bits per second：ビット毎秒）」で表す。

有線の伝送〈光ファイバーケーブル〉

Key word FTTH 光ファイバーケーブルを家庭に引き込んでインターネットを利用できるようにしたもの。Fiber To The Homeの略。

光ファイバーのしくみ

これまでメタルケーブルを通して電気信号によって行っていた通信に対し、電気信号を光の信号に置き換えて通信を行う（52頁参照）という画期的な技術革新となったのが**光ファイバー**である。

光ファイバーには様々な用途があるが、身近なものにインターネットの回線利用がある。いわゆる家庭や会社とインターネットを接続する回線のFTTHである。これは、Fiber To The Homeの略で「家庭へファイバーを」という意味だ。

光ファイバーは、コアと呼ばれる直径0.01mm以下のガラス繊維と、その周りをクラッドと呼ばれる別のガラス繊維が取り囲んでいる。

コアのガラスの屈折率は、周りのクラッドよりも高くなっており、コアを通る光はクラッドで反射しながら進んでいく。コアは高純度のガラスかプラスチックで作られていて、その中で失われる光の量は1km進んで数％程度とほとんど減光しない。さらに、光ファイバーの通信速度は、1秒間に10Gbから40Gbと超高速である。ただし、現在、インターネットの回線としては最大で100Mbps程度の速度で通信を行う場合が多い。

シングルモードとマルチモード

光ファイバーは、光の通り道の太さによって、**シングルモード**と**マルチモード**に大別される。

シングルモードでは、コア径が10ミクロン（μm）つまり0.01mmであり、マルチモードに比べると伝送損失は少ないという特徴がある。

また、シングルモードはNTTやKDDIなどの通信事業者が幹線用に使われ、光ケーブルを8本ごとに並べたものを10組束ねた構造で利用されている。また、海底ケーブルに利用される場合は2～10芯（コアの数）の光ファイバーを鉄やポリエチレンで何重にも防護している。

一方、マルチモードはコア径が50ミクロンで、素材としてプラスチックが使えるため、安価で折り曲げに強いことや、芯が石英ガラスの場合の6倍と太く、光が分散しやすくシングルモードに比べると伝送損失が大きいという特徴がある。

そのため、ネットワークなどの近距離通信での伝送に使われている。

また、マルチモードはコアの屈折率を滑らかに変化させ、屈折率の高い光はコアの中心を通り、低い光はコアの外側を通るようなしくみになっている。

豆知識 光ファイバーの商用化の始まりは、1964年に東北大学の西沢潤一教授が実用性の高い石英ガラス製のファイバーを提案したことが発端だといわれている。

2-7 シングルモード

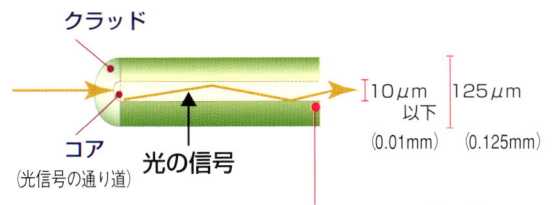

クラッド
コア（光信号の通り道）
光の信号

10μm以下 (0.01mm)
125μm (0.125mm)

光信号は、コアとクラッドの境界を反射を繰り返しながら遠くまで進むが、この反射の距離が短いためガラスの厚みによる伝送損失率が低く、安定している。
また、光ファイバーはガラスでできているが、細いので自在に曲げられる。さらに、メタルケーブルと比較すると一本当たりの伝送量が1000倍にもなり、使用本数が少なくて済む。

2-8 マルチモード

クラッド
コア
光の信号

50μm～62.5μr

光ファイバーを曲げると

コアの中を滑らかに屈折しながら光信号が進む。シングルモードに較べ、伝送損失が大きいが、安価なので、LANなどの近距離通信用に使われる。

光信号は直進しかできないが、曲がったケーブル内でもこのように屈折しながら進んでいくので、ケーブルを自由に曲げることが可能である。

2-9 光ファイバーの被膜（ひまく）構造

本体ガラス部分
図2-7に相当。

2次被膜（400μm）
アクリル樹脂、ポリアミド樹脂などの材料が使われている。

1次被膜（900μm）
UV硬化樹脂、シリコン樹脂などの材料が使われている。

2-10 トンネル用ケーブル

地下トンネル用光ケーブル。4本または8本ずつまとめて固定され、束ねられている。

知っ得 2012年現在、大都市を結ぶ光ファイバー回線の通信量を100倍に高める新技術が東北大学で開発されている。企業と組んで5年後の実用化を目指している。

無線の伝送方法

> **Key word** 電波 電磁波の一種であり、電磁波のうち周波数が3kHz～300万MHz（=3000GHz=3THz）の範囲のものを電波と呼ぶ。

▶ 電波の発生と周波数による電波の伝わり方

38頁でも説明したが、電波を発生させるには**交流電流**を使う。これは、電気の流れる向きが時間と共に常に反転を繰り返す電流のことだが、反転するたびに2つの電極から成るアンテナから電界と磁界、つまり電波が放出される。

その電波が1秒間に繰り返す波の回数を**周波数**といい、周波数によって反射する電離層（大気の上層部で電波を反射する層）が異なるため、以下のように電波の伝わりかたが異なる。

3kHz～30kHzの**超長波**（VLF：Very Low Frequency）は、電離層のD層と地表との間を反射しながら伝播していく。

30～300kHzの**長波**（LF：Low Frequency）は回折しやすい波なので障害物にあまり影響されず地表を這うように伝わる。

300kHz～3MHzの**中波**（MF：Medium Frequency）は、E層、**3MHz～30MHz**の**短波**（HF：Hight Fre-quency）は、F層と地表の間を反射しながら伝播していく。

30MHz～300MHzの**超短波**（VHF：Very Hight Frequ-ency）、**300MHz～3GHz**の**極超短波**（UHF：Ultra Hight Frequency）は、電波が持つエネルギーが強く、電離層を突き抜けてしまうことが多い。

3GHz～30GHzの**マイクロ波**（SHF：Super Hight Frequency）は光の性質に似て、直進性が強く大気を突き抜けるため、送受信は放送衛星などが使われる。

30GHz～300GHzの**ミリ波**（EHF：Extremly Hight Frequency）も直進性は強いが空気中の水分に影響されるので、遠くまで届かない性質がある。

▶ 電波の受信とアンテナ

一方、長い距離を伝播した電波は受信時には減衰して弱くなっているが、電磁波が金属に届くと金属に電流が発生する。この電流を拾って（電波を捉えること）、電流を増幅する装置（トランジスタ）に通すと、もとの電波の波形を戻すことができ、電波を取り出すことができる。

これが受信アンテナのしくみである。そして、受信アンテナに使われる金属に電気が流れやすい物質を使えば、電波を捉える精度を上げることもできる。

なお、アンテナの長さは受信電波の波長の1/2のとき最も共振するという性格があり（ なるほど 参照）、周波数に合わせてアンテナの長さが決まることになる。

例えば、周波数93MHzの場合、波長は3.2mでその1/2の長さの1.6mがアンテナとしての最適な長さになる（ 豆知識 参照）。

44　 なるほど アンテナの長さは、1/4や1/8でも適切とされ、携帯電話などの小型機器の場合は1/4の長さが利用されることが多い。

2-11 周波数による電波の伝わり方

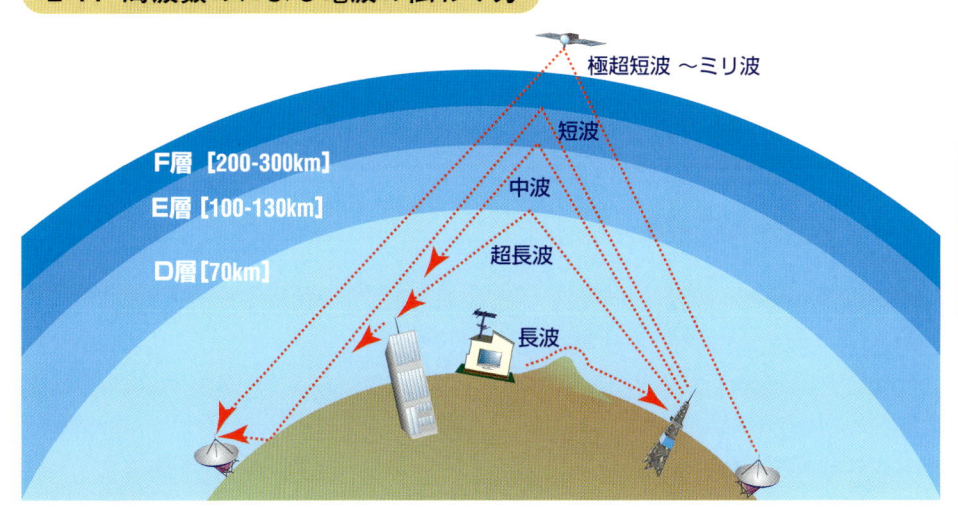

F層【200-300km】
E層【100-130km】
D層【70km】

極超短波〜ミリ波
短波
中波
超長波
長波

2-12 アンテナの種類

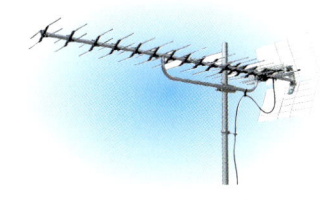

八木・宇田
極超短波帯通信（UHF）用アンテナ。地上デジタル放送で利用される。

ロッド
携帯電話や車などの移動体通信に使われる。電波は360°（全方位）の方向に拡がる。

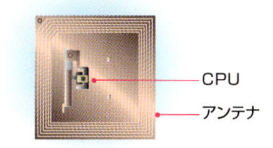

ループ
CPU
アンテナ

135kHz、13.56MHz帯を使うRFIDシステムで使われる。アンテナを4重に巻いている。距離が離れると、受信電力が落ちる。

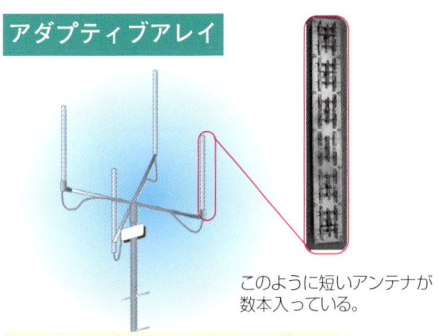

アダプティブアレイ
このように短いアンテナが数本入っている。

指向性を電波の状況に合わせて動的に変化させることができるため、移動体通信のアンテナとして使用。

パラボラ
集光部
リフレクト板

マイクロ波のアンテナ。出口である開口面が広いホーンアンテナの1種。リフレクト（反射）板に跳ね返った電波を集めて受信する。

豆知識 波長と周波数の関係は「波長（m）＝300÷周波数（MHz）」で表すことができる。

アナログ信号とデジタル信号の違い

> **Key word　デジタル信号**　通信の信号を波ではなく「0」か「1」の数値で表して送信する信号。

▶ アナログ信号の特色

　音声や映像をそのまま電気信号に変換したものがアナログ信号である。

　例えば、従来の固定電話は音声をそのまま電気信号に変換したもので、音声による空気の圧力の変化を、そのまま電圧の変化に変更する。つまり、声の音量（大小）は振幅を変化させることにより、高低は振幅を変化させることにより表現している。

　また、アナログ信号とは連続的に電圧が変化する波形の信号である。

　なお、アナログ信号はあらゆる値も取る可能性があるため小さな値の場合は情報量が少ないが、大きな値では情報量が多くなってしまい通信網に与える付加が大きくなる。また、信号が減衰したり、波形が乱れたときに、元通りに修復することは難しいという欠点を持つ。

▶ デジタル信号の特色

　デジタル信号は一定の電圧を基準値（**しきい値**）にして、それを越える値を1（ON）、それ以下を0（OFF）のどちらかの値のみで表す信号のことだ。

　このようなデジタル信号は多量の情報を短時間に送信する必要のある高速通信で数々のメリットを持つ。

　まず、周波数の違いや、波形の違いによる干渉が避けられるので、複数の情報を取り混ぜて送信できる。さらに、コンピュータなどのデジタル機器で使われる情報は2進法で表されるので、デジタル信号に変換しやすい。また、デジタル信号は「0」か「1」のみなので、障害物等によって減衰した結果、波形が乱れても元の波形に修復が簡単だ。このため、多少の雑音（ノイズ）や漏話があっても内容が確実に送信できる。さらに、ハード面でもデジタル部品や通信機器自体も小型化が可能だというメリットもある。

▶ デジタル信号から光信号へ

　光信号とは、デジタル信号の「オン（1）」と「オフ（0）」を光の点滅に変換して光ファイバーで送信する信号のことだ。この光信号の特色は、外部から電気的なノイズが入ってきても光には影響しない。また、信号の伝送中に光が弱くなることはあまりないため中継器が少なくても済むことだ。したがって、ほとんど信号の劣化がない状態で相手に伝達されることになる。

豆知識　モールス信号は「・（ドット）」と「―（ダッシュ）」で表されることからデジタル信号の元ともいわれる。

2-13 アナログ信号

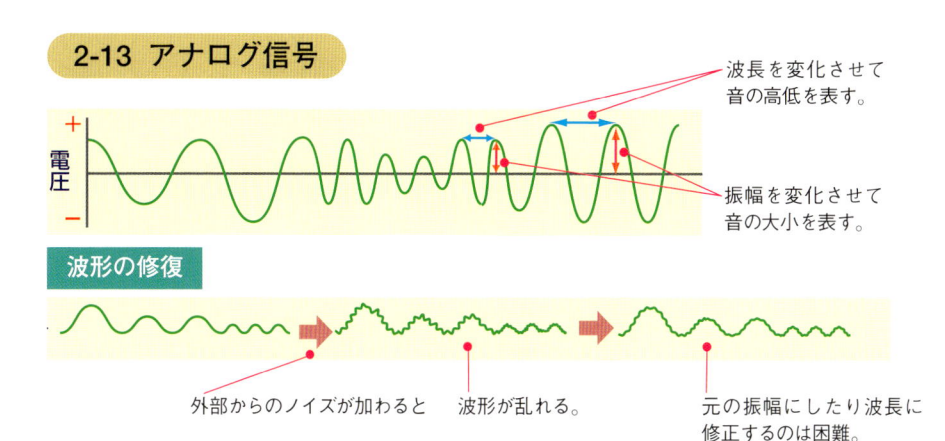

波長を変化させて音の高低を表す。

振幅を変化させて音の大小を表す。

電圧

波形の修復

外部からのノイズが加わると　波形が乱れる。　元の振幅にしたり波長に修正するのは困難。

2-14 デジタル信号

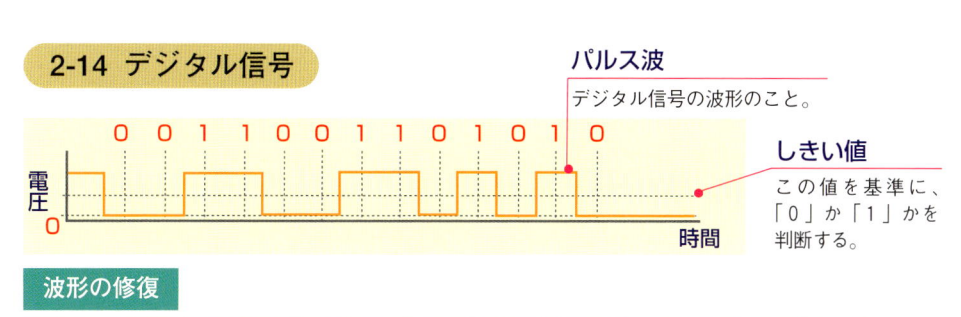

0 0 1 1 0 0 1 1 0 1 0 1 0

電圧

パルス波
デジタル信号の波形のこと。

しきい値
この値を基準に、「0」か「1」かを判断する。

時間

波形の修復

外部からのノイズが加わると　波形が乱れる。　しきい値を基準にして上であれば1に、下であれば0に戻せる。

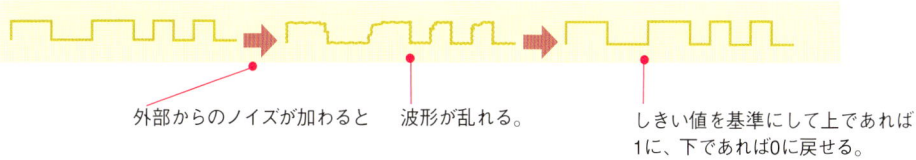

2-15 デジタル通信とアナログ通信の例

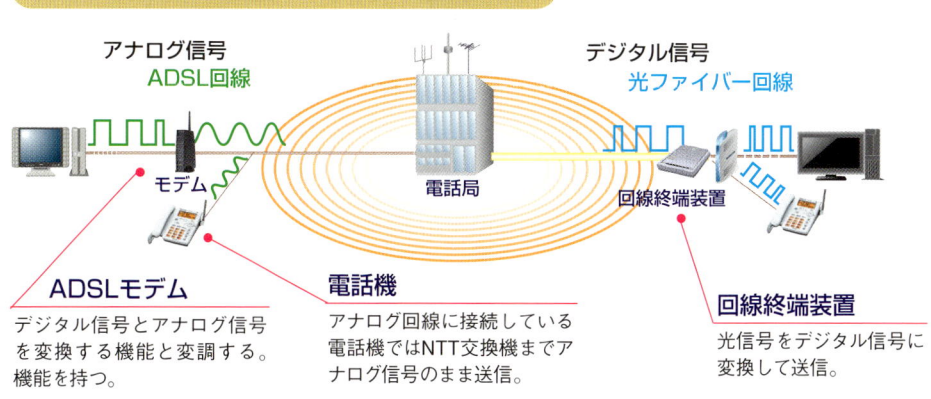

アナログ信号
ADSL回線

デジタル信号
光ファイバー回線

モデム

電話局

回線終端装置

ADSLモデム
デジタル信号とアナログ信号を変換する機能と変調する機能を持つ。

電話機
アナログ回線に接続している電話機ではNTT交換機までアナログ信号のまま送信。

回線終端装置
光信号をデジタル信号に変換して送信。

一口メモ 2011年7月よりテレビ放送は完全にデジタル化されたが、チューナーを利用し送信されてきたデジタル信号をアナログ信号に変換させればアナログテレビでも視聴可能だ。

アナログからデジタルに変えるしくみ

> **Key word**　**サンプリング（標本化）** アナログ信号を一定の時間間隔で区切って1つ1つの電圧の強さや周波数を「0」と「1」に置き換え、デジタル信号に変換する処理。

◆ アナログデータをデジタルデータに変換する手順

　アナログ信号をデジタル信号に変換するにはADC(Analog Digital Converter)という装置を使う。

　ADCは音声信号やコンピューターのデータをバイナリデータ（2進数化されたデータ）にしてデジタル信号に変換する。

　アナログ信号の電圧値を取出すことを**サンプリング**といい、一定の時間間隔に区切って、その1つに対する電圧の瞬間の値を取り出してから、アナログ信号の約2倍の周波数でサンプリングを行う。これを**標本化**といい、取出した値を**標本値**という。例えば、3.4kHzで送受信される電話では8000回（8kHz）、CDでは1秒間に44000回（44kHz）サンプリングする。このように1秒間にサンプリングする回数を**サンプリング周波数（サンプリングレート）**といい、単位はHzで表される。

　得られた標本値はあらかじめ決められた対応表を基に整数で表す。これを量子化といいこの整数値を**量子値**という。

　このように1秒間にサンプリングする回数と何ビットで表現するかで決めるサンプリング方法をパルス符号変調（PCM：Pulse Code Modulation）という。音楽CDやDigital Audio Tape、衛星放送などで使われている。

　また、すべての情報を送るのではなく、直前の情報と異なる部分だけをデジタル化して送る方法を適応差分パルス符号変調（AD-PCM：Adaptive Differential PCM）といい、こうすることで送信する情報の全体量を減らすことができる。

　なお、変調により取り出した量子値をデジタル信号に変更する方法を次の頁で説明しよう。

2-16 アナログからデジタルへ

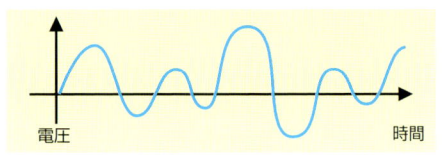

CDからパソコンに入力されるアナログデータ。

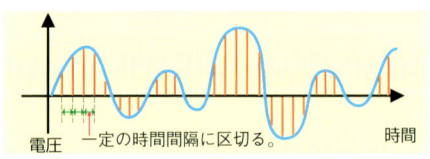

サンプリング周波数は図中の縦の区切りの回数のこと。CDの場合1秒間に44000回、電圧の値を取出す。

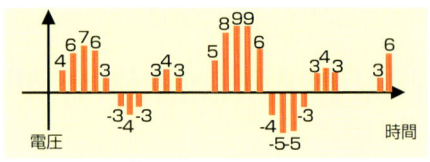

サンプリングしたデータを数値で表す。この数値が量子値になる。

知っ得　サンプリングした電圧値の中でもっとも高い周波数の2倍の電圧値でアナログ信号を取出すと、アナログ信号を元通りに復元できるとする。これを標本化定理という。

符号化と復号化

取り出した量子値を「0」か「1」かの2進数で表し、デジタル信号に変換することを**符号化（エンコード：encode）**という。

このときの伝送速度（ビットレート）は送信する情報の種類によって決められている。例えば、電話の音声は国際的に8ビットで符号化することになっている。このため、1秒当たりの情報量は64000ビット/秒（bps）になる。

この他にも、音声信号を音声の波形パターンと音の高低等の音源情報とに分けてあらかじめ対応コードを作成して、符号化するセルプ（CELP：Code-Exite Linear Prediction）方式もある。音声をそのまま符号化するわけではないので、送信信号量を減らすことができ、高速通信が可能だ。IP電話などで使われる。

送信されたパルス波は受信側でデジタル信号をアナログ信号に戻すDAC（Digital Analog Converter）という装置などでアナログ信号に戻される。これを**復号化（デコード：decode）**という。

PCM方式で復号化するには2進数で表したデジタル信号から決められた時間間隔ごとに電圧の値を再現し、並べていく。

CELP方式ではコードブックと照らし合わせて音声パターンと音源情報を複合して復号化する。

2-17 2つの符号化方式

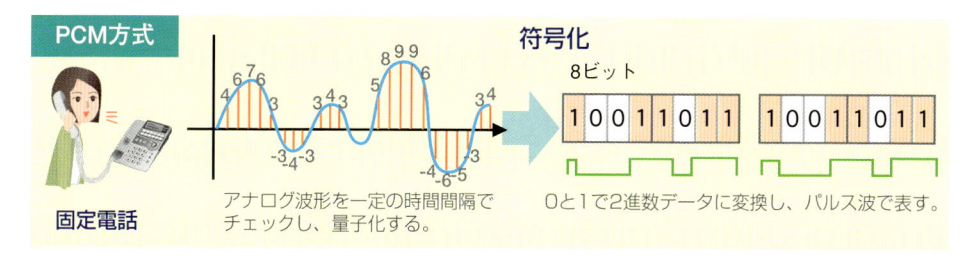

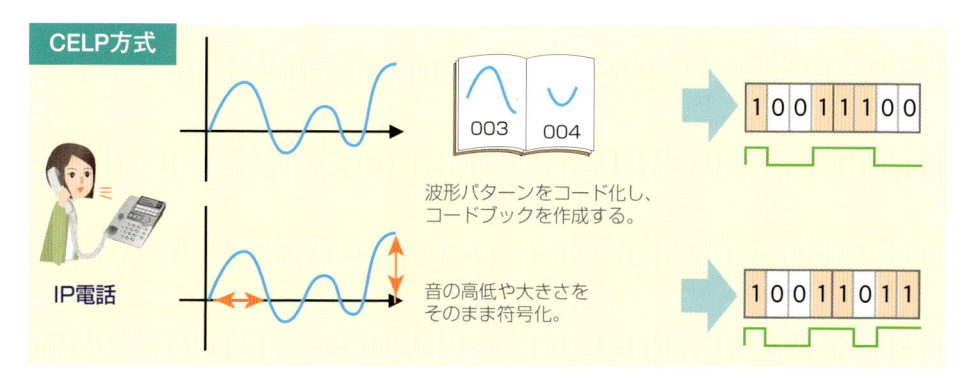

PCM方式（固定電話）
アナログ波形を一定の時間間隔でチェックし、量子化する。
符号化 8ビット：10011011 10011011
0と1で2進数データに変換し、パルス波で表す。

CELP方式（IP電話）
波形パターンをコード化し、コードブックを作成する。003 004
音の高低や大きさをそのまま符号化。
10011100
10011011

豆知識 人間が聞ける周波数の上限が約20kHzといわれる。そのため、CDは20kHz×2≒44.1kHzでサンプリングされる。標本化定理に基づいたサンプリングレートだ。

信号の中継と伝送方式

Keyword 減衰 電気信号を遠くに送信するほど、他の電磁波などの影響を受けて波形が乱れたり、電波の持つエネルギーがなくなることをいう。

▶ 信号の品質低下

　有線通信の電気信号は、ケーブルの中で外からの電磁波の影響を受けたり、ケーブルの接続部分でノイズを受けて、波形が乱れてしまう。また、伝送距離が長くなるとケーブルの抵抗などの影響で電圧が下がって電気信号は弱まる。

　一方、無線通信では建物や人間、車、雨、霧などにぶつかって減衰する。

　このような電気信号の減衰に対処するために信号を元の波形に回復する必要が出てくる。中継器（増幅器）を設置するのはこのためだ。

　ただし、アナログ信号はノイズが加わって、波形が乱れると増幅しても元の波形には戻らない。そのため、アナログ信号では長距離の伝送で信号の品質を大きく低下させてしまう。元の波形に戻らないと、送信されたデータも元のデータを再現できない。

　これに対し、デジタル信号は2種類の電圧で表されているので、ノイズが加わって波形が乱れても、しきい値より大きい信号を「1」で、小さい信号を「0」で表せば、元の信号に戻すことができる。長距離伝送しても増幅すれば、デジタル信号の品質は保たれる。これが、デジタルデータがアナログデータより、高品質なまま長距離伝送が可能な理由だ。

▶ 増幅器のしくみ

　増幅器はメタルケーブルではケーブル内の抵抗が大きいために数kmごとに必要とされる。一方、ほとんど抵抗のない光ファイバーを使った伝送では80kmごとに設置される。日本と米国間に敷設されている海底光ファイバーケーブルには6基の中継器（ファイバアンプ）が設置されている。

　電気信号の増幅装置としては**トランジスタ**がある。トランジスタにはNPN型とPNP型の2種類あり、NPN型ではP型ダイオードをN型ダイオードで挟む3層構造になっている。例えば、PNP型ではN型を挟んでいて、挟まれた半導体に設置されたベース電極部分の半導体は極薄くできていてスイッチの役割を果たす。こうして電流を調節し、増幅することができる。

　光伝送では電気信号に変換して増幅する方法と光信号のまま増幅する方法がある。前者は**フォトトランジスタ**という光増幅回路に、光信号を受信して電気信号に変換するフォトダイオードが組み込まれている装置が使われる。フォトダイオ

知っ得 信号を変調しないで伝送する方法をベースバンド伝送と言う。有線での伝送方式で電話の加入者回線で使われている。

ードが受け取る小さい光信号をトランジスタが増幅して大きくする。

フォトダイオードはシリコン(Si)が使われることが多く、機能・構造により以下の4つの種類に区別ができる。

PIN型：PN接間にI層を挟み、端子間容量を小さくし高速対応を可能にしたもので、光通信やリモコンに使われる。

アバランシェ(APD)型：アバランシェ倍増という現象を利用し、応答が高速で光電子を倍増する作用を持つので弱い光でも検出できる特徴がある。

PN型：半導体のPN接合の整流性を利用していて、照度計やカメラの露出計に使われる。

ショットキー型：金属と半導体のショットキー接合の整流性を利用するしていて、紫外線センサーなどに使われている。

一方、後者の光信号をそのまま増幅する方法には**エルビウムドープファイバー増幅器**や**ラマン増幅器**などがあり、海底ケーブルなどに使われている。

2-18 信号の増幅装置

電気信号の増幅

◆ **NPN型トランジスタ**

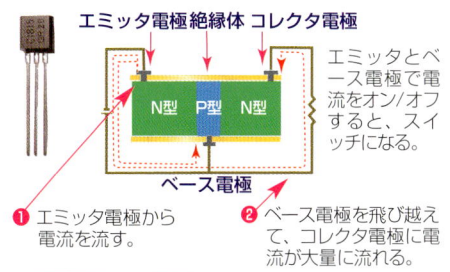

エミッタ電極 絶縁体 コレクタ電極
N型 P型 N型
ベース電極

エミッタとベース電極で電流をオン/オフすると、スイッチになる。

❶ エミッタ電極から電流を流す。
❷ ベース電極を飛び越えて、コレクタ電極に電流が大量に流れる。

◆ **フォトトランジスタ**

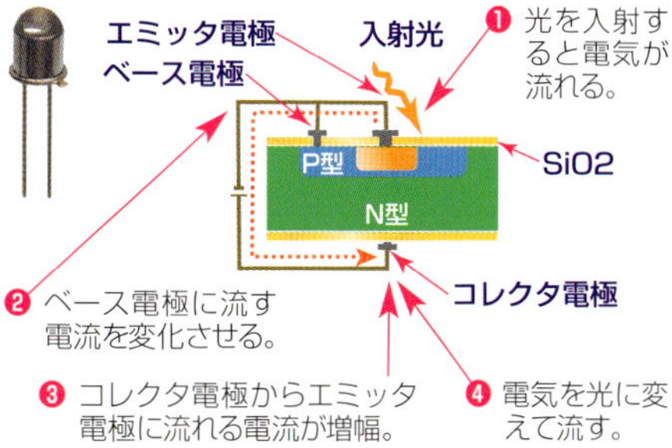

エミッタ電極 入射光
ベース電極
P型 SiO2
N型
コレクタ電極

❶ 光を入射すると電気が流れる。
❷ ベース電極に流す電流を変化させる。
❸ コレクタ電極からエミッタ電極に流れる電流が増幅。
❹ 電気を光に変えて流す。

光信号の増幅

◆ **エルビウムドープファイバー増幅器**

合波器 伝送用ファイバー 信号光
励起光
光増幅器

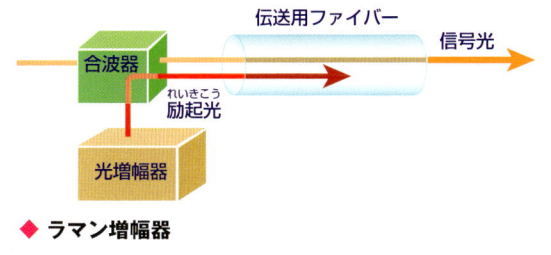

エルビウムを添加した光ファイバー増幅器では1.55μmの波長に対応し、数THz以上の広帯域の波長域を直接増幅し、あらゆるデジタル変調方式に対応。

◆ **ラマン増幅器**

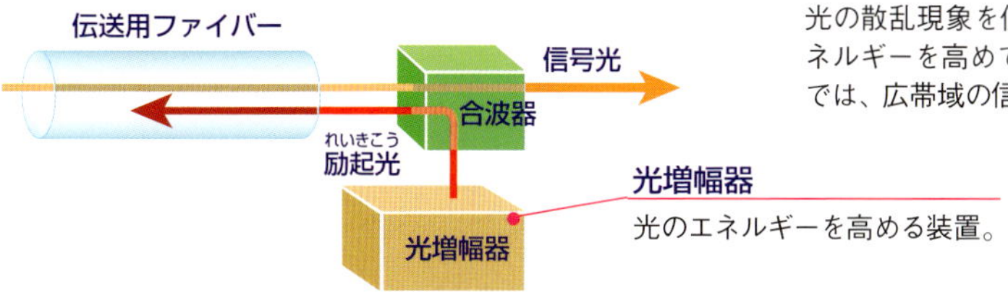

伝送用ファイバー 信号光
合波器
励起光
光増幅器
光のエネルギーを高める装置。

光の散乱現象を使って光を吸収し、光のエネルギーを高めて増幅を行うラマン増幅器では、広帯域の信号を増幅できる。

一口メモ フォトトランジスタにはNPN型とPNP型がある。NPN型ではエミッタ電極からコレクタ電極に、PNP型ではコレクタ電極からエミッタ電極に電流が流れる。

電気信号を光信号に変えるしくみ

> **Keyword** **半導体レーザー** 電気信号を光信号に変換する発光装置。レーザーダイオードともいう。逆に変換するときはフォトダイオードなどを使う。

▶ 半導体レーザーが光信号を発生するしくみ

　光ファイバー回線で送信される光はランプのような光ではなく半導体という物質から発光するレーザーである。ここでは、どのようにレーザーが発光するのか説明しよう。

　まず、この半導体レーザーの内部を見ていこう。

　図2-19の左の図を見てわかるように、半導体レーザーのなかにはN型半導体とP型半導体が存在している。このN型半導体には電子が詰まっている状態になっており、P型半導体には電子が空いている状態になっている。

　この状態のときにN型半導体とP型半導体に電圧をかけると、電子が詰まっているN型半導体から電子が空いているP型半導体に電子が移動して、この時に発光するのである（図2-20参照）。

▶ 通信用半導体レーザーの種類

　通信機器で主に利用されるのが**FPレーザー**と**DFBレーザー**である。

　会社や個人宅の電話やパソコンと接続するアクセスネットワークと呼ばれる近距離通信ではFPレーザーが使われ、海底ケーブルや幹線などの長距離通信ではDFBレーザーが使われることが多い。

　複数の波長の光が出てくるFPレーザーは1秒間に100万回、光を点滅させることができる。電話なら1度に20回線の通話ができるという。だが、大量の信号を高速で長距離送信すると、異なる波長がぶつかりあい、信号に間違いが起きる。

　一方、DFBレーザーはN型半導体が山切り（回析格子）にカットされているため、山にレーザーがあたって跳ね返る。山切りカットの幅（0.2マイクロメーター）の2倍の波長の波は重なりあって強めあうが、波長が異なる光は打ち消し合う。

　このため、DFBレーザーでは1つの波長（0.4マイクロメーター）のレーザーしか出てこない。1波長のレーザーは「0」と「1」の信号を区別しやすいので、長距離送信しても波形が乱れず、10〜40万kmの長距離、10Gbit/秒という大容量通信が可能になる。

　ちなみに、光ファイバー通信の受信側では**ONU**（Optical Network Unit）が光デジタル変調器（O/E）として、電話局側の変調器は**OLT**（Optical Line Terminal）が半導体素子を備えている。ONUとOLTのどちらも回線終端装置だが、電話局側に設置されるOLTは大量の信号を1度に送るための多重化の機能も持つ。

豆知識　1Tbit/秒の速さで送れる光通信は、新聞300年分もの情報を1秒で送ることができる高速、大容量通信だ。

2-19 半導体レーザーの内部と断面

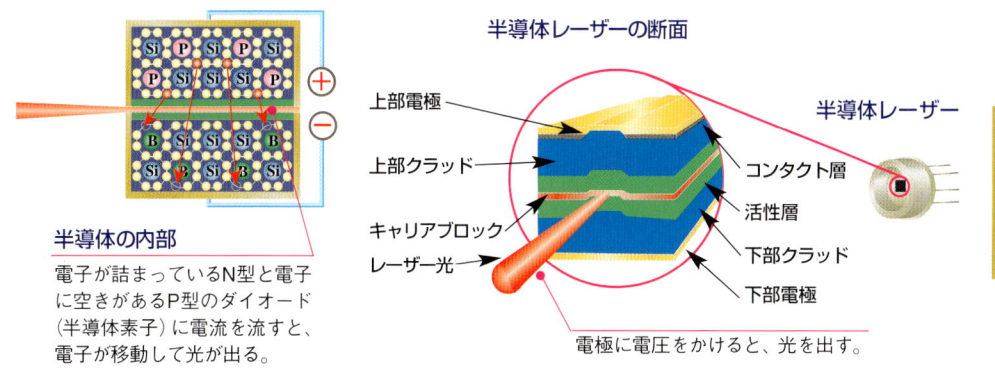

半導体レーザーの断面

- 上部電極
- 上部クラッド
- キャリアブロック
- レーザー光
- コンタクト層
- 活性層
- 下部クラッド
- 下部電極

半導体レーザー

半導体の内部
電子が詰まっているN型と電子に空きがあるP型のダイオード（半導体素子）に電流を流すと、電子が移動して光が出る。

電極に電圧をかけると、光を出す。

2-20 半導体レーザーの発光するしくみ

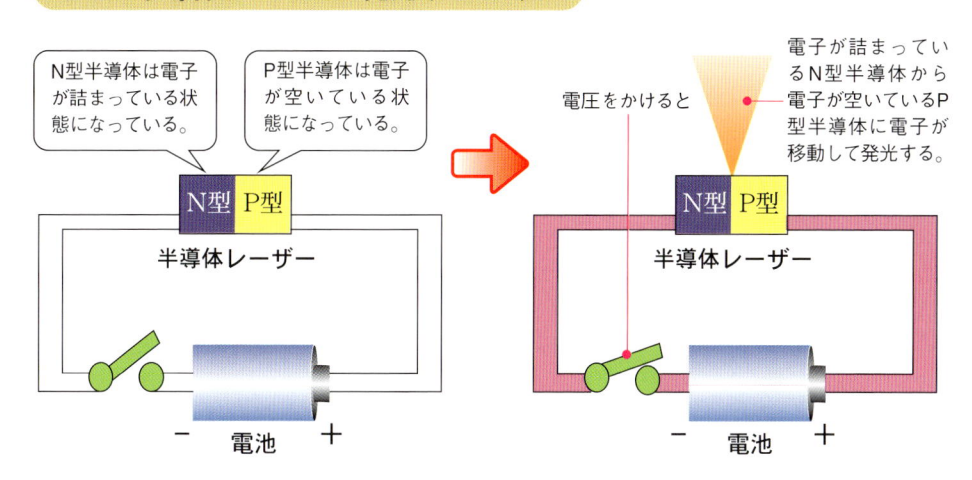

N型半導体は電子が詰まっている状態になっている。

P型半導体は電子が空いている状態になっている。

電圧をかけると

電子が詰まっているN型半導体から電子が空いているP型半導体に電子が移動して発光する。

半導体レーザー

電池

2-21 DFBレーザーのしくみ

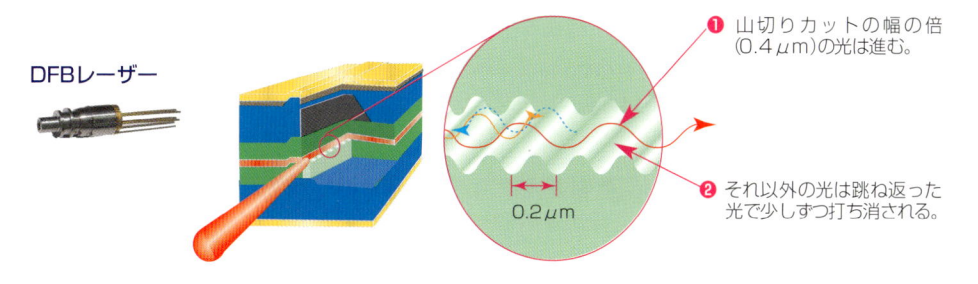

DFBレーザー

❶ 山切りカットの幅の倍（0.4μm）の光は進む。

❷ それ以外の光は跳ね返った光で少しずつ打ち消される。

0.2μm

知っ得 マイクロメーター（μm）は1000分の1mmだ。ちなみにナノメーター（nm）は1.0×10^{-6}mm（＝100万分の1mm）だ。

周波数を変えるしくみ

> **Key word　搬送波(キャリア)**　無線通信で使われる信号を載せて飛ばす電波のこと。これに対し、送信情報のままの電波を送信波という。

▶ アナログ変調

　無線通信では、音声や映像などの信号をそのまま送信するより効率的に伝送するため搬送波に載せて送信するが、個々の信号の周波数により搬送波の周波数を変える必要があり、これを変調という。

　アナログ信号の変調方式には振幅を変えて送信する振幅変調(Amplitude Modulation)と周波数を変えて送信する周波数変調(Frequency Modulation)、そして、アナログ信号の変調ではあまり使われないが位相変調(Phase Mod-ulation)がある。

　短波帯や中波帯を使うラジオ放送では振幅変調方式を採用している。振幅変調方式は、搬送波の振幅を信号波の振幅の変化に合わせて変化させるが、ノイズに弱いので品質が落ちやすい。

　周波数変調方式は、送る信号の電圧の高さに合わせて周波数を高くしたり、低くしたりするものだ。周波数帯域が広くなるが、ノイズに強い。

　位相変調方式は送る信号の周期に合わせて搬送波の位相を変える方法である。送る信号の振幅が大きいと単位時間当たりの位相の変化量が大きく、逆に振幅が小さいと位相の変化量も小さく周波数も低くなる。

　この他にも、振幅変調と位相変調を組み合わせた直交振幅変調(QAM：Quadrature Amplitude Modulation)という変調方式がある。限られた帯域幅で効率よく転送できるので、パソコンのデータをモデムで、衛星デジタル放送をチューナーでアナログデータに変調するときに使われていた。

▶ デジタル変調

　デジタル信号変調方式では、振幅変調を振幅偏移変調(ASK：Amplitude Shift Keying)方式、周波数変調を周波数偏移変調(FSK：Frequ-ency Shift Keying)、位相変調を位相偏移変調(PSK：Phase Shift Keying)という。また、振幅偏移変調と組み合わせて変調する多値振幅変調(MASK)では発信者の異なる信号をそれぞれ一度に送り、情報量を2倍3倍4倍と増やすことができる。ASKは振幅変化の影響を受けやすいため、現在では車のETCとETCゲートでの通信などの近距離通信で使われている。

　デジタル変調で主流の複数の位相を設定して変調する多値位相偏移変調(M-PSK：M-ary Phase Shift Keying)は16位相を使った16PSKでは4GBビット/秒という大容量高速伝送が実現されている。

> **知っ得**　ADSLモデムで使われる直行振幅変調方式は、ASKと呼ばれる振幅変調方式とPSKという位相変調方式を組み合わせたものだ。

2-22 アナログ変調方式の種類

振幅変調

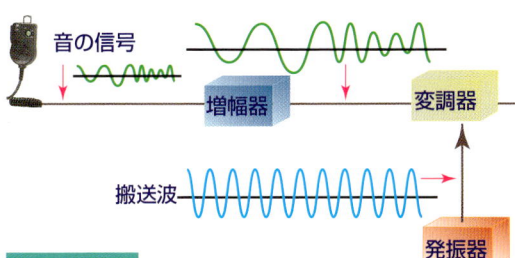

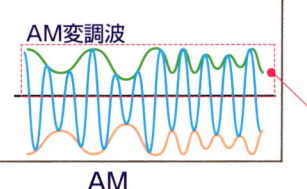

音の信号 → 増幅器 → 変調器 → AM変調波

搬送波 → 発振器 → 変調器

AM
受信した変調波を同じ周波数のアナログ波に変調して、変調波の最大値をつなげて元の波形を再現する。

周波数変調

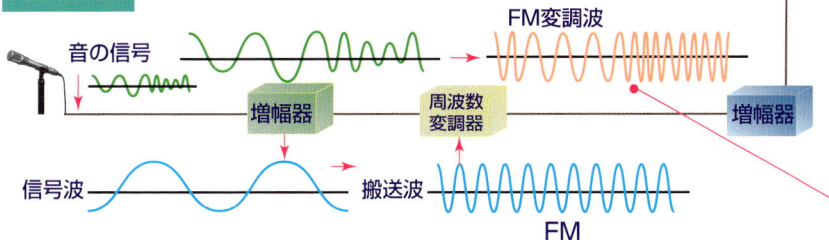

音の信号 → 増幅器 → 周波数変調器 → FM変調波 → 増幅器

信号波 → 搬送波 → 周波数変調器

FM
周波数を変えず、振幅の大きさを周波数で表す。発振器からの信号で周波数を変更し、変調器で周波数の変化を振幅に変える。

2-23 デジタル変調方式の種類

振幅偏移変調（Amplitude Shift Keying）

パルス信号　1　0
搬送波
　　　　搬送波有　搬送波無

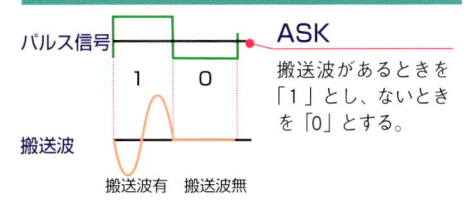

ASK
搬送波があるときを「1」とし、ないときを「0」とする。

周波数偏移変調（Frequency Shift Keying）

パルス信号　1　0
搬送波
　　　　周波数低　周波数高

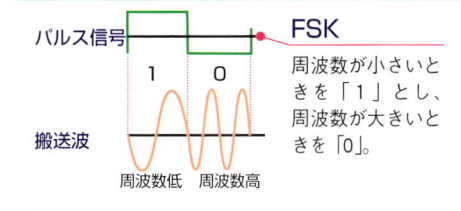

FSK
周波数が小さいときを「1」とし、周波数が大きいときを「0」。

位相偏移変調（Phase Shift Keying）

パルス信号　0　1
変調波
基本の波を0度　180度反転　90度反転
　　　　　　　（180度位相）（90度位相）

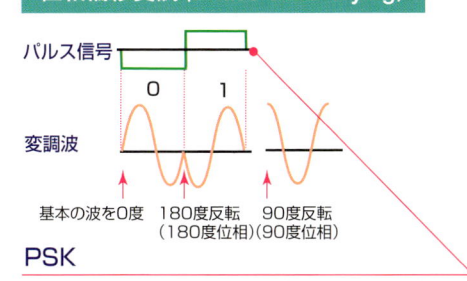

PSK
デジタルでの位相変調方式。2位相式では0度位相の信号を「0」とし、180度位相の信号を「1」とする。

4位相偏移変調（Quadrature PSK）

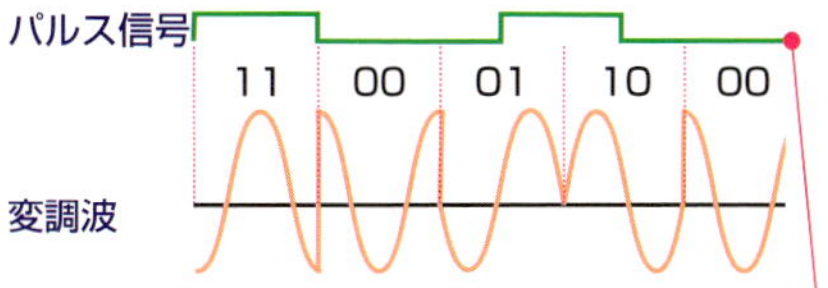

パルス信号　11　00　01　10　00
変調波

QPSK
2ビット情報を組み合わせて、大きい振幅と、180度から始まる信号を「1」、小さい信号と0度から始まる信号を「0」とする。これを組み合わせて、「00」「01」「11」「10」の4つの情報を表現する。

豆知識 無線のスペクトラム拡散という変調方式には、高速でランダムなデジタル信号で時間間隔的に帯域幅を広げる直接拡散、特定のパターンで時間的に帯域を切り替える周波数ホッピング方式がある。

複数の回線の信号を送信するしくみ

> **Key word**
> **WDM（Wavelength Division Multiplexing：波長分割多重）**
> 光ファイバーで波長の異なる複数の信号を同時に送る通信技術。

❯ 複数回線の信号を送信する技術

複数のアクセス回線からの信号（チャネル）を1本の回線で送信する技術を**多重化技術**という。この多重化技術には、アナログ信号を多重化する**周波数分割多重（FDM）**とデジタル信号を多重化する**時分割多重（TDM）**、**符号分割多重（CDM）**がある。光信号を多重化する技術には、**波長分割多重（WDM）**がある。

❯ 電気信号での多重化のしくみ

周波数分割多重（FDM）では、変調器で周波数を変化させ、少し高い周波数の信号、中間の周波数の信号、少し低い周波数の信号にそれぞれ変調する。これを1本のケーブルで同時に送信する。このような送信方法は、ラジオやテレビ放送で使われる。このため、ラジオやテレビではチャネルを選べるのだ。

時分割多重（TDM）では、時間帯を区切って、複数の信号を同時に送信する。回線の中にフレームと呼ばれる一定時間ごとの区切りを設け、その中に複数のタイムスロットを備え、そこに別々のデータを流すことで、同時に複数の信号を送受信するのが時分割多重方式だ。

符号分割多重（CDM）は、携帯電話などで使われる。発信者ごとにデジタルコードを割り当て、コード情報を発信信号に混ぜて送信し、これを基地局で分けて受信者に送信する。

第3世代携帯では、変調していない信号を直接拡散し、帯域幅を拡げて互換性を持たせたW-CDMA（Wideband-CDMA）方式が使われる。この方式はNTTドコモとソフトバンクモバイル（旧ボーダフォン）が使っている。

❯ 光信号での多重化のしくみ

光信号は**波長分割多重（WDM）**という波長の異なる複数の信号を同じ光ファイバーに送信する技術が使われる。その種類は波長間隔が20nmと広く多重可能な波長数は10数波程度の**CWDM**と、波長間隔を0.4から1.6nmと短くし100波以上多重できる**DWDM**がある。

この他には複数のアンテナで送受信する方式で使われる空間分割多重（SDM）、電気信号の伝送でも使われるFDMや光でも使われているTDM、CDMがある。

なお、このような多重化技術と差同位相変移変調（DPSK）技術を組み合わせ、1Tbit/秒という高速通信が実現した。

> **なるほど** 多重化装置をMultiplexer（マルチプレクサ）と呼ぶことから、MUX（マックス）と呼こともある。また、多重化するための半導体チップセットにもMuxと呼ばれるものがある。

2-24 基本的な多重化の方法

周波数分割多重（FDM：Frequency Division multiplex）

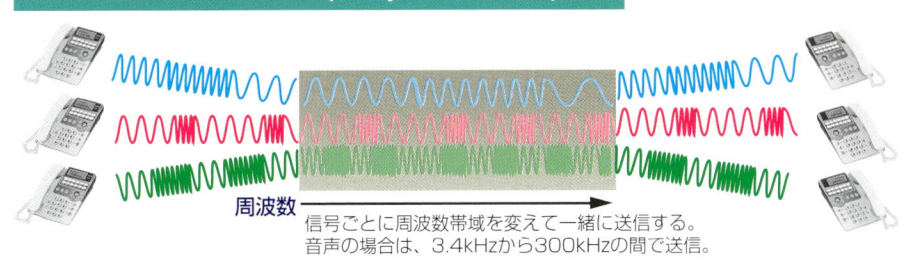

周波数

信号ごとに周波数帯域を変えて一緒に送信する。
音声の場合は、3.4kHzから300kHzの間で送信。

時分割多重（TDM：Time Division multiplex）

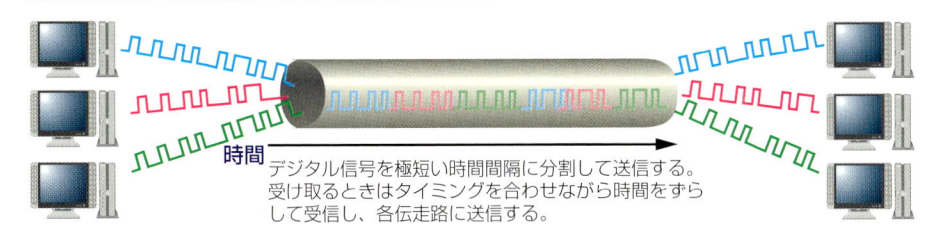

時間

デジタル信号を極短い時間間隔に分割して送信する。
受け取るときはタイミングを合わせながら時間をずらして受信し、各伝走路に送信する。

符号分割多重（CDM：Code Division multiplex）

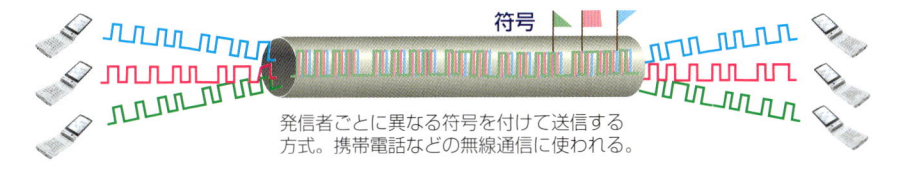

符号

発信者ごとに異なる符号を付けて送信する方式。携帯電話などの無線通信に使われる。

波長分割多重（WDM：Wavelength Division Multiplexing）

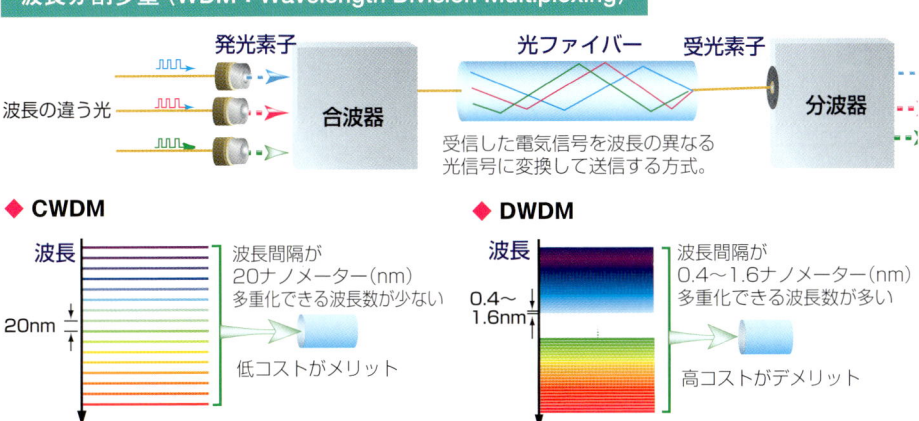

波長の違う光　発光素子　合波器　光ファイバー　受光素子　分波器

受信した電気信号を波長の異なる光信号に変換して送信する方式。

◆ CWDM
波長
20nm
波長間隔が20ナノメーター（nm）
多重化できる波長数が少ない
低コストがメリット

◆ DWDM
波長
0.4～1.6nm
波長間隔が0.4～1.6ナノメーター（nm）
多重化できる波長数が多い
高コストがデメリット

豆知識 波長分割多重には、数百の波を多重化できるDWDM (Dense WDM) 数波から数十波を多重化できるWWDM (Wide WDM) などの種類がある。

COLUMN

専用回線のしくみ

● 専用回線とは

　専用回線とはNTTなどの通信事業者から回線を借り受けて、専用の電話番号で固定的に接続できる、本人確認の必要がない回線のことだ。なお、専用回線は右のように定義される。

　固定的に接続されるので、接続時間や接続距離とは関係なく、固定料金で利用できる。専用回線はプロバイダや接続事業者から申し込むことができる。料金は回線の種類や速度や契約内容によって大きく異なる。個人でも利用できる所もある。

① 接続先が固定されている。
② 伝送速度が保証されている。
③ 常時接続されているので、接続呼出しを行う必要がない。
④ 回線を提供する電気通信事業者が特定されている。

● 専用回線に代わるVPN

　VPNとはVirtual Private Networkのことで仮想的な個人ネットワークを意味する。実際には、VPN対応ルーターやOS間で作られる私的ネットワークで仮想的ネットワークともいわれる。

　そのしくみは、次のようになる。T社のT氏がS社のS氏にデータを送信したとする。送信データはT社のルーターで盗聴防止のために暗号化される。このとき使われる公開キーはS社のキー（公開キー）になる。S氏に届けられたデータはS社の復号化用のもう1つのキー（秘密キー）で復号化されて解読される。

　通常、サーバーを経由して行われるデータのやり取りをルーター間だけで行うため、T氏とS氏はプライベートアドレスでのやり取りが可能になる。通常のプライベートアドレスでのやり取りと異なるところは、インターネット上にデータが流れる前に暗号化されているので、盗聴されても解読できない点だ。

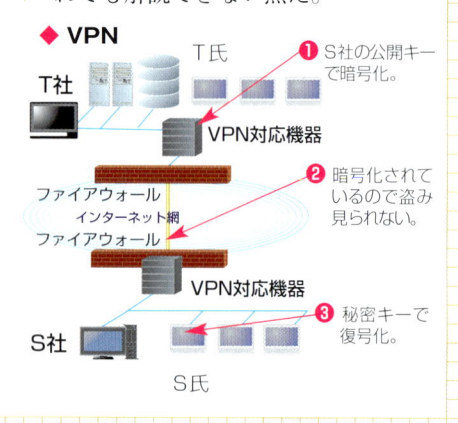

◆ VPN

T社 — T氏
VPN対応機器
❶ S社の公開キーで暗号化。

ファイアウォール
インターネット網
ファイアウォール
❷ 暗号化されているので盗み見られない。

VPN対応機器
S社 — S氏
❸ 秘密キーで復号化。

第3章
ネットワークのしくみ

ネットワーク通信の起源

> **Keyword　ネットワーク**　複数のパソコンなどが互いに網状に接続されて、情報の通信を行う通信網のこと。英語では網という意味。

◆ ネットワークの意味と起源

1つの企業内で、複数のパソコンやプリンターなどをケーブルでつないで、お互いに通信ができるようにしたものをLAN（ローカル・エリア・ネットワーク）、LANをつないだものをWAN（ワイド・エリア・ネットワーク）といい、ネットワークの基本となっている。以下では、ネットワークの起源から説明しよう。

◆ ホストと端末の誕生

コンピューターをネットワークで接続するようになったのは、汎用コンピューターが使われるようになった1950年代にさかのぼる。当時コンピューターは特注品だけでなく価格も下がってきていたとはいえコンピューターを大量に購入することはできず、計算処理を担当する「ホスト」と、ホストに接続してユーザーの入力と表示を受け持つ「端末」とに役割を分けた。このとき、このホストを遠隔地の端末から利用するためにネットワークが組まれたのだ。

◆ LANの誕生

1970年～1980年代になって、汎用機に代わってパソコンの利用が普及すると、パソコンを1台ずつ独立させて使うこと以外に、パソコンをケーブルでつないで使う分散管理が誕生した。つまり、複数のパソコンをケーブルでつないで相互に情報をやりとりするしくみ、現在のネットワークが誕生したのだ。

そして、この後、建物内のネットワークをLAN、LANとLANをつないだものをWANと呼ぶようになった。このうち、LANとはLocal Area Networkの略で、**構内通信網**ともいう。これは会社内とか、大学内で組むネットワークのことで、大掛かりな装置を使わなくても電気や光信号を送信できる範囲を意味している。

一方、WANとはWide Area Networkの略で**広域通信網**ともいう。これは本社と支社というように遠く離れた会社同士をつなぐための広域にわたるネットワークのことだ。この場合は増幅装置や中継装置を使わないと電気や光の信号を送信できない規模のネットワークと言える。

いずれにしても、インターネットのように不特定多数の人が対象ではなく、あくまでも1つの会社内、大学内というように閉じられた、いわゆるクローズドネットワークであった。

知っ得　企業内通信はプライベートネットワークだが、インターネットは誰とでも通信できるオープンネットワークである。

▶ ネットワークの要素

　ネットワークを構築するには様々な装置が必要だ。まずは、コンピューター、ハブ、ルーター、プリンターなどの機器を結ぶケーブルが必要だ。それは有線と無線とに大別される。

　有線は電気的な波長を利用する銅線などのケーブルと、光の波長を利用する光ファイバーケーブルなどがある。無線は大気中を一定の波長で通信できるマイクロ波やレーザー、赤外線などが利用される。これらの技術は、多くの信号を速く大量に安定して運ぶこと、安くて使いやすいことなどを目指した。

　さらに、複雑な配線をできるだけなくして簡単に単純に接続することが重要で、配線形態（次頁参照）の選択はその目的の達成に大きな影響がある。

　なお、コンピューター、ハブ、ルーター、プリンターなどのネットワーク機器、またはネットワークの接続の分岐点を総称して**ノード**という。ノードではデータ信号が衝突してしまう可能性があり、回避するために、各ノードがなんらかのルールによってコントロールされている。これをアクセス制御といい、ツイストペアケーブル（第2章40頁参照）とスイッチング（70頁参照）技術により衝突を回避している。

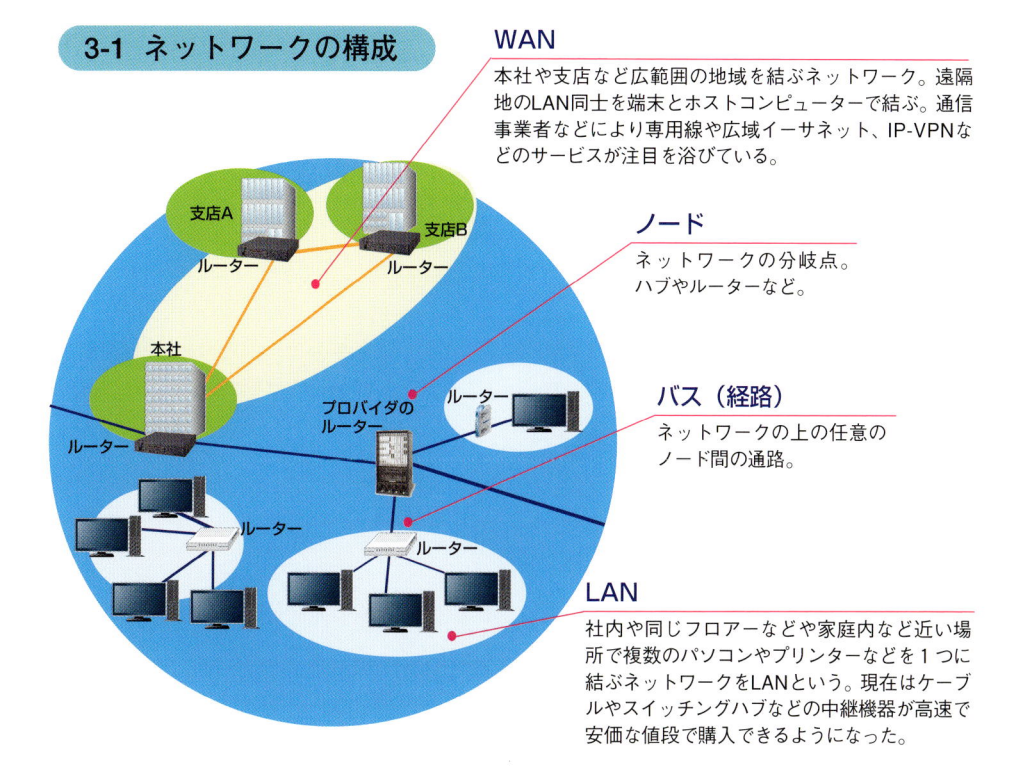

3-1 ネットワークの構成

WAN
本社や支店など広範囲の地域を結ぶネットワーク。遠隔地のLAN同士を端末とホストコンピューターで結ぶ。通信事業者などにより専用線や広域イーサネット、IP-VPNなどのサービスが注目を浴びている。

ノード
ネットワークの分岐点。ハブやルーターなど。

バス（経路）
ネットワークの上の任意のノード間の通路。

LAN
社内や同じフロアーなどや家庭内など近い場所で複数のパソコンやプリンターなどを1つに結ぶネットワークをLANという。現在はケーブルやスイッチングハブなどの中継機器が高速で安価な値段で購入できるようになった。

一口メモ　インターネットはネットワークの1つだが、本書ではネットワークとインターネットを区別して説明する。

LANの配線形態

> **Key word** ハブ　スター型LANで使われる集線装置。パソコンやプリンターなどの端末は、すべてハブとケーブルで接続されて、そこを介して通信する。

▶ LAN

　LANは、1つのフロア内や1つの敷地内や1つのビル内といった限られたエリア内にある複数のコンピューターをケーブルでつなぎ、接続されたパソコン同士で情報や周辺機器（プリンターやスキャナなど）の共有、さらにはお互いのコミュニケーションやデータ通信をするためのネットワークのことだ。

　そして、LANの通信回線には公衆回線は使われず、限定された利用者だけのクローズドな世界のコンピューター・ネットワークである。

　LANを構成するために使われている技術の1つにイーサネットがあり、これはコンピューター同士をケーブルで数珠つなぎのように接続していく技術のことをいう。このイーサネットのおかげでコンピューターは簡単にネットワークを構築することができるようになった。イーサネットについて詳しくは次頁で紹介するが、ここでは「バス型」「スター型」「リング型」のLANの3つの配線形態について説明しよう。

▶ バス型LAN

　初期の頃のLANは、1本の同軸ケーブルに複数のパソコンやプリンターなどの端末を一直線状に接続するというバス型が多かった。けれども、このようなLANでは複数のパソコンから同時に情報を送信すると、これがケーブルの中で衝突して情報が壊れることがあった。また、情報の伝送速度が10Mビット/秒というように遅く、さらにケーブルの長さも500m以下というように限界があった。もし、これ以上長くすると、外部からノイズが侵入して、結果として情報が正しく送信されないことがあったからである。

▶ スター型LAN

　バス型で生じる情報の乱れをなくして通信速度を更に高速にするために、すべてのパソコンやプリンターをハブと呼ばれる機器に接続して通信をするというスター型が誕生した。このように接続することによって、パソコンから情報を同時に送信しても、それがハブで切り替えられ衝突することが少なくなり、さらに伝送速度が10Gビット/秒というように画期的に速くなったのである。

知っ得　ハブという名前の由来は『車輪の中心』からきている。

リング型LAN

これは、円形の伝送路にパソコンやプリンターなどの端末をつないでいく形であり、伝送路が数珠つなぎの円形となる。この場合、ケーブル、または伝送路機器に障害が発生するとLANが停止するため、ケーブルを2重にする場合が多い。

このように2重化することにより、仮にケーブルが切断したり伝送路機器が故障するなどの障害が発生しても情報の伝達が確実になるため基幹用に用いられることが多い。

3-2 LANの主な形態

● バス型LAN

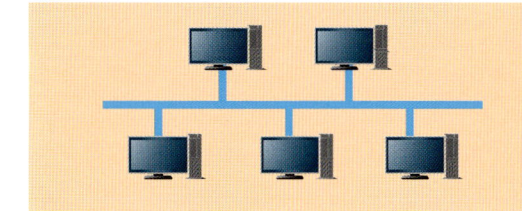

1本の同軸ケーブルに複数のパソコンやプリンターなどの端末を一直線状に接続する。

● スター型LAN

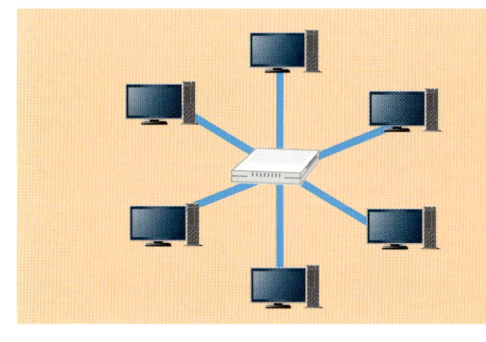

ハブと呼ばれる接続機器にすべてのパソコンやプリンターを接続する。

● リング型LAN

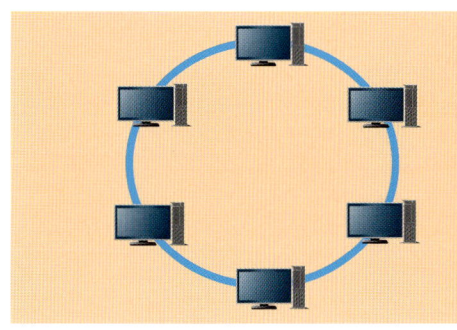

円形の伝送路にパソコンやプリンターなどの端末をつないでいく。

一口メモ　LANには、バス型、スター型、リング型以外にもメッシュ型、フーリィコネクティッド型、ツリー型があるが、本書では最初の3つのLANを取り上げた。

イーサネットの種類としくみ

> **Key word** **イーサネット** バス型LANやスター型LANなどの接続に使用。標準規格はIEEE（米国電気電子技術者協会）やANSI（米国規格協会）で策定。

10BASE5と10BASE2の特色

　LANの技術規格には、イーサネット、トークンリング、FDDIがあるが、通信ケーブル、信号の速度、伝送方式などから最も普及している規格がイーサネットである。

　イーサネットで初期に開発されたのが10BASE5と10BASE2である。10BASE5の最初の「10」の意味は、1秒間に10Mビットの速さでデータを送信するということを表し、最後の「5」は最長500mの同軸ケーブルを使用できるという意味になる。直径約10mmの同軸ケーブルの始点と終点にターミネーターと呼ばれる装置を接続し、その間に**トランシーバ**と呼ばれる機器を設置しパソコンやプリンターを接続する典型的なバス型LANである。

　なお、10BASE2の場合は1秒間にデータを10Mビット送信でき、最長200mの同軸ケーブルを使えて、直径約5mmの同軸ケーブルにT型コネクタを接続し、パソコンや周辺機器をつなげる。

3-3 10BASE5のLAN

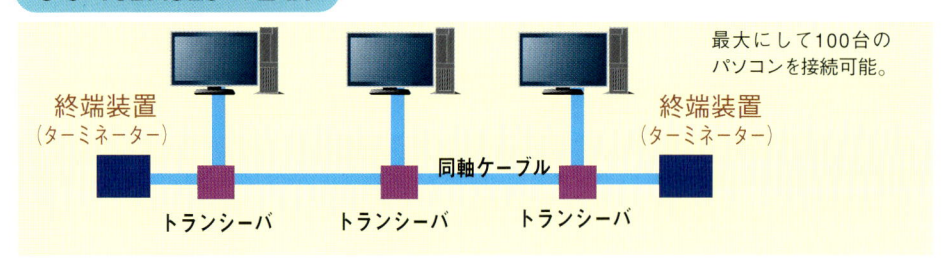

最大にして100台のパソコンを接続可能。

終端装置（ターミネーター）　トランシーバ　トランシーバ　同軸ケーブル　トランシーバ　終端装置（ターミネーター）

10BASE5と10BASE2の拡張

　上記で説明した10BASE5と10BASE2は拡張できる。10BASE5では最大100台のパソコン、10BASE2では30台のパソコンを接続できるが、これ以上のパソコンを接続する場合、それぞれのLANの間をリピータ（**一口メモ** 参照）という接続機器で仲介する。このようにして、ネットワークの延長が可能になる。

　ただし、10BASE5、10BASE2では、リピータを4台までしか接続できない。

> **一口メモ** リピータは、ネットワーク間の電気信号を増幅、中継する機器。リピータハブといえば、リピータの機能を持つハブのこと。

10BASE-Tと100BASE-TXの特色

以前よく使用されていた10BASE5や10BASE2に代わり、最近では、10BASE-Tや100BASE-TX、1000BASE-Tのイーサネットが普及している。

10BASE-Tというのは、通信速度が1秒間に10Mビットの速さでデータを送信し、**ハブ**を中心として**ツイストペアケーブル**を用いて、パソコンを接続するという典型的なスター型LANだ。ハブから端末までの距離は100mに制限されている（図3-4参照）。

100BASE-TXの場合は、1秒間にデータを100Mビットで送信し、同じくツイストペアケーブルを用いて、ハブを中心としてパソコンを接続するネットワークである。100Mビット/秒なので、単に文字データだけではなく、音声や画像データを高速に送信するのに使われる。

そして、さらに高速なイーサネットが1000BASE-Tだ。1000Mビット/秒、つまり1Gビット/秒の送信速度を持ち、ギガビットイーサネットと呼ばれ、企業内部で動画などを送受信するのに用いられている。

3-4 10BASE-TのLAN

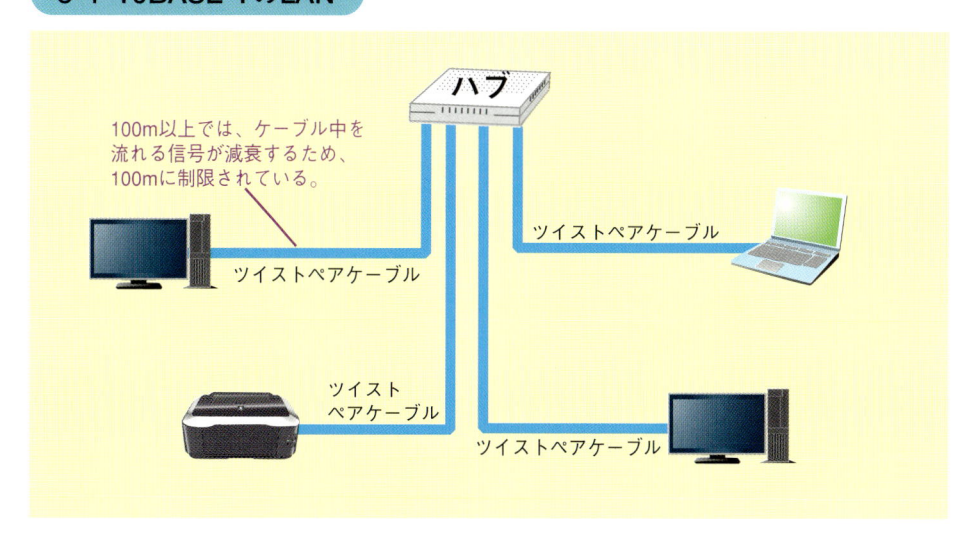

100m以上では、ケーブル中を流れる信号が減衰するため、100mに制限されている。

ツイストペアケーブル

10BASE-Tと100BASE-TXの拡張

10BASE-T、100BASE-TX、1000BASE-Tのようなハブを中心として接続する方法ではハブの接続口の数しか端末を接続できない。そこで、このハブの接続口の1つを使って他のハブを接続して、それぞれのハブで端末を接続するようにして多くの端末でLANを構築する。

このように、複数のハブを接続して、それぞれのハブから端末を接続する方法を**カスケード接続**という。

> **知っ得** バス型LANでは、リピータだと4台までしか接続できないが、ブリッジ（ネットワーク機器）を使うと何台も接続することができる。

MACフレーム①

> **Key word** フレーム　イーサネットでは、ケーブルを流れる信号のことを「フレーム」と呼ぶ。TCP/IPでの「パケット」と基本的には同じこと。

◆MACフレームの送信のしくみ

　LANにはイーサネット、トークンリング、そしてFDDIなどの規格があるが、どのLANでもパソコンからデータを送信するときは、データをMACフレームという小さなデータに分割して送信する。

　LANで長いデータを送信するとき、もし、そのすべてが送信されるまで他のユーザーがデータを送信できないとすれば、その間、同じLANにつながっている他のユーザーは待たなければならない。

　そこで、LANでは、1人のユーザーのデータが送信中でも他のユーザーのデータを送信できるしくみとして、データを小さく分割して送る方法をとっている。これにより1人のユーザーのデータに回線を占有されることなく複数のユーザーが回線を利用できることになる。そして、受信者に到着した時点で、この分割したデータをまとめる。

　つまり、MACフレームは、LANにおけるデータの単位である。インターネットでは、送受信されるデータの単位は「パケット」と呼ばれる（84頁参照）が、これらの違いについては、第4章で説明するのでこのまま読み進めていただきたい。

◆MACフレームの構造

　このMACフレームのしくみは、データの本体部分、その前のヘッダー、そして最後のトレーラで構成される。

　まず、MAC（イーサネット）ヘッダーにはフレーム開始符号、宛先MACアドレス、送信元MACアドレスなどが書き込まれ、トレーラにはデータの終わりを示すデータ（FCS）が書き込まれる。

　そのうちフレーム開始符号というのは分割されたフレームの一番最初のフレームを記録したものである。また、宛先MACアドレスは送信先のパソコンであり、送信元MACアドレスは送信したパソコンのことである。

　宛先MACアドレスも送信元MACアドレスも、LANに接続できるパソコンに装着されたネットワークカードに製造時に記録されるメーカーコードと製品番号などのことである（図3-7参照）。つまり、ネットワークカードはパソコンの識別子といえる。したがって、パソコンのネットワークカードを取り替えると、そのMACアドレスも別のものに変ってしまう。

知っ得　MACフレームのデータ部分の長さは46〜1500バイトとなっており、1500バイトが上限となる。

3-5 MACフレームの送信のしくみ

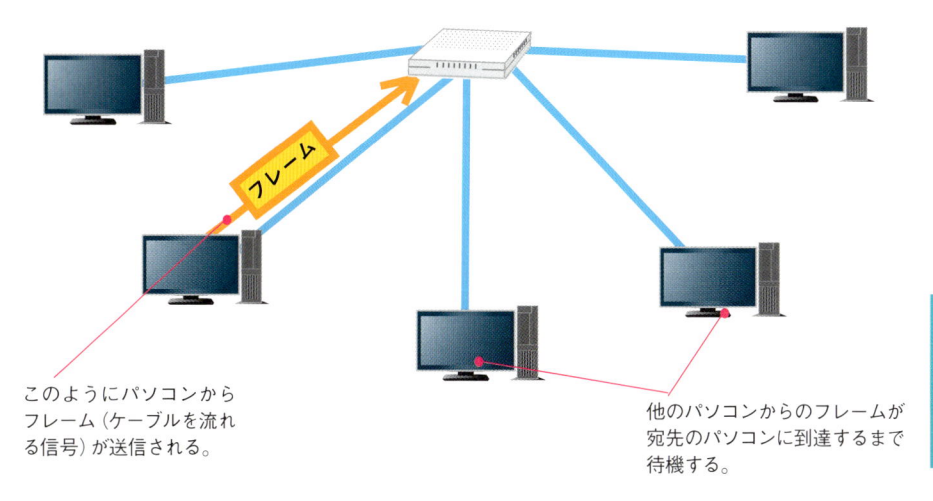

このようにパソコンからフレーム（ケーブルを流れる信号）が送信される。

他のパソコンからのフレームが宛先のパソコンに到達するまで待機する。

3-6 MACフレームの構造

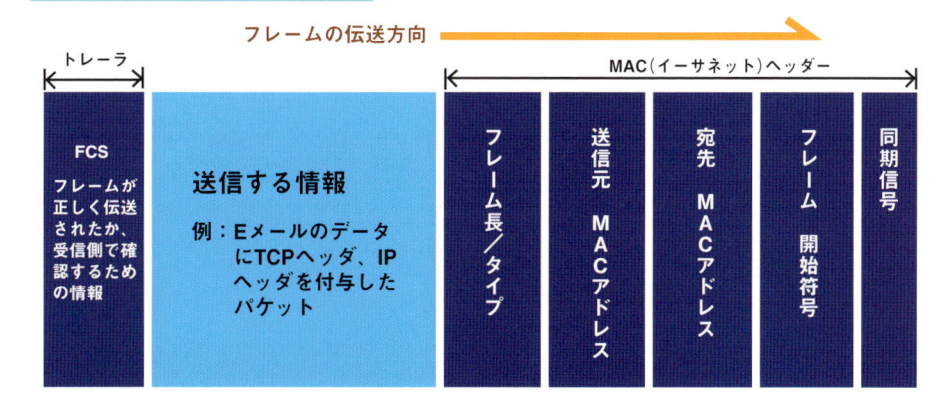

フレームの伝送方向 →

トレーラ

MAC（イーサネット）ヘッダー

| FCS フレームが正しく伝送されたか、受信側で確認するための情報 | 送信する情報 例：Eメールのデータに TCPヘッダ、IPヘッダを付与したパケット | フレーム長／タイプ | 送信元 MACアドレス | 宛先 MACアドレス | フレーム開始符号 | 同期信号 |

3-7 MACフレームの識別子

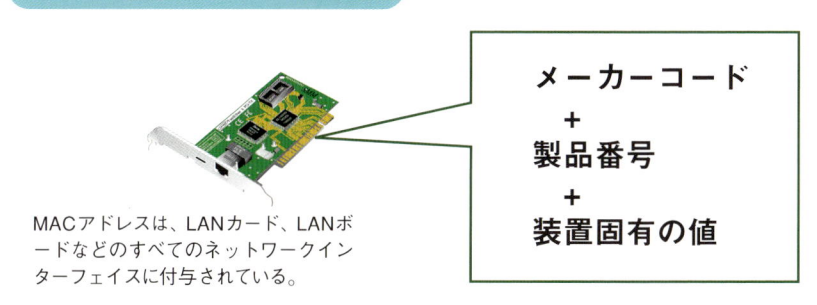

MACアドレスは、LANカード、LANボードなどのすべてのネットワークインターフェイスに付与されている。

メーカーコード
＋
製品番号
＋
装置固有の値

豆知識　MACアドレスのMACというのは「Media Access Control address」の略で、ネットワークカードなどのネットワーク機器に割り当てられている物理アドレス。

MACフレーム②

> **Key word** **ジャム信号** 複数のパソコンから送信されたフレームがハブやトランシーバで衝突したときに、データの送信をストップさせる信号のこと。

▶フレームが衝突したときのアクセス制御

　イーサネットのLANでは、複数のパソコンが1本のケーブルを共有していて2台以上のパソコンが同時に通信を行おうとする可能性がある。そのため他のパソコンからフレームを送信していないか常に監視して、送信していないことを確認してから送信する必要がある。このようなデータの衝突を避けるためにアクセスを制御するしくみを**CSMA/CD**という。

　リピータハブ（データの送り先を限定しないため、1つのホストから受信したデータをそのままですべての端末に送信するタイプのハブのこと）の**CSMA/CD**は、LANに接続されている複数のパソコンからフレームが連続して送信され、どうしても送信できない場合にフレームを送信しようとしているパソコンにエラーを返すようになっている。

　とはいっても、やはり複数のパソコンからフレームを同時に送信することは現実に発生し、ハブでそれらが衝突する。

　そこで、ハブでフレームの衝突を感知すると、LAN全体にフレームを送信してはいけないという信号、つまり**ジャム信号**を送信するしくみがある。ジャム信号が送信されると、それぞれのパソコンがそれを感知し、しばらくはフレームを送信しない。

　それと同時に、衝突したフレームを送信した複数のパソコンもしばらく待ってからそのフレームを再び送信する。

▶データを受信するしくみ

　1台のパソコンからフレームを送信すると、ネットワークに接続されたすべてのパソコンのネットワークカードの識別子を目指して進むのである。そして、フレームを受信したパソコンは、自分のネットワークカード宛に送信されてきたフレームだけを取り入れて、それ以外のフレームは廃棄される。

　さらに、このときにパソコンはMACフレーム（67頁の図3-6参照）のイーサネットヘッダ中の**フレーム開始符号**をみる。このフレーム開始符号（フレームの開始を示す符号）は、すべてのフレームの中でそのフレームが何番目になるのかを表す番号である。例えば、ネットワークに接続されたパソコンが1つ目のフレームを送信すると、このフレーム開始符号は「1」となり1番最初とみなされる。そして、その次から送信されてきたフレームから順番よく並べるのだ。

知っ得 LANの中でデータが衝突しないように制御する仕組みをCSMA/CDというが、これは「Carrier Sense Multiple Access with Collision Detection」の略。

3-8 ジャム信号の発信

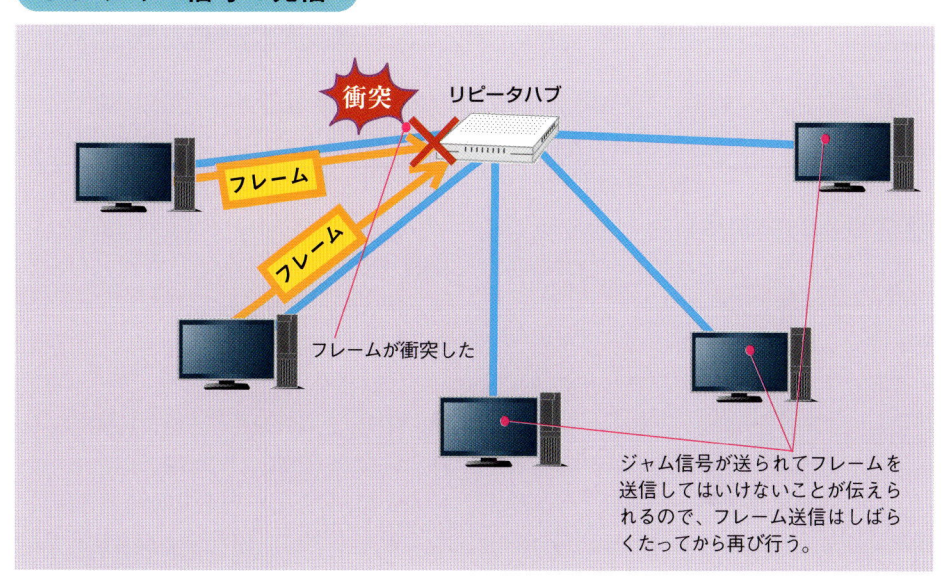

衝突
リピータハブ
フレーム
フレーム
フレームが衝突した

ジャム信号が送られてフレームを送信してはいけないことが伝えられるので、フレーム送信はしばらくたってから再び行う。

3-9 データの受信

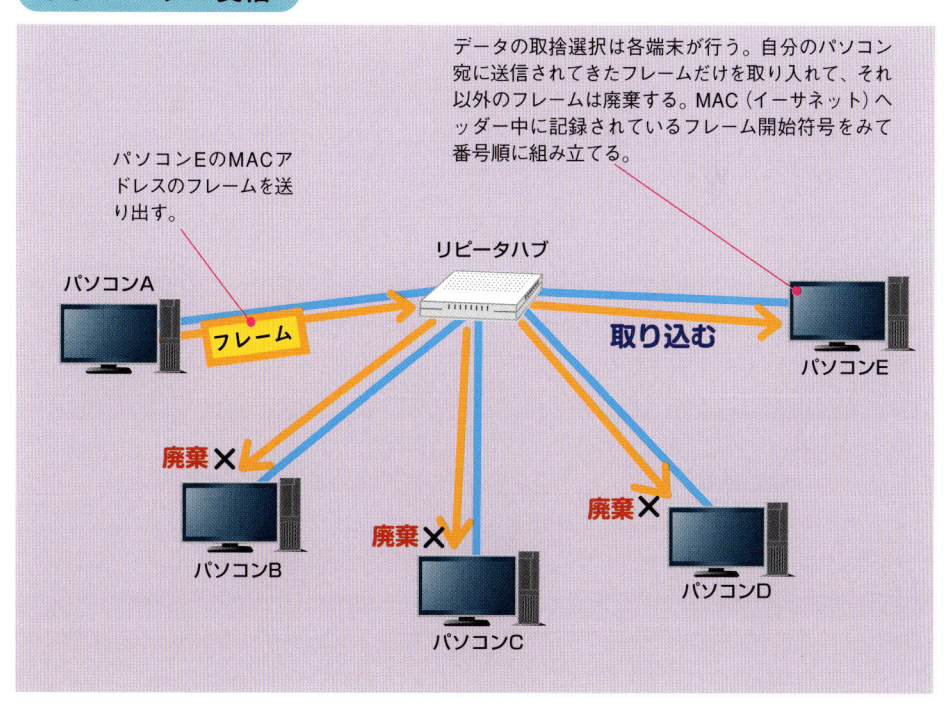

データの取捨選択は各端末が行う。自分のパソコン宛に送信されてきたフレームだけを取り入れて、それ以外のフレームは廃棄する。MAC（イーサネット）ヘッダー中に記録されているフレーム開始符号をみて番号順に組み立てる。

パソコンEのMACアドレスのフレームを送り出す。

パソコンA
フレーム
リピータハブ
取り込む
パソコンE

廃棄×
パソコンB
廃棄×
パソコンC
廃棄×
パソコンD

豆知識 FCSに格納されている値を使って、受信したデータ（宛先MACアドレスからデータ部分まで）が送信時のデータと同じ内容であるかどうかチェックする。

スイッチングハブのしくみ

> **Key word** **UTPケーブル** イーサネットなどで使われる通信用ケーブルのことで、2対の電線をペアにした4組で構成されるツイストペアケーブルの一種。

▶ スイッチングハブ

　現在のイーサネットでは端末を接続するUTPケーブル（ツイストペアケーブル）を集線する機器としてスイッチングハブが使われているが、以前はリピータハブが使われていた。

　リピータハブは、ある端末から送られたフレームをネットワーク上のすべての端末に送信するため、ネットワーク上のデータ運送量が増え混乱を引き起こしてしまう。そのため、ハブにつなぐ端末を増やせば増やすほど通信速度が低下してしまう。

　一方、スイッチングハブではケーブルを接続する各ポートにフレームを溜めておける**フレームバッファ**（図3-11参照）を設けている。そのため、転送先のポートが混んでいる場合は、フレームの送信を一時的に止めておく。

　また、受信したフレームを解析する機能があるため、リピータハブに比べて複雑な処理ができる。例えば、どのポートにどのMACアドレスのホストが接続されるかを学習して管理する**MACアドレステーブル**を内部に持っている。これにより、ある端末から送られてきたフレームを解析し、宛先を検出し、送り先の端末にしかフレームを送信しない。このため、送信先以外のポートにフレームは流れず、帯域をフルに利用できる。

▶ 全二重通信

　スイッチングハブでは内部で衝突が起こらない。ケーブルについてもUTPケーブルは心線を4対持っているので、送信と受信で経路を分けてやり取りできる。このように同時に双方向でやり取りできる通信方式を**全二重通信**という。

　スイッチングハブのような全二重通信では、ケーブルの持つ帯域がフルに利用できるため、フレームをどんどん送れる。しかし、無理に送り続けると受信側の端末が処理できずフレームの取りこぼしが発生する。そこで、送信側端末に一時的にフレームを止める**ポーズフレーム**という特別なフレームを送信側に送る。これを受け取った端末は、一定時間フレーム送信を止める。

　受信側の処理がその間で終わらなくても、ポーズフレームを続けて送ることで送信停止を引き延ばすことができる。バッファ内のフレームが一定基準まで減ると、スイッチングハブは送信側端末にポーズ解除フレームを送信する。

知っ得 全二重通信は送信と受信用のケーブルは異なっているが、半二重通信は送信、受信のケーブルは1本だけである。したがって、データは衝突する可能性があるのだ。

3-10 スイッチングハブの機能

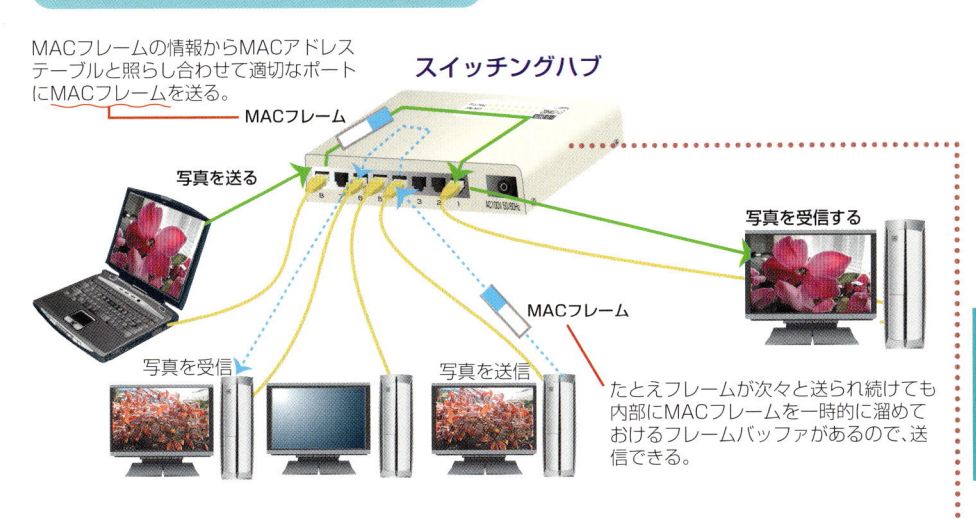

MACフレームの情報からMACアドレステーブルと照らし合わせて適切なポートにMACフレームを送る。

スイッチングハブ

MACフレーム

写真を送る

写真を受信する

MACフレーム

写真を受信　　写真を送信

たとえフレームが次々と送られ続けても内部にMACフレームを一時的に溜めておけるフレームバッファがあるので、送信できる。

3-11 スイッチングハブの内部構造

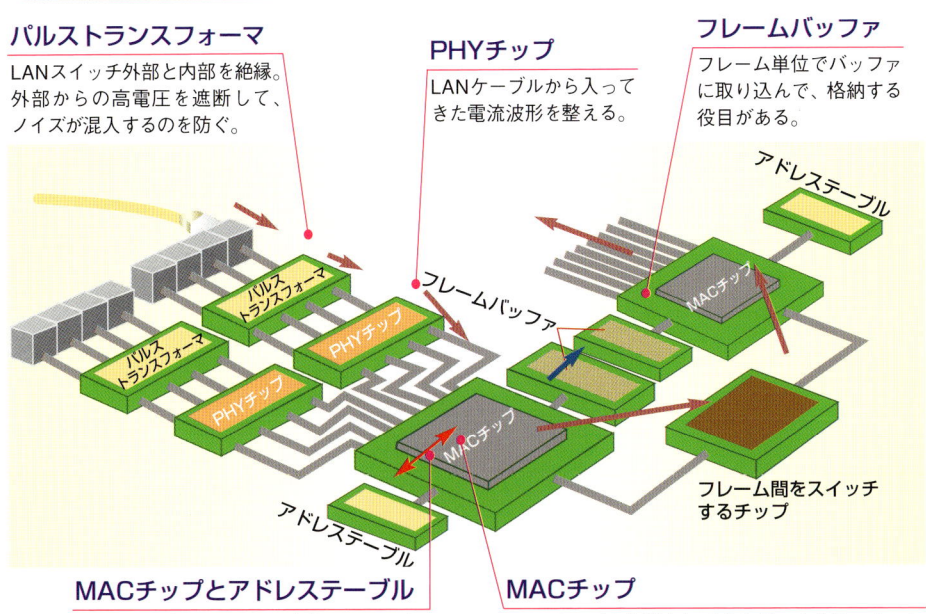

パルストランスフォーマ
LANスイッチ外部と内部を絶縁。外部からの高電圧を遮断して、ノイズが混入するのを防ぐ。

PHYチップ
LANケーブルから入ってきた電流波形を整える。

フレームバッファ
フレーム単位でバッファに取り込んで、格納する役目がある。

アドレステーブル
パルストランスフォーマ
PHYチップ
フレームバッファ
MACチップ
アドレステーブル
フレーム間をスイッチするチップ

MACチップとアドレステーブル
MACチップはフレームの宛先MACアドレスと送信元MACアドレスを読み出し、アドレステーブルの情報と照らし合わせる。アドレステーブルに情報がなければ新たに追加する。

MACチップ
PHYチップから送られてきたデータをモニターしてMACフレームを取り出す。MACフレーム内のFCS（67頁図3-6参照）を使ってフレーム内のデータにビット誤りがないかチェック。ビット誤りがなければフレームバッファに取り込む。

> **豆知識** スイッチングハブは、別名レイヤ2スイッチともいう。OSI参照モデル（91頁参照）におけるデータリンク層（第2層）に属するのでレイヤ2になる。

トークンリングのしくみ

> **トークンリング** 米IBM社によって提唱されIEEE802.5委員会で標準化されたLANの規格であり、リング型LANのことである。

▶ トークンリングのしくみ

　LANには、これまでに説明したイーサネット以外の技術規格に、トークンリングやFDDIがあるが、ここではトークンリングのしくみを説明する。

　このトークンリングというのは、IBM社によって提唱されIEEE802.5委員会で標準化されたLANの規格である。これまでに説明したイーサネットのバス型やスター型と異なり、リング状に配線されたケーブルにパソコンが接続されている。そして、このリングの中を**トークン**と呼ばれる電気信号が自動的に循環しているのだ。

　それぞれのパソコンがデータを送信するときは、このトークンを見て、トークンにどのようなデータも結合していなければ、ネットワークはフリーだとして、そのトークンにMACフレームを結合して送り出す。このときフレームが結合していないトークンを**フリートークン**といい、フレームが結合しているトークンを**ビジートークン**という。

　循環してきたトークンがフリートークンなら、それぞれのパソコンがいつでもデータを送信できることになり、ビジートークンならデータを送信できないことになる。このように、トークンを見てデータを送信するかどうかをパソコンに決めさせるしくみを**トークンパッシング**という。

▶ トークンリングでフレームを受信するしくみ

　このようにしてトークンにフレームを結合して送信すると、それがトークンリングに接続されているすべてのパソコンに届く。そして、フレームが届けられたパソコンは、そのフレームの宛先MACアドレスを見て、それが自分宛のフレームなら、その中のデータを取り込み、そうでなければ、そのままリング内に流す。

　そして、自分宛のフレームからデータを取り込んだパソコンは、フレームの部分を読み込んで、**トークン＋フレームに受領符号を付けて**送り出す。

　そして、データを最初に送信したパソコンは、受領信号を受け取って、それが安全に受信されたことを確認してから、トークンからフレームを取り去ってトークンだけを放出するのである。その後、トークンはフリートークンとなって再びリングの中を循環して、次のデータ送信を待つのである。

知っ得 トークンリングの通信速度は4Mbpsまたは16Mbpsであり、トークンを使っているのでイーサネットよりも転送効率はよいとされる。

3-12 トークンリングのしくみ

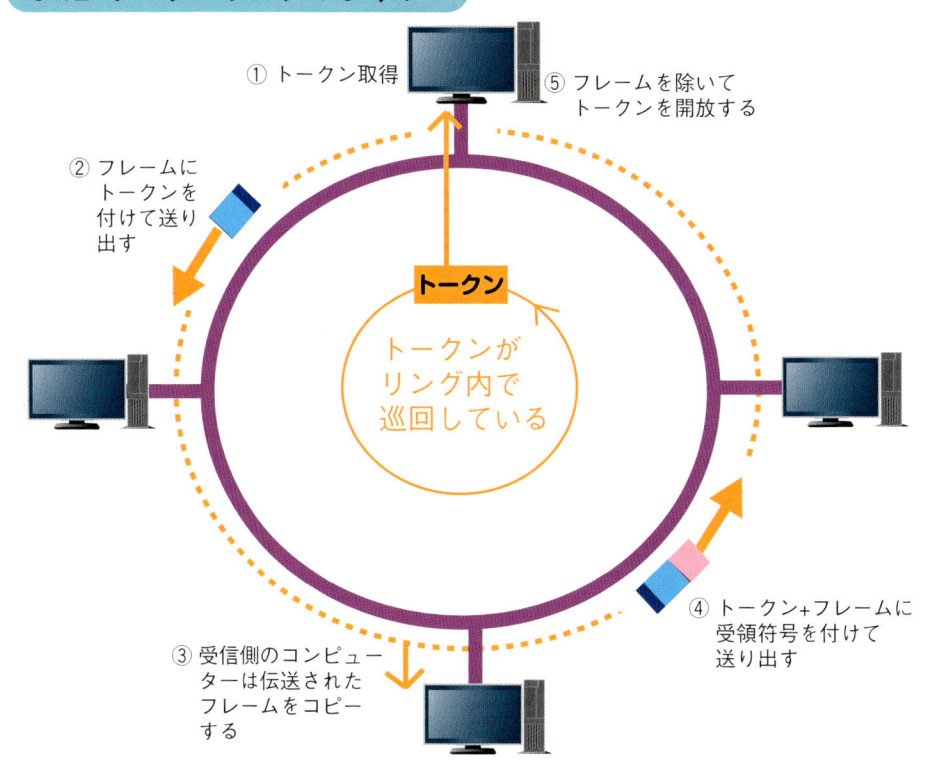

① トークン取得
② フレームにトークンを付けて送り出す
③ 受信側のコンピューターは伝送されたフレームをコピーする
④ トークン+フレームに受領符号を付けて送り出す
⑤ フレームを除いてトークンを開放する

トークン

トークンがリング内で巡回している

3-13 トークンのしくみ

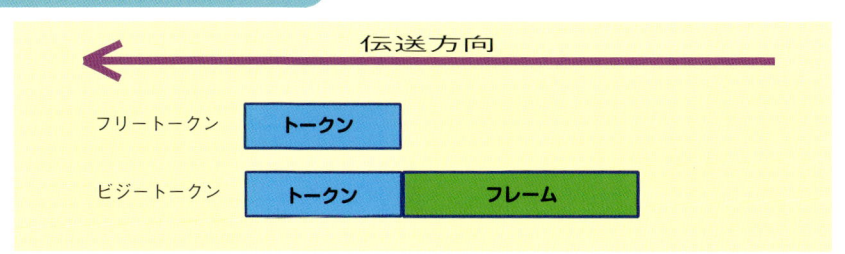

伝送方向

フリートークン　トークン
ビジートークン　トークン　フレーム

▶ トークンリングの利点

　トークンリングの利点は、ネットワークに接続されたパソコンがデータを確実に送信でき、しかもデータ同士の衝突がないことがあげられる。いうまでもないことだが、ネットワークに多くのパソコンが接続されていて、それぞれから頻繁にデータを送り出している場合には、しばらく待たなければならないか、待ち時間が長くてエラーが返ってくることも考えられる。

豆知識　トークンリングといっても物理的な配線は集線装置MSAUを中心に放射状（スター型）の配置となる。そして、このケーブルをトークンが巡回するのだ。

FDDIのしくみ

Key word **FDDI** ANSI(米国規格協会)によって標準化された大規模LANの規格であり、イーサネットで構築した複数のLANを接続する大規模LANである。

▶ 基幹LANと支線LAN

　LANには、イーサネット、トークンリング以外にFDDIという技術規格がある。

　FDDIというのは、ANSI(米国規格協会)によって標準化されたLANの規格で、イーサネットで構築した複数のLANを、さらに接続する大規模LANを実現する。

　実際には、会社などのビルで各フロアーごとにイーサネットを構築している場合や、工場や学校などのように1つの敷地内で複数の建物が存在していて各棟ごとにイーサネットを構築している場合などに、相互に光ファイバー・ケーブルで接続して1つに結合したLANに使われている規格がFDDIである。

　各フロアーや各棟で構築されたイーサネットを**支線LAN**といい、それを接続したものを**基幹LAN**という。

　基幹LANは光ファイバーで接続するので、伝送速度は100Mbpsで高速であり、ケーブルの最大距離は200kmまで可能なのでかなりの遠距離のLANを構築できることになる。

▶ FDDIのしくみ

　FDDIでは、支線LANをトークンリングで接続しているのでリング型といえる。

　それぞれのイーサネットはハブを仲介して接続されているのだが、通信ケーブルとして光ファイバーでリング状に接続しているのである。このため、高速データ通信ができ、なおかつ長距離でも通信品質は落ちない。

▶ FDDIの二重構造

　FDDIは光ファイバーによって接続されているが、この光ファイバーは二重構造になっていて、それぞれ**1次リング**、**2次リング**という。

　通常は、1次リングのみが使用されているが、複数の支線LANを接続しているので、もし1次リングの光ファイバーに何らかの事態が発生して切断されたとしても、2次リングの光ファイバーが1次リングに代わり、故障部分を切り離して、データを折り返す。

　このようにして、光ファイバーの一部が破損しても、通信の中断はされずに済むのだ。

知っ得 FDDIというのはFiber Distributed Data Interfaceの略である。まさに光ファイバーによって配線されているLANということ。

3-14 基幹LANと支線LAN

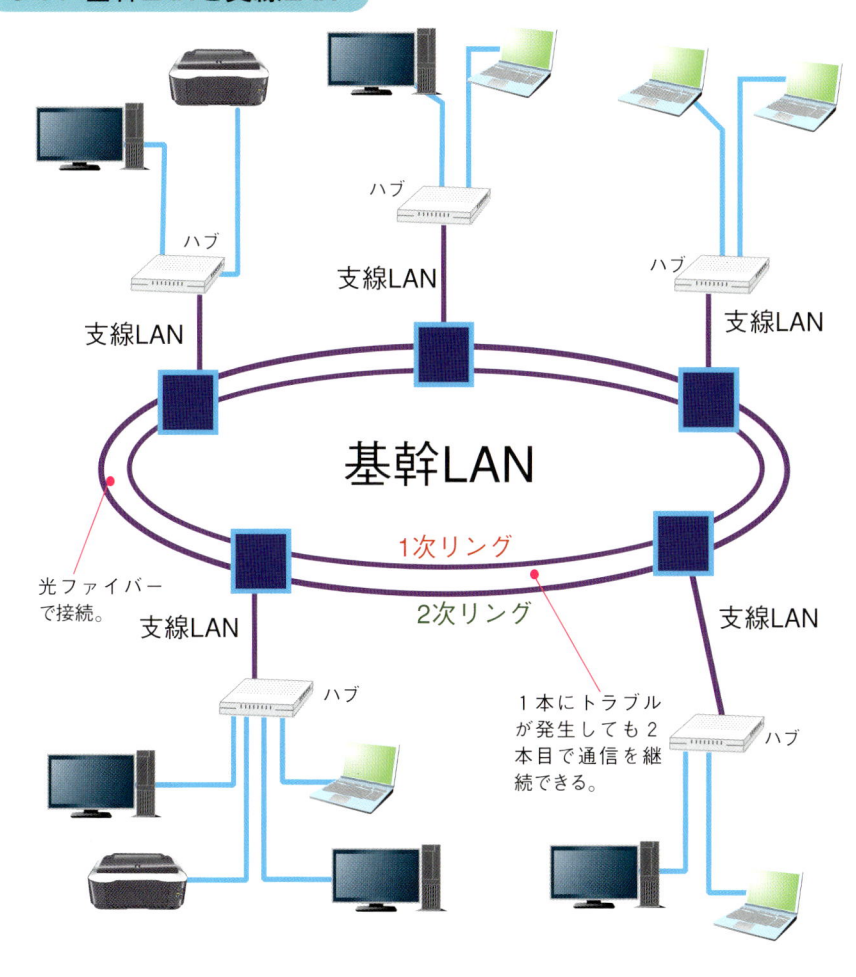

支線LAN
支線LAN
ハブ
ハブ
支線LAN
支線LAN

基幹LAN

1次リング
2次リング

光ファイバーで接続。
支線LAN
ハブ
支線LAN
ハブ

1本にトラブルが発生しても2本目で通信を継続できる。

3-15 二重構造でのデータの流れ

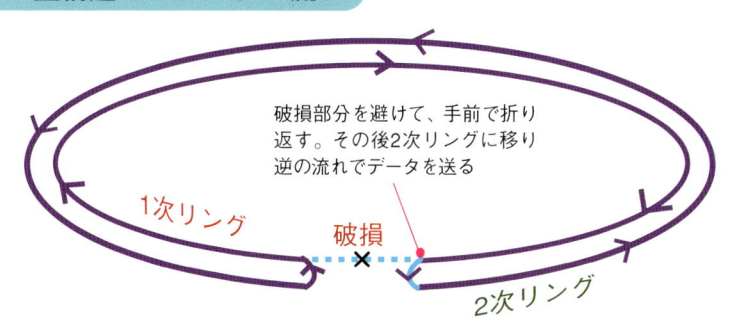

破損部分を避けて、手前で折り返す。その後2次リングに移り逆の流れでデータを送る

1次リング
破損
2次リング

豆知識 FDDIの2次リングをバックアップとして必要としないときは、2次リングを使って伝送速度を 200 Mbps に広げることができる。

WANサービスとは

> **Key word** **WAN** 広域ネットワークのことで、本社と支社のように遠く離れた複数のLANを相互接続したもの

◆WAN回線の占有型と共有型

WANの回線は、2点間を専用回線で直結する**占有型**と、通信事業者の中継網を複数のユーザーで共有する**共有型**に大きく分類できる。

例えば、本社と支社を専有回線で結ぶサービスは占有型接続となる。この接続は1対1の拠点間接続なので相手先が決まっているため、インターネットなどで話題になるハッカーや盗聴などに強くセキュリティが確保される。その反面、離れた地点相互間を接続するために専用線によるネットワークが必要なため、ネットワークにかかるコストが高くなる。

一方、共有型はさらに2つに分類される。1つは通信時のみ接続を確立して、通信が終了したら切断する「回線交換型」と1本の物理回線上で複数の仮想回線によって拠点間の接続を行う「パケット交換型」がある。

回線交換型はすでに確保された回線上に割り込んで通信を行うことはできないという特徴があり、代表的なものに電話やISDNなどがある。パケット交換型はデータをパケットという小さな単位で送信する、このタイプにはフレームリレー（**豆知識** 参照）、ATM（**一口メモ** 参照）、IP-VPN、広域イーサネットなどがある。

◆最近主流のWANサービス

WANサービスには、固定電話、ISDN、専用線、フレームリレー、ATMなどがあるが、最近、主流なのがIP-VPNや広域イーサネット、インターネットVPNなどである。

IP-VPNや広域イーサネットは、上記で説明したように共有型のパケット交換型になるが、アクセス回線にはデジタル専用線やイーサネット専用線などを導入していて、中継網を複数のユーザーで共有している。

その中継網にIPネットワークを利用者で共有し、企業ごとに仮想的なプライベートネットワークを構築しているのがIP-VPNである。

また、IP-VPN同様に企業で多く利用されているのが、中継網に通信事業者で用意したイーサネットを利用し、企業ネットワークのイーサネットLANを直接接続する広域イーサネットである。

これらは中継網を複数のユーザーが共有するためコスト削減が可能となり、中継網は通信事業者が管理する閉鎖網なのでセキュリティの面でも心配ない。

豆知識 X.25パケット交換サービスの誤り制御やフロー制御などの手順を省いてシンプルになり、高速化されたパケット交換方式のWANサービス。

そしてさらに注目を集めているWANサービスがインターネットVPNだ。IP-VPNや広域イーサネットのような閉鎖網サービスとは異なり、誰でも使えるインターネット網を活用したものである。

インターネットVPNでは、IPパケットに暗号化を施すIPsec（security architecture for IP）というプロトコルが使われているため、オープンネットワークだが、セキュアな通信ができる。このように、インターネットを通して、安価でユーザーが自由にVPNを構成できるため通信回線のコストを抑えられる。

3-16 占有型と共有型

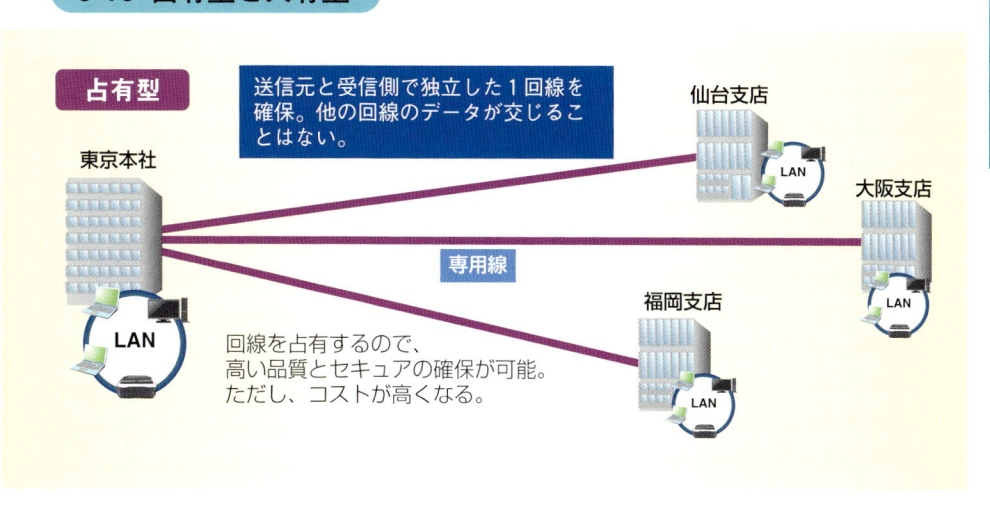

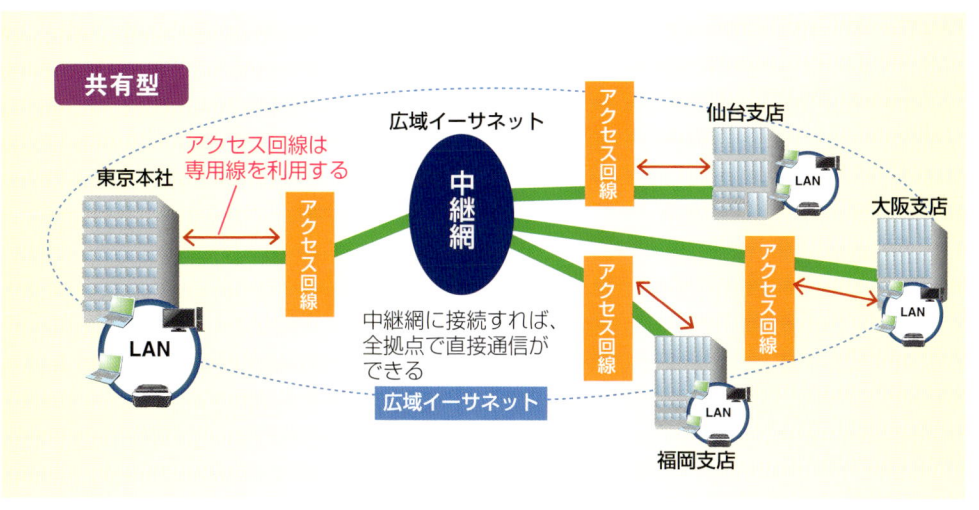

占有型

送信元と受信側で独立した1回線を確保。他の回線のデータが交じることはない。

東京本社 — 仙台支店・大阪支店・福岡支店（専用線）

回線を占有するので、高い品質とセキュアの確保が可能。ただし、コストが高くなる。

共有型

アクセス回線は専用線を利用する

広域イーサネット／中継網を介して、東京本社・仙台支店・大阪支店・福岡支店がアクセス回線で接続

中継網に接続すれば、全拠点で直接通信ができる

広域イーサネット

一口メモ セルと呼ばれる固定長のフレームを転送する通信方式で、転送するデータがあるときだけセルを送信する「非同期転送モード」である。

ハードウェアを超えるVLAN技術

> **Key word** **VLAN** Virtual LANの略で、仮想LANのこと。ネットワーク上の特定の端末だけを仮想的にグループ化する。

ARP

　LAN内では、スイッチングハブにつないだパソコンすべてが同じLANに所属して、データのやり取りができる。そのため、通信相手のMACアドレスをフレーム内に記述して送る必要がある。

　しかし、送り先のパソコンのMACアドレスがわからない場合は**ARP**を使う。ARPとは宛先ホストのMACアドレスを調べるためのパソコンのプログラムで、LANカードを備えるパソコンはARP要求の応答機能を備えている。例えば、「私のMACアドレスは××です」という応答を返すようになっている。

　ところが、LAN内にないパソコンへデータを送信したい場合は異なるLAN間を中継するルーターにMACフレームの中継を依頼する。このとき、送り先のMACアドレスは違うLANにあるのでARP要求が届かないため、ARP要求はまず中継地点となるルーターのMACアドレスを調べ、そのルーター宛にMACフレームを送る。すると、ルーターはネットワークを単位で管理しているので、送りたいパソコンが所属するネットワークを調べ、ARPを使い相手先のMACアドレスを教えてもらえる。

　このようにスイッチングハブは、ARPを受け取ると、そのフレームを自分につながっているすべてのポートに転送する。この通信を**ブロードキャスト**、送り出されるフレームを**ブロードキャストフレーム**という。

VLAN（仮想LAN）

　VLANのLANは「ブロードキャストドメイン」のことを意味し、ブロードキャストドメインは、ブロードキャストフレームが届く範囲のことをいう。そして、ブロードキャストドメインの範囲を仮想的に分割することがVLANだ。

　そして、VLAN機能付きのスイッチングハブでは、1台のスイッチに複数のブロードキャストドメインを作成できる。これはつまり1台のスイッチの中に複数の仮想的なスイッチを作成できるというイメージになる（図3-17参照）。

　例えば、1台のスイッチングハブに2つのVLANを設定すれば、2つの別々のスイッチングハブが一体化した機器であるように振る舞うことができ、スイッチングハブの設定内容を見なければ、そこにつながるパソコンがどのVLANに所属しているかわからない。物理的な接続状況でなく、設定内容で所属するLANが決

知っ得 VLANの代表的技術にタグVLANがあり、それはVLANであることを示す「タイプ」とフレームの優先度やVLAN IDを示す「タグ制御情報」を入れたVLANタグを挿入する。

まるのでバーチャルなLANとなる。

また、VLANは1台だけでなく複数のスイッチングハブでつながっている場合でも作ることができる。通常は、複数のスイッチングハブにつながっているネットワークは全体が1つのブロードキャストドメインとなるが、VLANを使うと、スイッチングハブをまたがったブロードキャストドメインをいくつも自由に作れる。ただし、同じスイッチングハブにつないだパソコンでも仮想スイッチはお互いに接続されていないため、パソコン同士で通信ができない。通信をするにはルーターが必要になり、ルーターをつなげば、1台のルーターに複数のVLANがつながる。そして、離れた拠点をイーサネットでつなぐ広域イーサネットでもVLANが活用される。例えば、VLANで企業ごとに異なるLANを作り、企業内に閉じたネットワークを作っている。

3-17 VLANの概念

VLAN機能付きのスイッチングハブの場合

ブロードキャストドメインを複数に分割できる

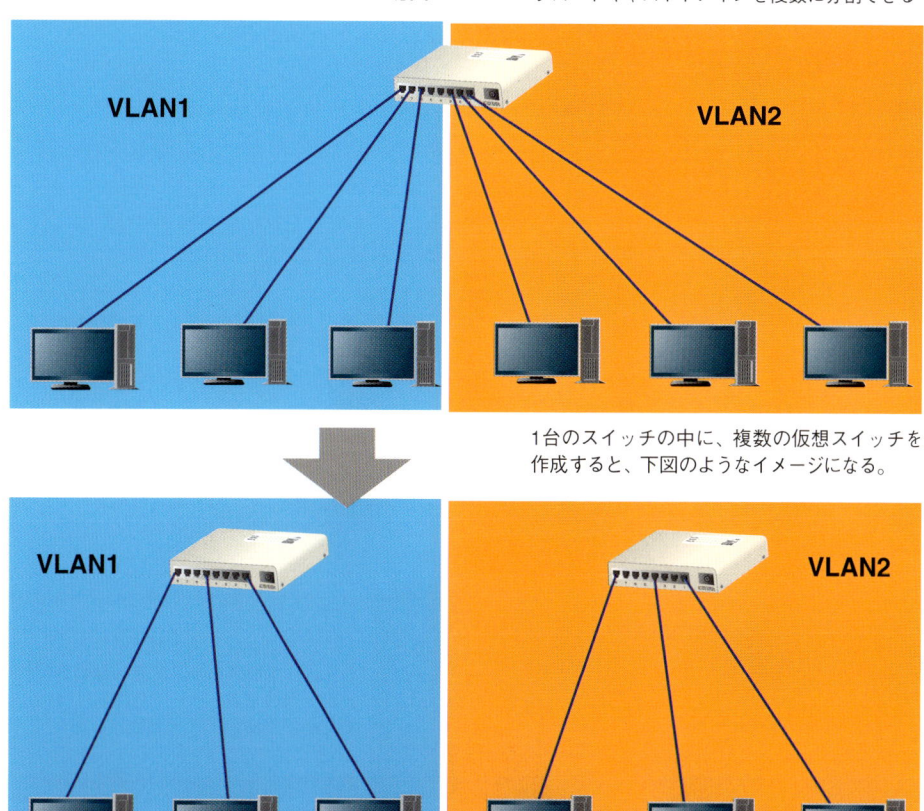

VLAN1　　　　　　　　　　VLAN2

1台のスイッチの中に、複数の仮想スイッチを作成すると、下図のようなイメージになる。

VLAN1　　　　　　　　　　VLAN2

豆知識 広域イーサネットを利用する企業に向いているのは、拠点間で変更や新設するネットワークが多い所。ただし、それには高性能な機器が必要となる。

COLUMN

レイヤ3スイッチの機能

●レイヤ3スイッチって？

　レイヤ3（L3）スイッチは、LANスイッチとルーターが1つになったネットワークの中継機器のことで、レイヤ2スイッチ（スイッチングハブ）が進化して生まれた。L3スイッチは、主に大企業の基幹ネットワーク（フロアのLANを束ねたり、ビル全体を大型のL3スイッチでまとめる）がおもな活躍の場である。

　スイッチングハブはMACアドレスを元にMACフレームを中継する機器で、これに対してL3スイッチはIPアドレスを元に中継先を決め、ルーター機能も兼ね備えている。L3スイッチは、ボックス型からシャーシー型のように小型から大型まで様々なサイズがあり、その規模に応じて色々な場面で使われている。ただし、従来のルーターを完全に置き換えたわけでなく、インターフェースの種類が豊富なルーターに比べてL3スイッチはイーサネットに特化して価格を抑えている側面が強い。このため、イーサネット以外のインターフェースを使うWAN回線では、ルーターが使われるケースが多い。

　L3スイッチはルーター同様、どのネットワークに属するか指定でき、その上L3スイッチは複数のポートを同じネットワークに指定できる。また、L3スイッチの中継処理の特徴は、受信フレームが同じLAN内か、違うLANか自動的に見分けることができる点だ。

　VLAN機能を備えたL3スイッチではわざわざルーターを備えなくても1台で通信を実現できる。

※ レイヤとは、通信機能を階層構造に分割したOSI参照モデル（91頁参照）では、通信機能を7つの層（レイヤ）に分割して定義している。

ボックス型
ポート数が初めから決められている。ただし、LANポートの数を後から増設はできない。ポートの種類は100Mイーサネットが多いが最近はギガの製品もある。

シャーシー型
たくさんのスロットを備えるシャーシーと、そのスロットに差し込むカードで構成され、カードを追加できる。様々な種類のイーサネットポート（主に1Gや10Gイーサネット）を選択できる。シャーシーの大きさは高さが50cm～1m近くある大型もある。

THE VISUAL ENCYCLOPEDIA OF COMMUNICATION

第4章
インターネットのしくみ

インターネットの構造

> **Keyword** インターネットプロバイダー 個人や企業に対してインターネットへの接続を提供する組織。最近は、単にプロバイダーと呼ばれることが多い。

▶ インターネットのしくみ

　インターネットは世界中に張り巡らされたネットワークだ。

　公的機関や大企業、大学や研究施設では独自の専用線でWAN(ワン)を構築している場合も多いが、一般ユーザーや企業のパソコンは、**プロバイダー（ISP：Internet Services Provider）**というインターネット接続業者に加入し、インターネットにつながるWANに接続する。さらに、プロバイダー同士もネットワークを形成し、ネットワーク同士は**IX（Internet eXchange）**(インターネット エクスチェンジ)という接続ポイントを経由して相互につながり、海外のネットワークとも接続される。このように、様々なネットワークを相互に接続した地球規模のWANが**インターネット**である。

▶ プロバイダーの役割

　上記のようにインターネットが形成されているなかでプロバイダーは、その要(かなめ)になっている。

　ところで、一般ユーザーや企業がプロバイダーに加入することにより、インターネットにつながると説明したが、そうすることでユーザーの端末からメールの送受信、ホームページの検索・閲覧、そしてツイッターやフェイスブックなどの様々なサービスを楽しむことができるのはどうしてだろうか。

　それらはプロバイダに目的に応じた多くのサーバーが用意され、それぞれの用途にたずさわっているからである。

　代表的なものでは、ウェブ（Web）サーバー、メールサーバー、FTPサーバー、DNSサーバー、データベースサーバーなどがある。

　例えば、DNSサーバーはユーザーが入力したアドレスをインターネット上で必要なIPアドレスに置き換え（88頁参照）、そして、ウェブページ閲覧ならウェブサーバー（100頁参照）、メールの送信ならメールサーバー（102頁参照）が、それぞれの役目を担っている。

　ただし、現在は、それらの役割を独立系の企業のサーバーが担っていることも多い。例えば、メールの送受信やホームページの検索はヤフーやグーグル、ツイッターはツイッター、フェイスブックはフェイスブックというそれぞれの企業のサーバーが担っている。

　故に、今後のプロバイダーの主な役割は、個人の端末から出される要求に合わせて各企業（組織）のサーバーに転送することが中心となっていくと思われる。

豆知識 多くのクライアントパソコンが接続するサーバーのソフトウェアはデーモン（Daemon）と呼ばれ、いつでも受信できるような待ち受け状態を作っている。

4-1 インターネットのしくみ

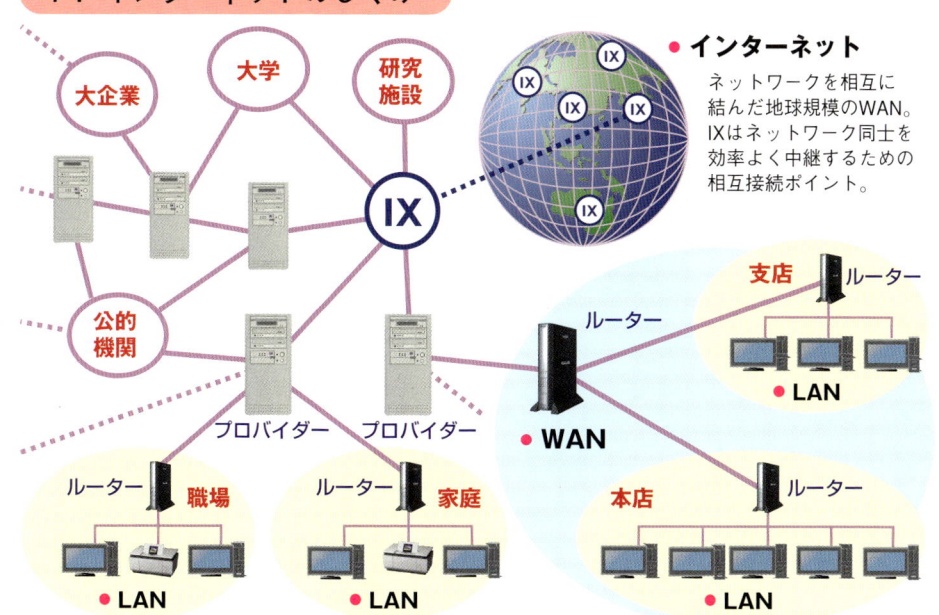

- **インターネット**
ネットワークを相互に結んだ地球規模のWAN。IXはネットワーク同士を効率よく中継するための相互接続ポイント。

大企業／大学／研究施設／公的機関／プロバイダー／職場 LAN／家庭 LAN／支店 LAN／本店 LAN／ルーター

- **WAN**

4-2 プロバイダー内における様々なサーバーと役割分担

1つのプロバイダー内

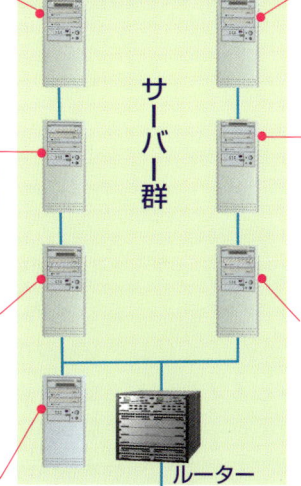

ウェブサーバー
ウェブサーバーソフトウェアが実装され、クライアントからの要求を受けてHTTPプロトコルでウェブページ情報を発信する。

メールサーバー
送信用のSMTPサーバーと受信用のPOP3サーバーに分けられる。使用プロトコルは、それぞれ、SMTPとPOP3だ。

FTPサーバー
FTPというソフトが稼動してウェブページで使うファイルを保存したり、ユーザーからの要求でファイルを提供する。

アクセスサーバー
認証サーバーともいう。クライアントのパソコンが接続するときにユーザー名とパスワードの確認を行う。

DNSサーバー
ウェブサーバーやメールサーバーからの問い合わせにドメイン名をIPアドレスに変換して返す。

プロキシサーバー
アプリケーションデータをチェックして、ウィルスやワームの不正コードが書き込まれていないかをチェックするファイアウォールサーバー。

データベースサーバー
顧客データを保存し、クライアントからの要求に応えて、データを表示する。ここではSQL（シークェル：Structured Query Language）という言語が利用されている。

サーバー群／ルーター／インターネット

第4章

一口メモ 日本で開設されているIXとしてはWIDEプロジェクト（インターネットに関する研究機関）におけるNSPIXP1やNSPIXP3などがある。

インターネット通信のしくみ

> **Key word** **パケット** インターネットや携帯でデータ通信をするときに分割する小さな単位のこと。小包（パケット）から来た言葉。

❯ ルーターの役割

インターネットでは、パソコンなどの端末はルーターに接続され、そこからインターネット網に接続されている。インターネット網では複数のルーターが次から次へと接続されている。そして、それぞれのルーターにプロバイダーのサーバーが接続されており、それに個人所有のパソコンなどの端末が接続されている。

これらのルーターはインターネット網を仲介するための通信経路のルートを独自に選択する機能を持っている。この機能のことをルーティングといい、ルーターの中にある経路情報（ルーティングテーブル）を参照して、データが目的地に到達する最短のルートを選択させる（96頁参照）。

また、ルーターの機能は他に外部ネットワークからの情報を選別することが可能なフィルタリングという機能があり、特定の情報を選び、優遇したり遮断したりできる。例えば特定の相手やグループとだけ通信できるようにしたり、インターネットとメールは使えるがチャットは禁止するなどということも可能である。

❯ パケットとは

では、ルーターからルーターに送りだされるデータはどのような状態になっているのだろうか。

インターネット上のデータは1通のメールは宛先に向けられたひと塊の情報ではなく、小さなデータに分割されて複数のデータとして個別に送られる。この小さく分割したデータはパケット（小包という意味）と呼ばれる。

パケットに分ける理由は、もしインターネットで大量のデータが1つのデータとして送信されるとすると、すべてが送信されるまでの間、インターネット回線を使っている他のすべてのユーザーは待たなければならないことになる。しかし、パケットにすれば、小さいデータなので、別のユーザーのデータも待たずに送信することが可能になり、複数のユーザーが交互にデータを送り出すことができるようになるからである。

このパケットは、一番最初にヘッダー、そしてデータの本体部分、そして最後にトレーラで構成される。

なお、ヘッダーにはパケットの宛先のアドレス、それが何番目のパケットかを示す番号などが書き込まれる。また、トレーラにはパケットの終わりを示すデータが書き込まれる。

> **豆知識** IPパケットなどに付けられる送受信情報をヘッダーといい、TCPヘッダーは20～60バイト、IPヘッダーは20バイト、UDPヘッダーは8バイトとされている。

4-3 インターネット網はルーター網

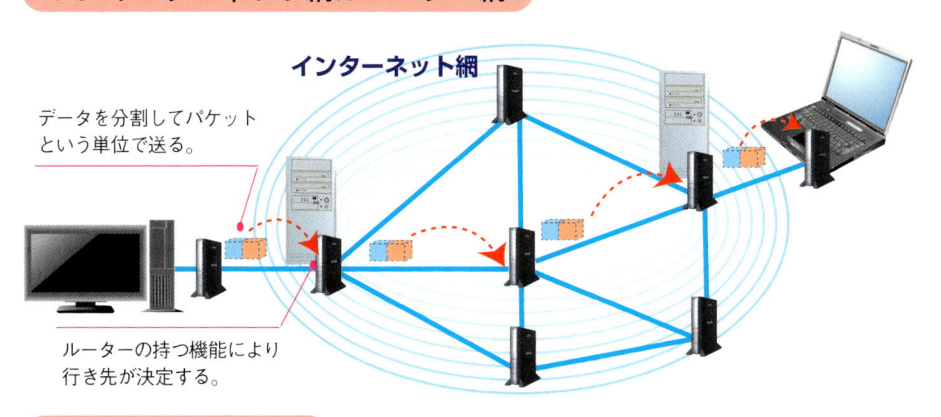

インターネット網

データを分割してパケットという単位で送る。

ルーターの持つ機能により行き先が決定する。

4-4 ルーターの役割

STEP1
受信
インターフェースからパケットを受け取り内部のバッファに蓄積する

STEP1
解析
パケットのヘッダーを解析し、そのパケットをどのように扱うのかを決める

STEP1
加工
次のネットワークへ転送できるようにパケットを加工する

STEP1
受信
出力インターフェースからパケットを適切な速度で送信する

ルーターはパケットのIPヘッダーを読み取り宛先IPアドレスをもとに最適なルートを判断し、その方向へとパケットを送信する。

4-5 パケットの構造

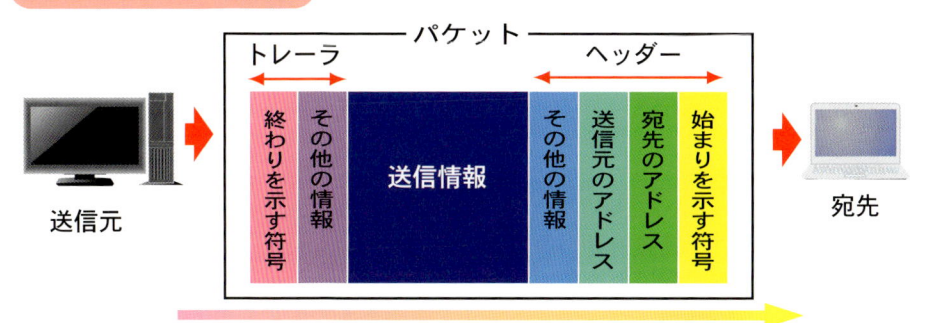

パケット
トレーラ ／ ヘッダー

終わりを示す符号 ｜ その他の情報 ｜ 送信情報 ｜ その他の情報 ｜ 送信元のアドレス ｜ 宛先のアドレス ｜ 始まりを示す符号

送信元 → → 宛先

信号が流れていく方向

第4章

一口メモ ルーターの1つであるコア・ルーターは基幹ネットワークを構成するルーターで、ISP間のネットワークを相互接続する。

MACフレームとIPパケット

> **Key word** IPアドレス　MACアドレスは1つのLAN内でデータ通信に使うアドレスで、IPアドレスはインターネットでデータ通信に使うアドレスのこと。

❯ MACフレーム

　前章で詳しく説明したが、1つのLAN内でデータを送信すると、そのデータはMACフレームと呼ばれる小さな単位に分けられて送信される。

　このMACフレームは、ヘッダー、データ本体、トレーラに分かれるが、このヘッダーには宛先MACアドレスがあり、そのアドレスを持つパソコンまで送信される。

　なお、このMACアドレスは物理アドレスとも呼ばれ、MACフレームの行き先であるパソコンのネットワークカードの番号を表し、LAN内の宛先のパソコンの識別子となる。

❯ IPパケット

　さて、あなたがインターネットのプロバイダーに加入していると、そのプロバイダーに加入しているすべてのパソコンとサーバーが通信回線で接続されているネットワークに含まれることになる。

　そして、例えば、あなたのパソコンからメールを送信すると、メールはプロバイダーの送信用メールサーバーからインターネットを経由して相手が加入しているプロバイダの受信用メールサーバーまで届けられる。

　このとき、必要になるのはインターネット上の住所に当たる送信や宛先のIPアドレスである。このIPアドレスが付いた情報はIPパケットと呼ばれ、それにMACアドレスが含まれたMACフレームで包み込まれた状態でルーターからルーターへ送信されることになる。

❯ MACアドレスとルーターの関係

　インターネット上で相手先に送り届けるために必要な住所はIPアドレスだが、ではMACアドレスはインターネット上で必要あるのだろうか。

　答は、ルーターの存在にある。宛先に届くまでに介在するルーターは送られてきた情報のIPアドレスと自分のLANに接続されているパソコンのIPアドレスを参照して、該当するものがあれば、これを取り込んで、パソコンに転送する。

　もし、なければ、届いたパケットに記述されたMACアドレスの宛先を次に送るべきルーターのMACアドレスに、送信先を自分のMACアドレスに書き換えてデータを転送するのである。

　このようにルーターにはIPアドレスだけではなく、MACアドレスも転送になくてはならない存在なのだ。

一口メモ　IPパケットをさらに分割して送信し、受信側で再編集（元通りに組み立てること）することをIPフラグメンテーションという。

4-6 MACフレームとIPパケットの構造

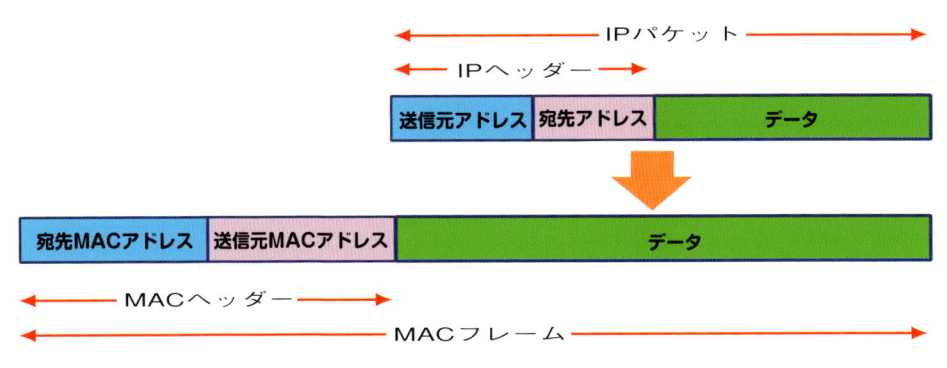

```
←――――――――― IPパケット ―――――――――→
    ←― IPヘッダー ―→
[送信元アドレス][宛先アドレス][        データ        ]
                        ↓
[宛先MACアドレス][送信元MACアドレス][        データ        ]
←―― MACヘッダー ――→
←――――――――――― MACフレーム ―――――――――――→
```

インターネット上ではIPパケットがMACフレームに包まれた状態で送信されている。

4-7 MACアドレスとIPアドレス

LAN内 LANの中では、**MACアドレス**で送受信される。

MACアドレス00-80-87-6x-xx-xx にデータを送ります。

MACアドレス:
00-80-87-6x-xx-xx

プリンタ側
MACアドレス:
00-80-92-1x-xx-xx

MACアドレス:
00-16-76-5x-xx-xx

ルーター

ルーター
IPアドレス:
224.0.0.YYY

MACフレーム

MACアドレス
00-80-87-6x-xx-xxへ
メールを印刷してください。

検索します

パソコン側
MACアドレス:
00-1a-92-5x-xx-xx

MACアドレス:
00-0d-92-5y-yy-yy

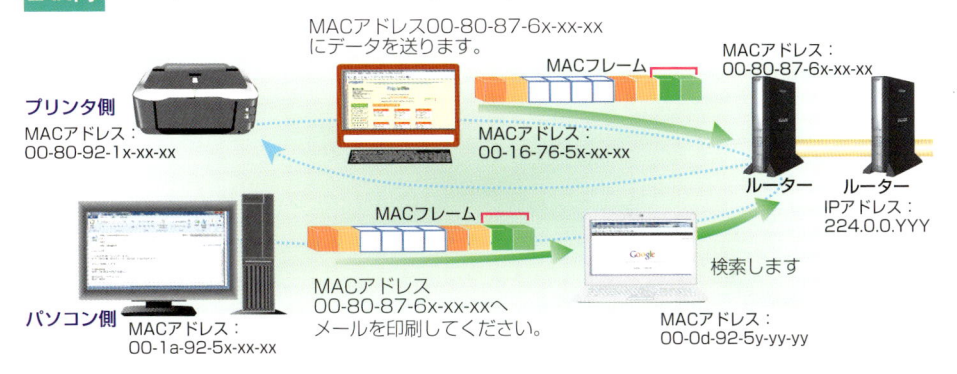

LAN外 LANの外では、**IPアドレス**で送受信される。

MACアドレス:
00-80-86-1x-xx-xx
IPアドレス:
224.0.0.YYY

LAN

IPパケット（224.0.0.YYY）
MACフレーム（00-80-86-1x-xx-xx）

私のLANのIPアドレスです。

LAN

ルーター

私のLANにないIPアドレスです。
転送します。

ルーター

LAN

ルーター

MACアドレス:
00-80-87-6y-yy-yy
IPアドレス:
224.1.2.XXX

IPパケット（224.1.2.XXX）
MACフレーム（00-80-87-6y-yy-yy）

MACアドレス:
00-80-88-1x-xx-xx
IPアドレス:
224.3.4.ZZZ

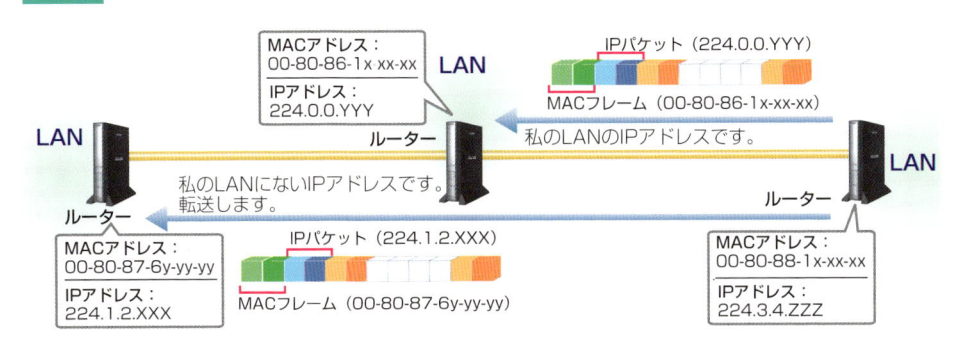

豆知識 ルーターがIPアドレスからMACアドレスを調べるときに使うのがARP（アドレス解決プロトコル）で、MACアドレスからIPアドレスを調べる場合はRARPを使う。

ドメイン名とIPアドレス

> **Key word**
> **DNS** Domain Name Systemの略でインターネットでドメイン名とIPアドレスを変換するためのシステム。

▶ ドメイン名とIPアドレス

　メールアドレスの「takatt@yahoo.co.jp」の「yahoo.co.jp」の部分やURLの「www.yahoo.co.jp」の「yahoo.co.jp」の部分はドメイン名と呼ばれ、インターネットでデータ通信をするときには、必ずこのドメイン名が必要とされる。

　このドメイン名はインターネット上の住所（人間がわかりやすいような表記になっている）で、プロバイダーのDNSサーバーまで届くと、コンピューターが認識できる1つ1つの機器を数値で表したIPアドレスに変換され利用されるのだ。

▶ IPアドレスの割り当て

　世界中のIPアドレスを総括しているのはICANN（アイキャン）という組織で日本の場合はそこからAPNIC（エーピーニック）（アジア・大平洋地域を総括）を通してJPNIC（ジェーピーニック）という組織に、JPNICが各プロバイダなどにIPアドレスを割り振るしくみである。そして、最終的にプロバイダーに割り振られたIPアドレスが個人ユーザーに割り当てられている。

　このIPアドレスは、一部がネットワークアドレスと呼ばれLAN内で共通の部分であり、残りがホストアドレスと呼ばれ各パソコンなどの機器固有の部分になっている。

　ちなみに、プロバイダーから割り当てられたインターネット上で通用するIPアドレスをグローバルアドレスと呼び、LAN内で通用するプライベートアドレスと呼ぶIPアドレスを使うことがある。この場合、LAN内から情報がインターネットに出る時は、LANのルーターが送信元のプライベートアドレスを自身のグローバルアドレスに変換して送信する。

▶ IPv4とIPv6

　IPアドレスは、従来IPv4という32ビットで表したが、この方式ではインターネットの利用者の爆発的な増大に応えられなくなってきた。それは32ビットだと最大で2の32乗通り、つまり約43億人に対してしかIPアドレスを割り当てることができないからだ。

　そこで策定されたのがIPv6である。このIPv6では、IPアドレスが128ビットで成り立つので、2の128乗、つまり約34の38乗通りの利用者が利用できるようになる。こうなると、天文学的な数字となり、いかなる人口の人々が利用しようとも決して足りないということはなくなるのだ。2011年4月にIPv4は割り振りが終了し、現在はIPv6で割り当てられている。

豆知識 ICANNはThe Internet Corporation for Assigned Names and Numbers、JPNICはJapan Network Infomation Centerの略。

4-8 DNSサーバーのしくみ

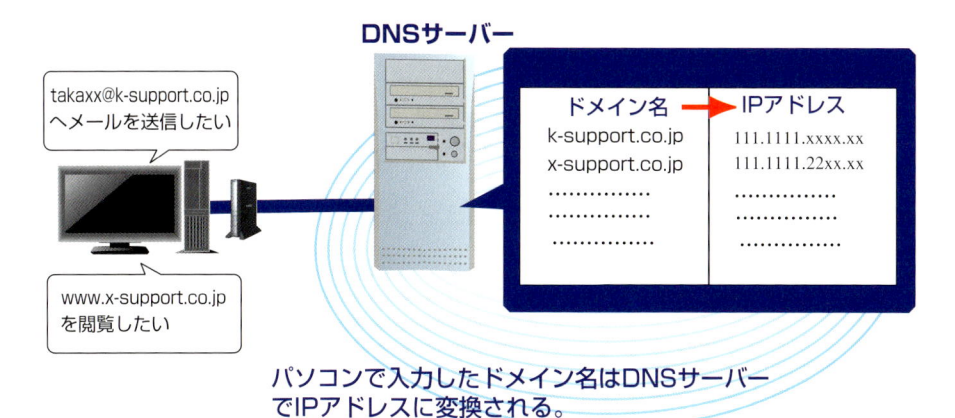

takaxx@k-support.co.jp
へメールを送信したい

www.x-support.co.jp
を閲覧したい

DNSサーバー

ドメイン名 →	IPアドレス
k-support.co.jp	111.1111.xxxx.xx
x-support.co.jp	111.1111.22xx.xx
……………	……………
……………	……………
……………	……………

パソコンで入力したドメイン名はDNSサーバーでIPアドレスに変換される。

4-9 IPアドレスの割り当て

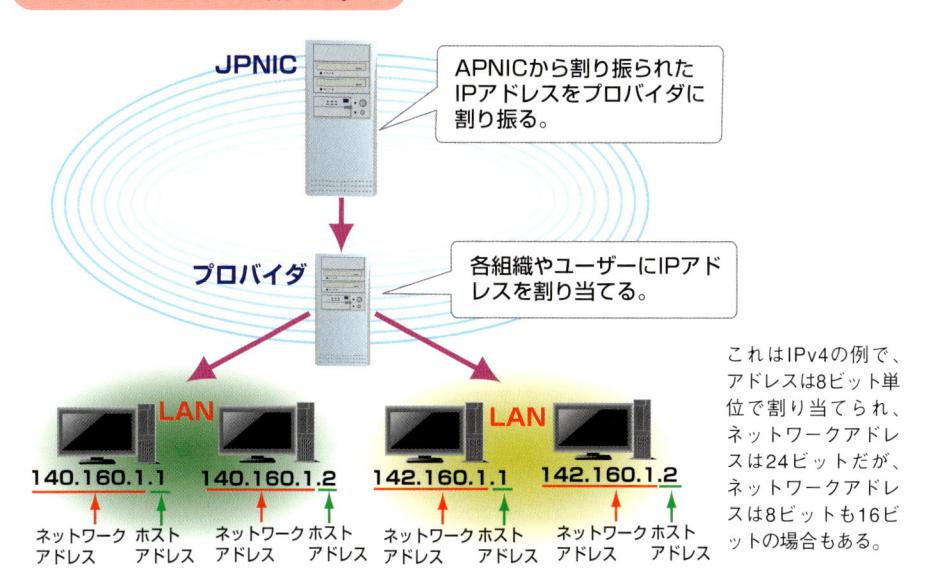

JPNIC
APNICから割り振られたIPアドレスをプロバイダに割り振る。

プロバイダ
各組織やユーザーにIPアドレスを割り当てる。

LAN: 140.160.1.1　140.160.1.2
LAN: 142.160.1.1　142.160.1.2

ネットワークアドレス　ホストアドレス

これはIPv4の例で、アドレスは8ビット単位で割り当てられ、ネットワークアドレスは24ビットだが、ネットワークアドレスは8ビットも16ビットの場合もある。

4-10 IPv4とIPv6の表記例

バージョン	表記法	表記例			
IPv4	10進数	192.	168.	1.	1
	2進数	11000000.	10101000.	00000001.	00000001
IPv6	16進数	fe80: : : 212:	daff:	fe4a:	c81a: 3290
	2進数	1111 1110 1000 0000 : (0の意味) : (0の意味) : 0010 0001 0010 : 1101 0010 1111 1111 : 1111 1110 0100 1010 : 1100 1000 0001 1010 : 0011 0010 1001 0000			

なるほど かつて世界のIPアドレスを総括していたのは、IANA(Internet Assigned Numbers Authority)で2000年に現在のICANNに引き継がれた。

OSI参照とTCP/IP

> **Key word** 通信プロトコル　インターネットで通信をするときの約束ごと。この約束に従って通信機器や通信プログラムが作成される。

通信プロトコルとOSI参照モデル

通信のための約束ごとを通信プロトコルといい、多くのネットワークが共通に利用することを目的に最初にITU(国際電気通信連合)やISO(国際標準化機構)が標準化した通信プロトコルをOSI参照モデルという。

このOSI参照モデルというのは、本格的な通信プロトコルを決める際の考え方(方針)であって、これを参照して具体的なプロトコルが作られている。

さて、このOSI参照モデルは全部で7つの区分(層)で構成されており、図4-11のようになっている。そして、一番下の物理層からトランスポート層までは下位層と呼ばれ、セッション層からアプリケーション層までを上位層と呼ばれる。ただし、その呼び方に意味はなく、便宜上の分け方として考えてよい。

なお、これら各層のプロトコルは基本的に独立していて、1つの層のプロトコルを変更しても他の層に影響を及ばさないようになっている。

TCP/IP

多くのネットワークを抱えるインターネットでは共通の通信プロトコルが必要であり、それに応じて誕生したのがTCP/IPという通信プロトコルである。

右の図4-12を見てわかるようにOSI参照モデルよりもTCP/IPの方が単純化されている。そのTCP/IPを説明しよう。

まず、ネットワークインターフェイス層では通信機器やMACフレームの作成などの通信の約束ごとが決められている。

次のインターネット層の通信プロトコルはTCP/IPの「IP」が担っている。つまり、ここではデータにインターネットでの通信先のIPアドレスを付与してインターネットに送り出すまでの約束ごとが決められている。

さらにトランスポート層は通信プロトコルのTCP/IPが「TCP」が担っている。つまり、インターネットでデータに送信中にエラーが発生したら補正するなど通信の品質を確保する約束ごとが決められている。

最後に、アプリケーション層では、私たちが最も身近に感じるメールの送受信やホームページの閲覧などの約束ごとが決められている。つまり、メールの送受信を行うSMTPやPOPというプログラムやホームページの閲覧を行うHTTPというプログラムを作成する際の約束事が決められているのだ。

豆知識　ITUはInternational Telecommunication Unionの略で、ISOはInternational Organization for Standardizationの略。

4-11 OSI参照モデル

階層の名称	決まりごと
アプリケーション層	メールの送受信やホームページの閲覧など、通信プログラムを制作するときの約束ごと
プレゼンテーション層	インターネットで扱うデータの形式と通信回線との間の変換の約束ごと
セッション層	データ送受信の回線経路の約束ごと
トランスポート層	データにエラーが発生したら補正するなど通信の品質を確保する約束ごと
ネットワーク層	MACフレームにIPアドレスを付与してインターネットに送り出す際の約束ごと
データリンク層	データをMACフレームにして宛先MACアドレスなどを付与して送信するための約束ごと
物理層	パソコンとインターネットを接続する通信機器やケーブルの構造などの約束ごと

4-12 OSI参照とTCP/IPの比較

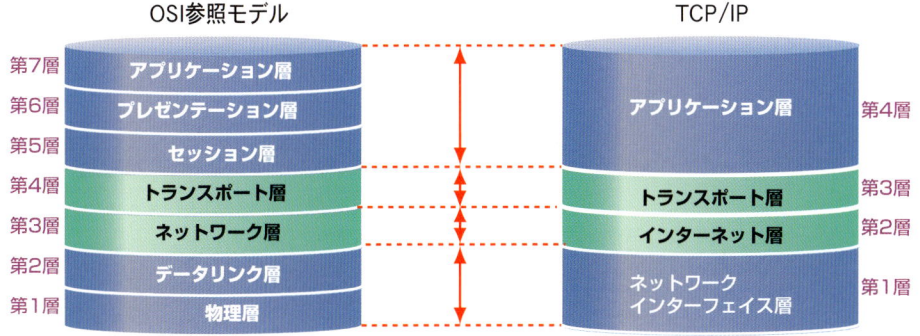

OSI参照モデル

- 第7層 アプリケーション層
- 第6層 プレゼンテーション層
- 第5層 セッション層
- 第4層 トランスポート層
- 第3層 ネットワーク層
- 第2層 データリンク層
- 第1層 物理層

TCP/IP

- 第4層 アプリケーション層
- 第3層 トランスポート層
- 第2層 インターネット層
- 第1層 ネットワークインターフェイス層

各層は独立していて、何かトラブルがあってもその層内だけの処理で済み、他の層に影響を及ぼさないようになっている。

4-13 TCP/IPモデル

階層の名称	決まりごと	プロトコル名
アプリケーション層	インターネットで扱うデータの形式と通信回線、データ送受信の回線経路に関する約束ごと	DNS、HTTP、FTP、SMTP、POP3
トランスポート層	データにエラーが発生したら補正するなど通信の品質を確保するための約束ごと	TCP、UDP
インターネット層	MACフレームにIPアドレスを付けてインターネットに送り出すための約束ごと	IP、ICMP、ARP
ネットワークインターフェイス層	データに宛先MACアドレスなどを付与して送信するための約束ごと ケーブルの構造やケーブルとパソコンを接続するコネクタに関する約束ごと	Ethernet、PPP

知っ得 TCPが区切る最大データサイズ (Maximum Segment Size) はイーサネットの最大データサイズ (Maximum Transfer Unit) からTCPとIPヘッダーを引いた数値になる。

TCP/IPでデータを送受信するしくみ

> **Key word** カプセル化 アプリケーション層で送信したデータに上位から下位層に移るにしたがってヘッダーが追加されていくこと。

◆ データを送信するしくみ

前項では、TCP/IPのしくみを説明したが、ここではそのようなTCP/IPの各階層間をどのようにデータが作られていくかを説明しよう。

ユーザーがアプリケーションを使ってデータを送信すると、そのデータはTCP/IPの階層をアプリケーション層から下層に向かって順に転送され、最終的にネットワークインターフェイス層で通信機器やケーブルに向けて電気信号として送信される。

まず、アプリケーションがデータ送信すると、それがトランスポート層に引き渡される。そして、そのトランスポート層では、先頭にTCPヘッダーを追加して、データを「TCPセグメント」というデータの集まりに加工し、インターネット層に転送する。

次に、インターネット層ではTCPセグメントにIPヘッダーを追加して、そこにIPアドレスなどを記録する。このIPヘッダーを追加したものを「IPパケット(IPデータグラムともいう)」という。そして、それをネットワークインターフェイス層に転送する。

ネットワークインターフェイス層ではIPパケットにMACヘッダーとトレーラを追加してインターネット網へ送り出すのだ。

そして、それがルーター間を通って、宛先のパソコンに転送される。

このように上位層のデータを下位層の情報で包み込むことを「カプセル化(encapsulation)」と呼び、このように下位層で「カプセル化」された情報をIPパケットと呼んでいる。

◆ データを受信するしくみ

今度は、カプセル化されたデータを受け取ったパソコンが、どのようなプロセスでデータを受信するかを説明する。

IPパケットを受信したパソコンは、ネットワークインターフェイス層で「MACフレーム」として受信する。そして、そこでMACヘッダーとトレーラを取り除いた「IPデータグラム」をインターネット層に送り出す。

そして、インターネット層ではIPヘッダーを取り除いてトランスポート層に送り出す。そして、トランスポート層ではTCPヘッダーを取り除いたものをアプリケーション層に送り出す。このデータをアプリケーションが受信してユーザーに引き渡すのだ。

> **なるほど** インターネットに接続されていないLANと接続されたLANとでは、MACフレームの内容が異なることに注意。

4-14 データのカプセル化

送信するときは上から下へ手順が流れる。

データの受信

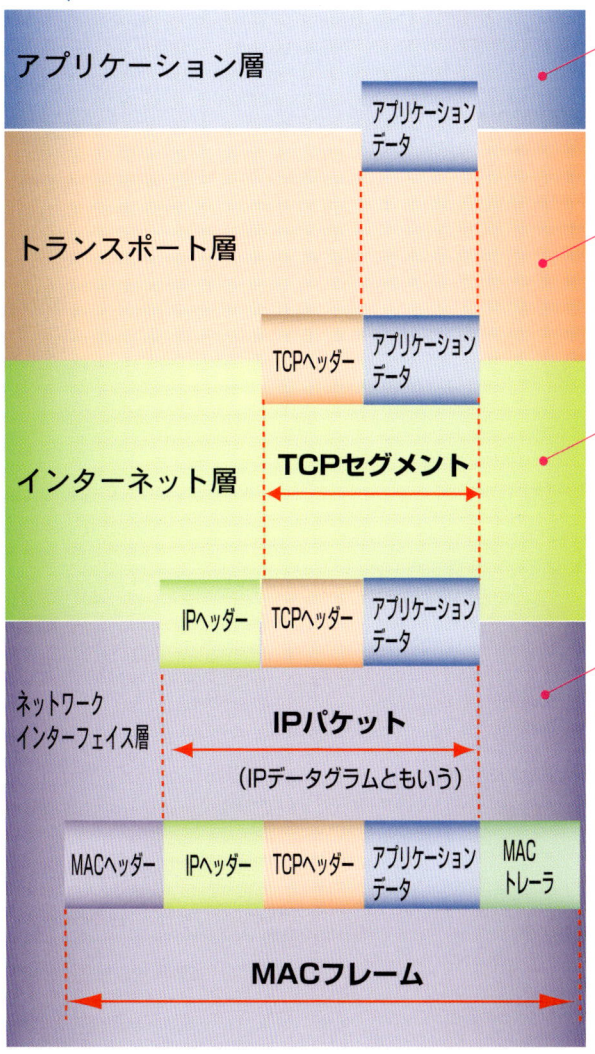

アプリケーション層

アプリケーション層
アプリケーション層ではWordやExcelなどといったアプリケーションで作られたデータそのものをを送信し、それがトランスポート層に引き渡される。

トランスポート層

アプリケーションデータ

トランスポート層
データに送信元や宛先のアプリケーションを識別するための番号などを含むTCPヘッダーを追加して、それをインターネット層に転送する。

TCPヘッダー | アプリケーションデータ

インターネット層

TCPセグメント

インターネット層
TCPセグメントにインターネット上の宛先情報などを含むIPヘッダーを追加して、ネットワークインターフェイス層に転送する。

IPヘッダー | TCPヘッダー | アプリケーションデータ

ネットワークインターフェイス層

IPパケット
（IPデータグラムともいう）

ネットワークインターフェイス層
IPパケット（IPデータグラム）にMACヘッダー（インターネット上の経路となるルーターのIPアドレスなどを含む）とトレーラを追加して「MACフレーム」で包んだ状態でインターネット網へ送り出す。

MACヘッダー | IPヘッダー | TCPヘッダー | アプリケーションデータ | MACトレーラ

MACフレーム

データの送信

受信するときは下から上へ手順が流れる。

第4章

豆知識 TCPヘッダーはデータを問題なく送信するための情報を盛り込んだもので、TCPセグメントはTCPパケットとも呼ばれる。

ポート番号のしくみ

> **Key word** ソケット　IPアドレスと、IPアドレスのサブ(補助)アドレスであるポート番号を組み合わせたネットワークアドレスのことをいう。

◆ ポート番号の意味

　ポート番号はTCPで相手先のアプリケーションの種類を示す論理的な番号だ。もともとは、インターネット上の通信において、複数の相手と同時に接続を行なうためにIPアドレスの下に設けられたサブ(補助)アドレスを意味する。IPアドレスではパソコンを特定できても、どのアプリケーションを使うかまでは特定できないため、ポート番号が必要とされたのである。サーバー側のポート番号は使うアプリケーション(プロトコル)によって決まっている。送信側のポート番号は送信時に使っていない番号を割り振る。仮に、同一のパソコン上で同じアプリケーションが使われていても、ポート番号が異なるので、サーバーからのデータを間違いなく受け取れる。

　このように、ネットワーク通信ではIPアドレスとIPアドレスのサブ(補助)アドレスであるポート番号を組み合わせたソケットを使って行われる。

　わかりやすくいうと、送信時にルーターやファイアウォールのアドレス変換機能がIPアドレスをプライベートアドレスからグローバルIPアドレスに書き換えるときに一緒に送信側のポート番号を書き込む。何故ならサーバー側のポート番号は使うアプリケーションによって決まっているからだ。

　そして、サーバーから送り返されてきたデータには送信元のルーターのグローバルアドレスと送信元パソコンのポート番号が書かれている。これをルーターが送信時に作成した対応表をもとにパソコンのIPアドレスであるプライベートアドレスに置き換える。

　こうして、送り返されたデータは間違いなく要求したアプリケーションに送り返される。

◆ TCPヘッダーに書き込まれるポート番号

0　　　　　　　　15	16　　　　　　　　31 (ビット)
送信ポート番号	宛先ポート番号
シーケンス番号	
確認応答番号	
TCPヘッダー長／未使用／制御ビット(6ビット)	ウィンドウサイズ(0〜65535)
送信ポート番号	緊急ポインタ
オプション	パッディング
データ	

ポート番号
送信元と宛先ポート番号が書き込まれる。これによってブラウザかメーラーかといったアプリケーションを区別する。

シーケンス番号と確認応答番号
シーケンス番号は送るデータの最初の番号、確認応答番号には次のデータの最初の番号を付ける。

その他のTCPヘッダーに書き込まれる情報だ。「オプション」と「パッディング」はない場合もある。

知っ得　ハブのLANポートに付けられている番号もポート番号という。スイッチタイプのハブでは、通信していないポートを閉じることもできる。

ポート番号の役割

ポート番号には、「0」〜「65535」までの数字が用意され、1つ1つ識別されている。その中で「0」〜「1023」までは**ウェルノウンポート**といって、アプリケーションの種類によって割り振られている番号だ。例えば、ウェブブラウザで使うHTTPは「80」、メーラーが使うSMTPが「25」または「587」、POP3は「110」となっている。

このウェルノウンポートはサーバーにアクセスするときに使われるポート番号だ。各パソコンから送信されるデータはまず、サーバーに向かうのでパソコンからの要求はこのポート番号を目指して送信される。

逆に、パソコンがデータを受け取るときに使われるポート番号はデータを要求するときに自動的に未使用番号が指定され、それを**ユーザーポート**といい、「1024」〜「49151」までが割り振られている。このしくみが、パソコンで一度に複数のウェブページを開くことを可能にしている。

ちなみに、残りの「49152」〜「65535」は個人ユーザーなどが要求を受け取るために使われている。

このようにポート番号はパソコンへの入り口でもあり、セキュリティの要にもなっている。不正アクセスは、ポートスキャンというソフトを使って、空いているポートを調べ、そこからパソコンに侵入する。このため、外部からの侵入を防ぐファイアウォールには未使用なポートを無効にしたり、決まったポート以外の接続を遮断している。

4-15 ソケットとマルチタスク

ソケット
送信元ポート番号と送信元IPアドレスを組み合わせた情報。送信元が送信時に書き込む未使用のIPアドレスを使う。

ソケット：
IPアドレス　224.1.2.xxx
宛先ポート番号　1024
（サーバー側ポート番号　25）

ソケット：
IPアドレス　224.1.2.xxx
宛先ポート番号　1025
（サーバー側ポート番号　80）

ソケット：
IPアドレス　224.1.2.xxx
宛先ポート番号　1026
（サーバー側ポート番号　80）

ブラウザで複数のページを開いていても、同時にメールソフトを開いていても、送信要求にIPアドレスとポート番号が付いているので、データは間違いなく要求元のアプリケーションに渡される。

豆知識 プライベートアドレスはインターネットの急速な普及によるグローバルアドレスの不足を補うために登場したという背景がある。

ルーティングのしくみ

Key word **ルーティング** 端末から送信されたデータをルーターを通して最短距離で宛先まで送信すること。

ルーティングテーブル

　インターネット上には無数のルーターがあり、それぞれにパソコンなどの端末やサーバーが接続されている。したがって、一定の端末から発信されたデータは、このルータを経由していくことになり、目的地へ到達する道順は数え切れない。しかし、そのようにいくつもある経路の中から、ルーターは最適な経路を見つけ、確実にパケットを相手に送り届ける。これを可能にしているのが「**ルーティング**」という方法で、経路選択とも呼ばれる。

　ルーティングは、インターネットに存在する膨大なルーターを経由して宛先にパケットを届ける。つまり、パケットを受け取ったルーターは、そのIPアドレスを見て、次に経由するルーターを決定し、パケットをそのルーターへ送り出すしくみになっている。この際、どのルーターを経由するか決定するときに参照するのが**ルーティングテーブル**だ。

　このルーティングテーブルには、IPパケットが送信される宛先IPアドレスと、そこに到達するのに一番近いルーターが書き込まれている。

　そして、ルーティングテーブルに宛先の情報がない場合は、他のルーターに転送し、逆に複数経路があった場合には、より近い経路を選択する。このルーティングテーブルの宛先の近さを表す情報をメトリックという。このメトリックの値を決めるのがルーター管理者で、管理者を設定しない場合はルーターが目的地までのルーターの数や回線スピードなどを考慮して自動で決める。

ルーティングテーブル作成のしくみ

　ルーティングテーブルを作る最もシンプルな方法は、管理者がルーターに情報を書き込んでいくことだ。ルーターへログインしてコマンドを入力しながら登録する。これを**スタティックルーティング**という。しかし、この方法ではルーターの追加や削除が日常茶飯事の現状では限界がある。

　そこで、これを自動化してしまおうというのが**ダイナミックルーティング**の考え方で、ルーターが自動的にルーティングテーブルを作る方法だ。これは、ネットワークのどこかに新しいネットワークが加わったり削除されたりすると、それをルーター自身が察知して、その情報をほかのルーターへ伝える。この情報を受け取ったルーターは、ほかのルーターに情報を伝える。この繰り返しでネットワ

一口メモ 自分が属するプロバイダーの近くにあらたにルーターが接続されると、ルーティングテーブルにそのルーターが追加登録される。

ーク上のすべてのルーターに情報が伝わる。また、通信回線などに障害が起こって経路が途切れたら、ルーターはそれを察知し、その経路をルーティングテーブルから削除して、別の経路を選択する。この情報もほかのルーターへ伝える。

4-16 データの流れ

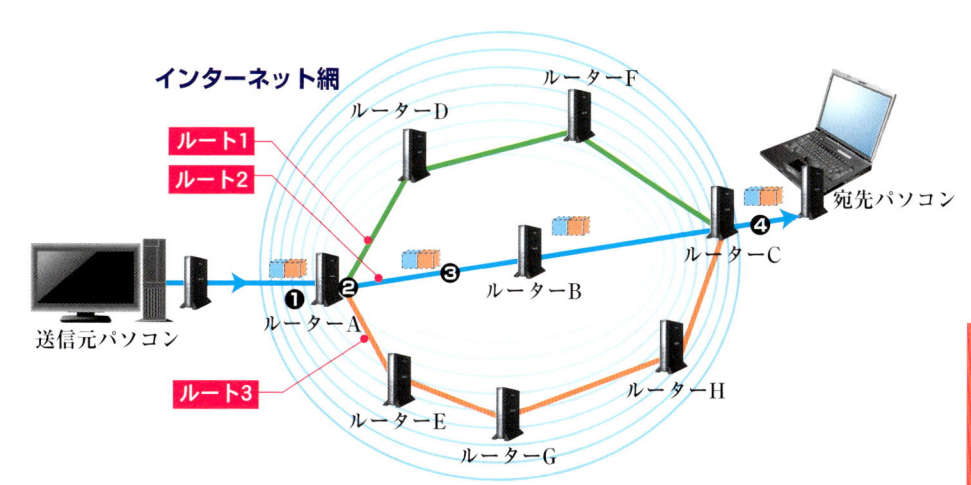

❶ 送信元パソコンから送信されたIPパケットはルーターAに到達する。
❷ ルーターAから右端の宛先パソコンへ送信するには3通りの方法がある。
❸ 経由するルーターの数が一番すくないものが最短だとするとルート2が最短、ルート1が二番目、ルート3が最長となるので、ルート2を選択する。
❹ ルート2を通過したパケットは宛先のパソコンに送信される。

4-17 ルーティングテーブルの概略

上記のルーターAからのデータの流れの元になるルーティングテーブルは、以下のようになる。

送信側プロバイダー	宛先側プロバイダー	ルート名	経路ルーター名	メトリック
ルーターA	ルーターC	ルート1	D→F	2
ルーターA	ルーターC	ルート2	B	1
ルーターA	ルーターC	ルート3	E→G→H	3

メトリックの数字が一番少ないルートを選択する。したがって、ここでは「ルーターB」を経由する「ルート2」が選択される。

すべて同じ宛先パソコンのもとへ送信するものとする。

豆知識 TCP/IPソフトはルーティングテーブルを持ち、どのルーターにパケットを届ければいいか、また、ルーターを経由させないで同一LAN上にあるかどうかなどを判断する。

ファイアウォールのしくみ

> **Key word** **クラッキング** 外部からWANやLANなどへ不正に侵入したりデータにアクセスしたりすること。

▶ ファイアウォールとは

ファイアウォールとはインターネットとWANやLANの境界でクラッキングなどによる侵入を防ぐためのソフトウェアまたは専用のハードウェアを指す。

具体的には、アプリケーション自体をチェックしたり、パケットのヘッダー情報、プロトコルなどをチェックしてデータを通過させたり、遮断したりする。また、ファイアウォールは入ってくるパケットだけではなく出ていくパケットを遮断するように作成されていることもある。

このようなファイアウォールはアクセス制御機能としてルーターやパソコンに搭載されたり、セキュリティ対策ソフトやサーバーに組み込まれたりする。

なお、その名前は外部から内部へ不正に侵入しようという行為を火事に例え、それを防ぐための壁という意味。

▶ ファイアウォールの種類

一口にファイアウォールといっても通信の制御方法から大きく次の3種類に分けられる。

1つ目の主流である**パケットフィルタリング型**は、通過するパケットのヘッダー情報をチェックして通過を許可するパケットと遮断するパケットを判断する。IPヘッダーやMACヘッダー、ポート番号、TCPコントロールビットなどの情報によって設定される。すなわちネットワーク層で動作するファイアウォールだ。プロトコルの種類で判断することもあり、その場合は、プロトコルに割り当てられたポート番号をチェックして制御する。

また、パケットフィルタリング型の制御機能を拡張して、IPパケットのヘッダー情報だけでなく、時間や履歴などのルールで判断するものを**ステートフル パケット フィルタリング型**という。アプリケーションが利用しているポート番号を常にモニタしながら、利用していないポートを自動的に閉じる方法だ。ルーターとインターネット間の通信をモニタして、着信パケットがLAN内のパソコンからの要求に応じて送信されたものであることを確認している。高機能ルーターやWindows XP SP2から搭載されているファイアウォールには、このステートフルフィルタリング型が導入されている。

2つ目の**アプリケーションゲートウェイ型**は中継するプロキシサーバーを設置して、ウェブサーバーなどとパソコンのやり取りをこのサーバーに代行させる。つまり、取得したデータをプロキシサー

> **知っ得** Windowsの「セキュリティの警告」もファイアウォール機能の1つだ。ウェブサイトからのファイルを許可なくダウンロードや使用ができないように設定されている。

バーに保存し、データを要求したパソコンはこのプロキシサーバーに保存されたデータを取得するというアプリケーション層を対象にしたファイアウォールだ。

しかし、各アプリケーションのゲートウェイプログラムが必要になるため、新しいプログラムに対処するときはプログラムの開発を待たなければならないという短所がある。

3つ目の**サーキットゲートウェイ型**はトランスポート層のプロトコル（TCPやUDP）で使われるポート番号などの情報でアクセス制御を行うファイアウォールだ。決められたポートのアクセスだけを通すので、通常使うポートを利用するタイプの不正アクセスを防ぐことはできないという短所がある。

4-18 パケットフィルタリング型のしくみ

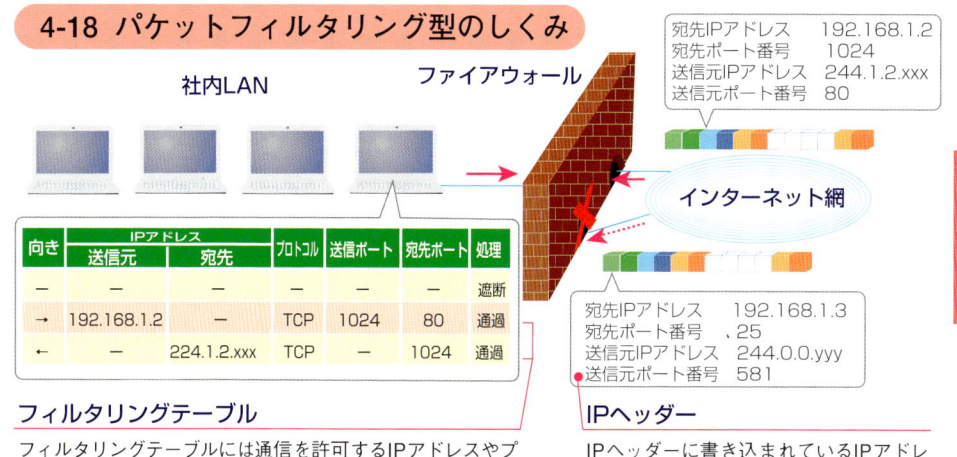

向き	IPアドレス		プロトコル	送信ポート	宛先ポート	処理
	送信元	宛先				
—	—	—	—	—	—	遮断
→	192.168.1.2	—	TCP	1024	80	通過
←	—	224.1.2.xxx	TCP	—	1024	通過

宛先IPアドレス　192.168.1.2
宛先ポート番号　1024
送信元IPアドレス　244.1.2.xxx
送信元ポート番号　80

宛先IPアドレス　192.168.1.3
宛先ポート番号　25
送信元IPアドレス　244.0.0.yyy
送信元ポート番号　581

フィルタリングテーブル
フィルタリングテーブルには通信を許可するIPアドレスやプロトコル、ポート番号などの情報が記載される。通信が終わるとフィルタリングテーブルから削除されるものもある。

IPヘッダー
IPヘッダーに書き込まれているIPアドレス、ポート番号などを調べてフィルタリングテーブルにないものを遮断する。

4-19 アプリケーションゲートウェイ型のしくみ

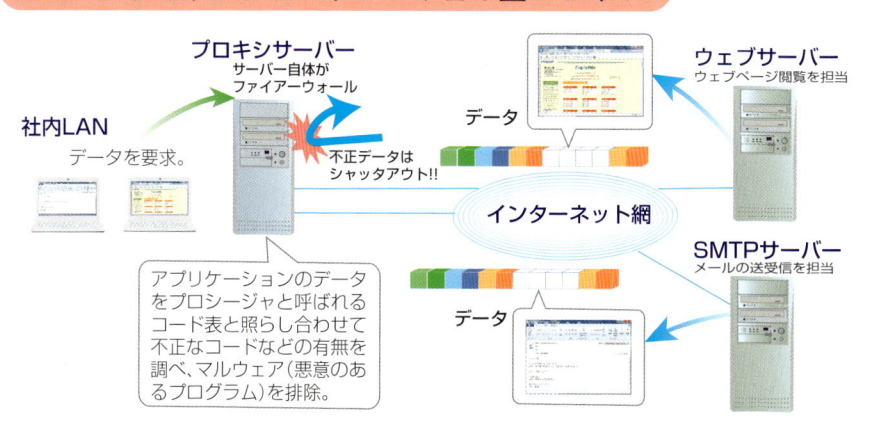

プロキシサーバー
サーバー自体がファイアーウォール

社内LAN
データを要求。

不正データはシャッタアウト!!

インターネット網

ウェブサーバー
ウェブページ閲覧を担当

SMTPサーバー
メールの送受信を担当

アプリケーションのデータをプロシージャと呼ばれるコード表と照らし合わせて不正なコードなどの有無を調べ、マルウェア（悪意のあるプログラム）を排除。

なるほど　プロキシは代理という意味だ。ファイアウォールの機能も果たすので、プロキシサーバーをファイアウォールサーバーということもある。

ウェブページ閲覧のしくみ

> **Key word** **Internet Explorer** 一番使われているウェブページ閲覧ソフト（ブラウザ）。この他にOpera（オペラ）、Safari（サファリ）、Firefox（ファイアフォックス）、Google Chrome（グーグルクロム）などある。

◇ URL（Uniform Resource Locator ユニフォーム リソース ロケーター）の意味

ブラウザでウェブページを見るためには、アドレス欄に見たいページのURLを入力する必要がある。このURLの構成は次のように構成されている。

URLの構成
　　　　　　　　　　　　ドメイン名
http://www.yahoo.co.jp/index.html
プロトコル　第4レベル　第3レベル　第2レベル　トップレベル　ファイル名

まず、先頭のプロトコルにはセキュリティや転送ファイルの種類に応じて、次のようなものがある。

- **http**（Hyper Text Transfer Protocol） HTMLファイル、画像、その他の複合ファイルを、効率的にクライアントへ配布するためのプロトコル。
- **https**（Hyper Text Transfer Protocol Security） HTMLファイルを暗号化してセキュリティを高めたプロトコル。パスワードを入力してログインする画面などに使われる。
- **ftp**（File Transfer Protocol） HTMLファイルを転送したり、プログラムファイルやドライバをダウンロードするときに使われるプロトコル。

これらのプロトコルはURLの先頭に入力され、どのサーバーにどのようにアクセスするかを設定する。

「www」以下「/」までは「ドメイン名」といい、サービスを提供してくれるコンピューター、サーバーコンピューターの住所に当たり、インターネット上のコンピューターやネットワークに付けられる識別子でもある。具体的には第4レベルの「www」がサーバーが使っているドキュメントシステムを表し、その右の「.（ドット）」に挟まれている第3レベルが組織名、第2レベルの「co」が組織の種類を表し、トップレベルが、ここでは国名を表し「jp」は日本の意味である。

なお、HTTPで使われるハイパーテキストファイルはHTML（Hyper Text Markup Language）という記述を使って作成されていて、ハイパーリンクという文書や画像などの位置情報を埋め込める。このハイパーリンクが蜘蛛の巣を張り巡らせるかのようにウェブページを結び付け、ブラウザはこのファイルを探し出して、パソコンに表示する。

このように、ウェブページ閲覧要求が出されると、サーバーから要求したHTMLファイルがパソコンに送られてくる。

> **なるほど** WWW（World Wide Web）が「世界中に張り巡らされた蜘蛛の巣」と呼ばれるのはハイパーリンク機能があるからだ。

ウェブページがパソコンに表示されるしくみ

HTTPは要求（**リクエスト**）と応答（**レスポンス**）を繰り返して、目的のウェブページを取得する。

このやり取りはテキストメッセージで行われ、最初にリクエストメッセージとして使われるのが「GET」コマンドだ。HTTPが送信した「ウェブページを送ってください」というメッセージはTCPパケットとして、ポート番号（80）、IPパケット、MACフレームが付けられて送信される。

これに対して、ウェブサーバーは「…OK」というメッセージのレスポンスを返す。そのレスポンスに要求されたウェブページのHTMLデータなどが付けられる。

こうして、パソコンにウェブページが表示される。

4-20 HTTPを使ったウェブページの取得

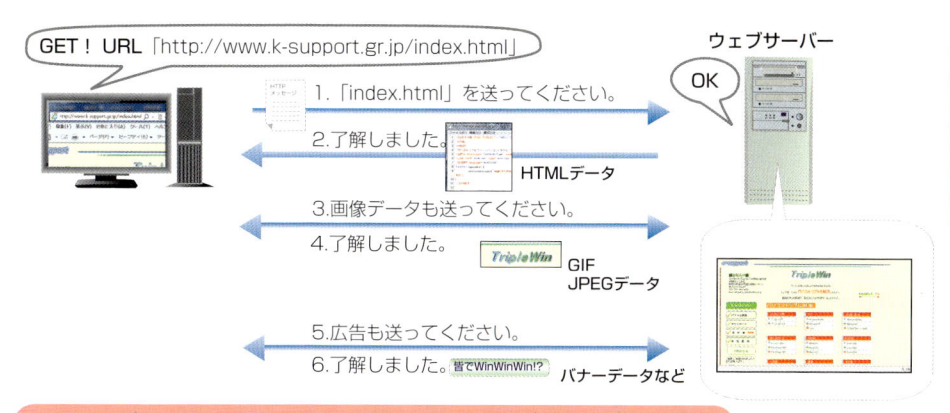

GET！URL「http://www.k-support.gr.jp/index.html」

1. 「index.html」を送ってください。
2. 了解しました。 HTMLデータ
3. 画像データも送ってください。
4. 了解しました。 GIF JPEGデータ
5. 広告も送ってください。
6. 了解しました。 バナーデータなど

ウェブサーバー OK

4-21 プロキシサーバーを使ったウェブページの取得

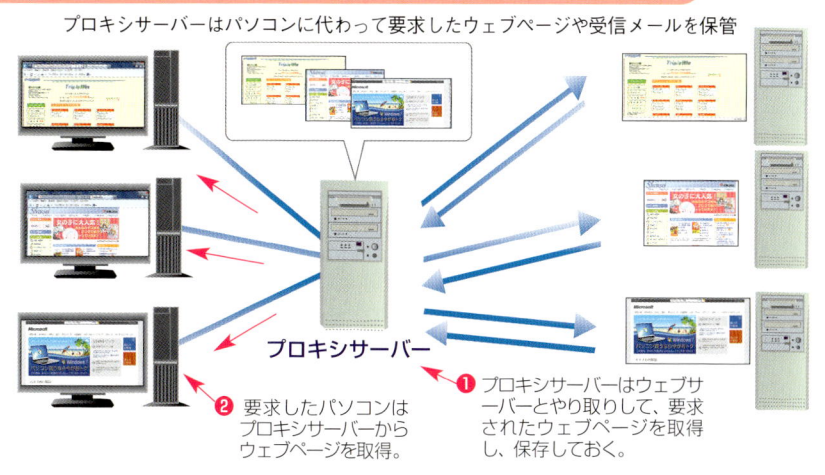

プロキシサーバーはパソコンに代わって要求したウェブページや受信メールを保管

プロキシサーバー

❶ プロキシサーバーはウェブサーバーとやり取りして、要求されたウェブページを取得し、保存しておく。

❷ 要求したパソコンはプロキシサーバーからウェブページを取得。

豆知識 日本語のドメインを取得することもできる。株式会社日本レジストリサービス（JPRS）は日本語ドメインの普及推進を担っている代表的な組織。

メールの送受信のしくみ

> **Keyword** **SMTPとPOP3** SMTP（Simple Mail Transfer Protocol）はメールの送信プロトコル。POP（Post Office Protocol）はメールの受信プロトコル。

◆ メール送信のしくみ

メールソフト（メーラー）を起動してメールを作成すると、メーラーはメールサーバーにメールを送信する。

メールサーバーは宛先を見てそのメールアドレスを管理しているサーバーを探し出して転送する。このとき使われるプロトコルが **SMTP** で、サーバーはSMTPサーバーと呼ばれる。

SMTPサーバーは宛先のドメイン名（メールアドレスの@の右側）からIPアドレスを割り出すためにドメイン名を管理しているDNSサーバーに問い合わせる。DNSサーバーはドメイン名とIPアドレスの対応表を持っていて、これを参照してIPアドレスを回答する。IPアドレスを取得したメールは、これをもとにIPアドレスの情報を持つメールサーバーまで送られる。このときローカルパート（メールアドレスの@の左側）によって宛先の個別のメールボックスに分類される。

メールアドレスの構成

takasaku@k-support.gr.jp

（ローカルパート：takasaku、ドメイン名：k-support.gr.jp）

※ドメイン名については前項参照。

◆ メール受信のしくみ

メールを受け取ったメールサーバーは **POP3** というプロトコルを使って宛先クライアントパソコンにメールを送信する。このときのサーバーはPOP3サーバーと呼ばれメーラーとの間では、ユーザー名の確認、パスワードの確認、メールの一覧を表示してメールを取り込むといった作業が行われる。

また、メールの一覧を表示するときにパソコンにすでに取り込まれたメールか、未読メールかをチェックして、未読メールだけを取込むようにしている。

パソコンでメールを起動して、送受信する操作の裏では、このように複雑な作業が行われている。

なお、サーバー上のメールボックスでメールを管理するウェブメールではメールの受信用にIMAP（Internet Message Access Protocol）というプロトコルが使われる。ウェブメールではサーバー上にアプリケーション（メール用ソフト）が置かれ、サーバーの中に保存されているメールを開いて画面に表示し、読んでいることになる。

> **知っ得** SMTPでメールを送信したときにメールサーバー側で利用するポートは従来は「25」だったが、迷惑メールを防止できる認証機能付きの「587」の利用が増えている。

▶ メールメッセージの構造

電子メールメッセージはヘッダーとメール本文（body）から構成される。そしてヘッダーには送信者と受信者の情報などの他にエンベロープ（封筒を意味する）と呼ばれるSMTPでのコマンドが書き込まれている。このエンベロープが実際のメールの送信に利用される。受信メールのプロパティを開くと右のようにヘッダー情報を見ることができる。

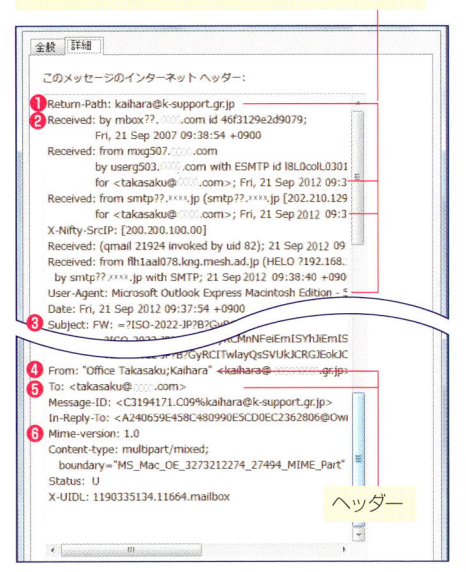

これらがエンベロープ。エンベロープは配送用に使われ、ヘッダーは記録として使われる。

❶ 送信エラー時にエラーを報告する宛先
❷ メールが経由してきたサーバー情報
❸ メールの題名、件名
❹ 差出人のメールアドレス
❺ 宛先メールアドレス
❻ MIME（Multipurpose Internet Mail Extension）
　バイナリコードをASCII文字列に変換して送信

4-22 メールの送受信

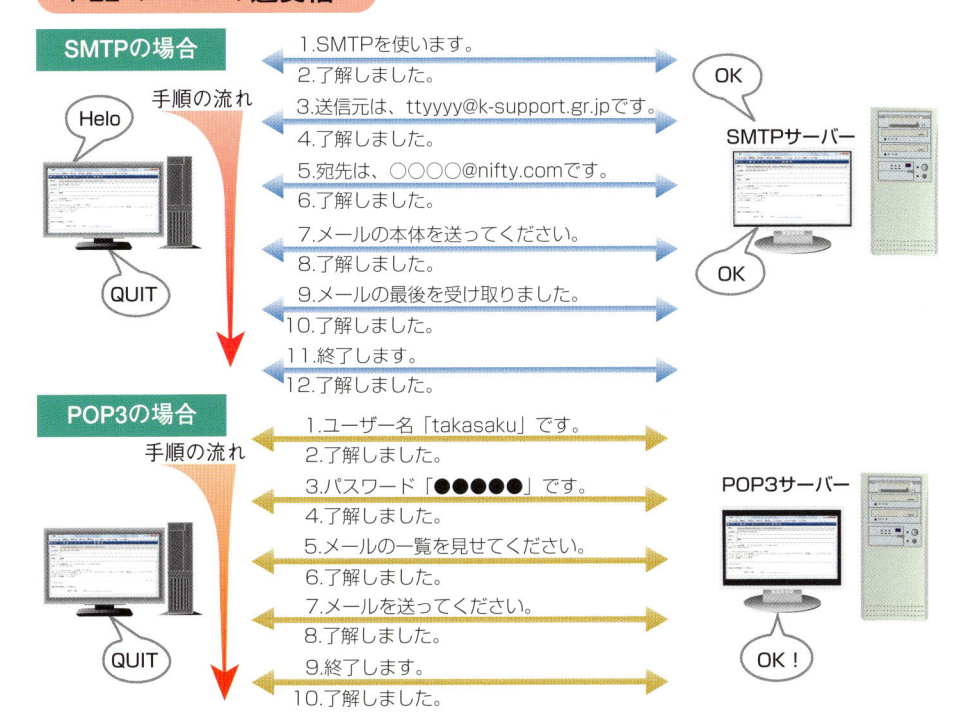

SMTPの場合

手順の流れ

Helo → QUIT

1. SMTPを使います。
2. 了解しました。
3. 送信元は、ttyyyy@k-support.gr.jpです。
4. 了解しました。
5. 宛先は、○○○○@nifty.comです。
6. 了解しました。
7. メールの本体を送ってください。
8. 了解しました。
9. メールの最後を受け取りました。
10. 了解しました。
11. 終了します。
12. 了解しました。

SMTPサーバー　OK　OK

POP3の場合

手順の流れ

QUIT

1. ユーザー名「takasaku」です。
2. 了解しました。
3. パスワード「●●●●●」です。
4. 了解しました。
5. メールの一覧を見せてください。
6. 了解しました。
7. メールを送ってください。
8. 了解しました。
9. 終了します。
10. 了解しました。

POP3サーバー　OK！

豆知識 POPはパスワードを平文のまま送るので、送信途中で盗み見られる可能性がある。セキュリティが高いAPOP（Authenticated POP）はパスワードを暗号化して送信する。

電子認証システムのしくみ

> **Keyword** 電子認証（電子証明書認証） オンラインサービスで確かなセキュリティを保証するため、電子証明書を使って認証を行うこと。

❱ 電子認証のしくみ

電子認証とは電子証明書を使って電子署名することでオンライン上で信頼できる取引だと証明するものである。例えるなら、電子署名が印鑑で電子証明書が印鑑証明のようなものだ。

電子証明書には発効日と失効日、登録された公開鍵、公開鍵の所有者の名前、電子認証局の電子署名などが記録される。そして、これによって送信者が本人である証明、公開鍵が本人のものである証明、否定の防止、改ざんの防止などの認証を行うことができる。

この電子証明書を発行するのは電子認証局という信頼できる第三者機関で、電子証明書を必要とする人は、あらかじめこの登録局に登録してICカードタイプの電子証明書を入手し、必要なときに電子ファイルや電子メールには電子証明書を使って電子署名する。

なお、電子認定局は発行申請者の本人確認と登録管理を行う認証局を**登録局**（Registration Authority）、登録局の指示にもとづいて電子証明書の発行や失効などの処理を行う認証局を**発行局**（Issuing Auth-ority）、そして電子認証局や電子証明書の有効性についての情報を提供する**リポジトリ**（Repository：電子認証基盤）から構成される。

❱ 電子署名のしくみ

電子署名とは、送信元が本当に当人だという証明である。

具体的には、まず送信する文書（平文）をハッシュ関数と呼ばれる特殊な関数で変換し、その変換した結果である**ハッシュ値**（メッセージダイジェストともいう）を作成する。このハッシュ値を送信者だけが知る秘密鍵で暗号化し、送信する文書（平文）に付けて送る。

受信者は暗号化されているハッシュ値を公開鍵で復号化する。さらに受信した文書（平文）をハッシュ関数で変換しハッシュ値にする。そして、この2つの値とを比較して、これらが完全に一致すれば、送信者はなりすましではなく、データも改ざんされていないことが確認できることになる。

このように公開鍵と秘密鍵をペアで用いて暗号化する方式を**公開鍵暗号方式**という。

この公開鍵暗号化方式は鍵の配布が簡単で管理が楽であることがあげられるが、暗号化、復号化が複雑で処理に時間がかかることが難点だといわれている。

豆知識　日本では電子認証局は民間に対して9社の認証局があり、コアシステム対応認証局（CA局）とも呼ばれる。

4-23 電子認証の概要

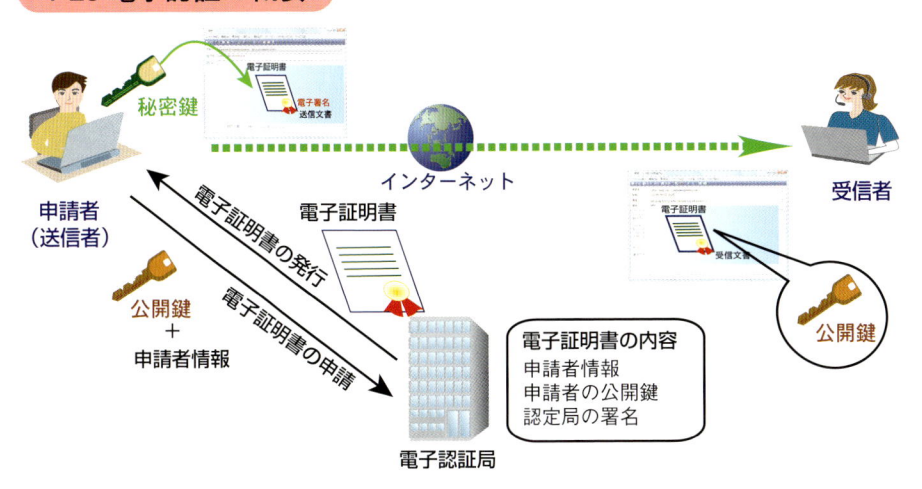

申請者（送信者）は秘密鍵を持ち、公開鍵＋申請者情報を電子認証局へ送って電子証明書の申請を行い、電子証明書の発行を受ける。電子証明書（電子署名、送信文書）はインターネットを通じて受信者へ送られ、受信者は公開鍵で確認する。

電子証明書の内容
- 申請者情報
- 申請者の公開鍵
- 認定局の署名

4-24 電子署名のしくみ

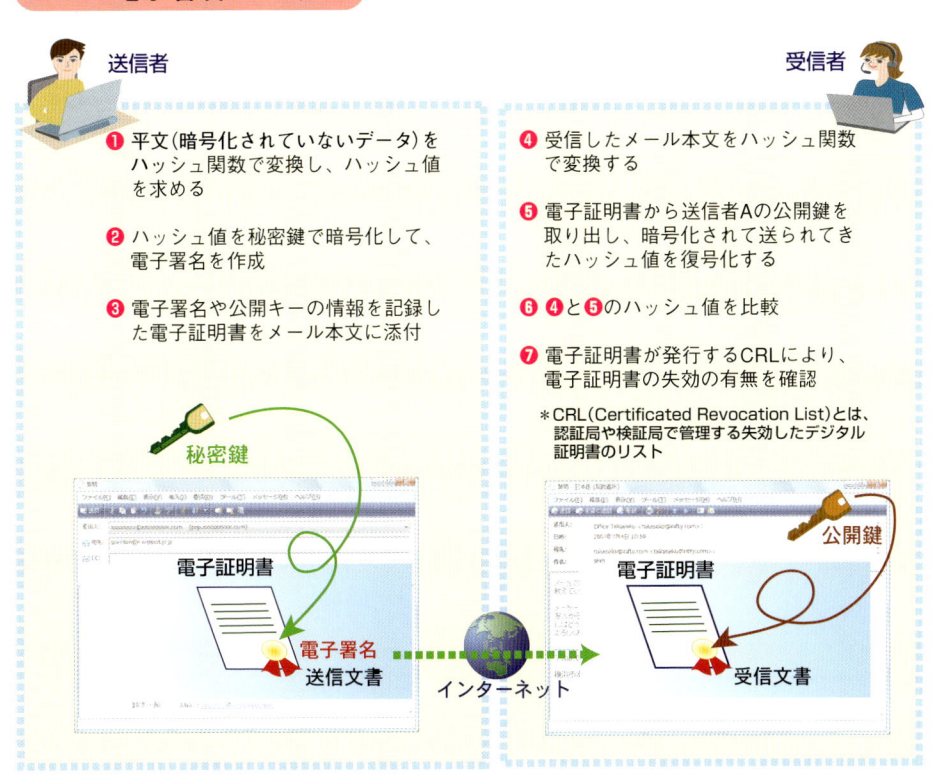

送信者

❶ 平文（暗号化されていないデータ）をハッシュ関数で変換し、ハッシュ値を求める

❷ ハッシュ値を秘密鍵で暗号化して、電子署名を作成

❸ 電子署名や公開キーの情報を記録した電子証明書をメール本文に添付

受信者

❹ 受信したメール本文をハッシュ関数で変換する

❺ 電子証明書から送信者Aの公開鍵を取り出し、暗号化されて送られてきたハッシュ値を復号化する

❻ ❹と❺のハッシュ値を比較

❼ 電子証明書が発行するCRLにより、電子証明書の失効の有無を確認

＊CRL(Certificated Revocation List)とは、認証局や検証局で管理する失効したデジタル証明書のリスト

一口メモ PKI(Public Key Infrastructure)と呼ばれる 公開鍵基盤は、公開鍵暗号化を利用して電子認証を行う方式で、電子商取引などで検証および認証する認証局のシステム。

インターネット検索のしくみ

> **Key word** 検索エンジン　ウェブページの収集とインデックスの作成により、キーワードによるウェブページの検索を可能にする機能やプログラム。

🔹 検索エンジンの種類としくみ

　検索エンジンは、しくみの違いから主にロボット検索型とディレクトリ型に分類される。

　現在、ほとんどの検索サイトで利用されている**ロボット検索型**は、**クローラー**（**スパイダー**）と呼ばれるロボットを巡回させてウェブページの情報を収集し、リスト（インデックス）を作成する。このリストはデータベースとして保存され、要求があると、クエリサーバーにより検索条件に該当するデータが引き出され、パソコンに表示される。ただし、表示基準は検索サイトによって異なる。

　例えば、Googleでは**Page Rank**（**ページランク**）という方法を用い、ウェブページに設定されたリンク数でウェブページのランク付けを行っている。ページランクは「リンク数の多いウェブページほど必要とされるウェブページである」という考えのもとに作成されている。また、Googleでは登録されている検索キーワードとウェブページとの適合も重視されている。この適合性はページ内のキーワード数、キーワードの位置などから判断される。この適合性も検索結果に反映されている。

　なお、一方、**ディレクトリ型**は、エディターと呼ばれる人たちが登録申請されたウェブページを審査し、データベースに登録する。検索結果はカテゴリーで表示され、このため、目的に到達するまでに複数の階層を辿ることもある。人間が介在しているため信頼性は高いが、表示されるウェブページ数が少なくなる。そのため、かつてはディレクトリ型の代表であったYahoo!も現在では、ロボット検索も併用している。

　このような検索エンジンは、検索サイトに掲載される企業などの広告料で運営されるため、一般的に無料で利用できる。

🔹 検索ロボットのしくみ

　検索エンジンでウェブページを収集するために使われているロボットは、インターネット上をウェブページのリンクを辿って、24時間365日自動循環（クローリング）して情報を収集する。

　Googleのクローラーは巡回しているときに、その時点のウェブページを保存する機能を持ち、これをキャッシュ（スナップショット）としてサーバーのデータベースに保存する。通常、新しいWebページや、収集後に更新されたWebページを見つけて情報を収集している。このと

知っ得　ロボット型とディレクトリ型の他に1つのキーワードを複数の検索エンジンで検索するしくみのメタ検索エンジンという種類もある。

き、**環境変数**という足跡を残している。環境変数とは、例えば、Googleの検索結果のキャッシュを開くと表示されるクローラーが巡回した日時の記録などだ。

◆ クローラーが集める情報例

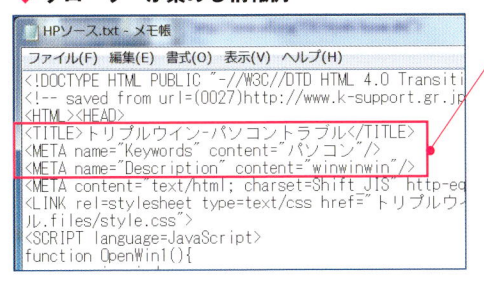

```
HPソース.txt - メモ帳
ファイル(F) 編集(E) 書式(O) 表示(V) ヘルプ(H)
<!DOCTYPE HTML PUBLIC "-//W3C//DTD HTML 4.0 Transiti
<!-- saved from url=(0027)http://www.k-support.gr.jp
<HTML><HEAD>
<TITLE>トリプルウィン-パソコントラブル</TITLE>
<META name="Keywords" content="パソコン"/>
<META name="Description" content="winwinwin"/>
<META content="text/html; charset=Shift_JIS" http-eq
<LINK rel=stylesheet type=text/css href="トリプルウ
ル.files/style.css">
<SCRIPT language=JavaScript>
function OpenWin1(){
```

HTMLキーワード
クローラーは検索エンジンによって〈TITLE〉タグや"Keywords""DESCRIPTION"タグなどに書かれている情報を集めていることがある。

◆ クローラーの足跡

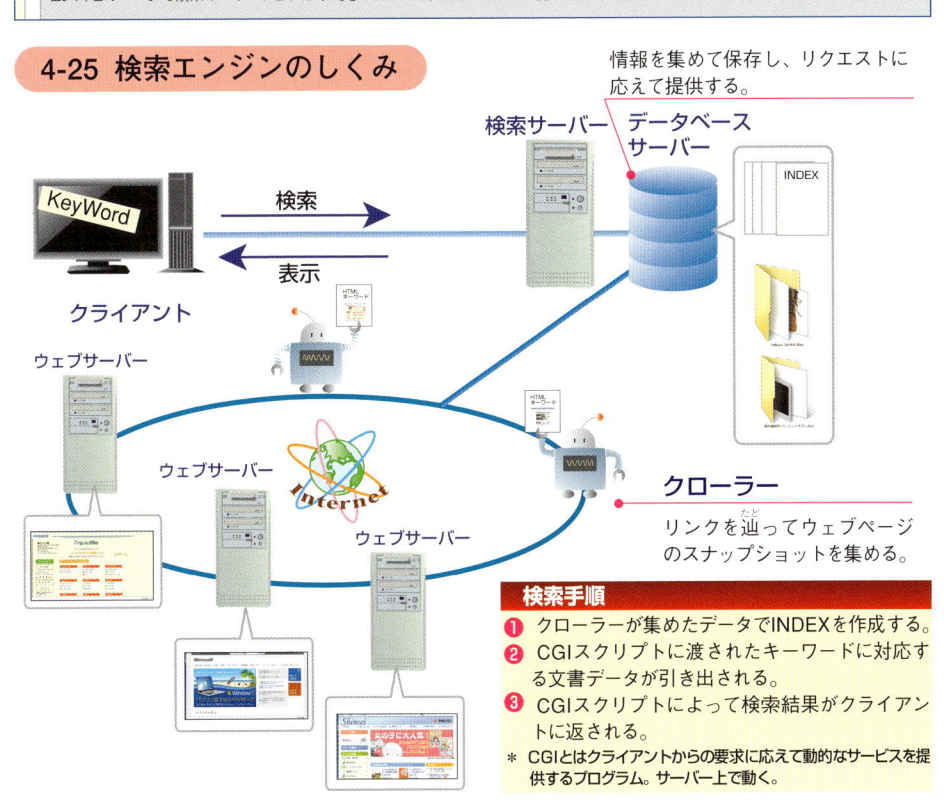

このようにクローラーがスナップショットを作成した日時が記載されている。

これは Google に保存されている http://www.k-support.gr.jp/ のキャッシュです。このページは 2012年8月20日 17:37:52 GMT に取得されたものです。そのため、このページの最新版でない場合があります。詳細
ヒント：このページで検索キーワードをすばやく見つけるには、Ctrl+F または ⌘-F(Mac)を押して検索バーを使用します。

4-25 検索エンジンのしくみ

情報を集めて保存し、リクエストに応えて提供する。

検索サーバー　データベースサーバー

INDEX

クライアント
KeyWord
検索 →
← 表示

ウェブサーバー

クローラー
リンクを辿ってウェブページのスナップショットを集める。

検索手順
❶ クローラーが集めたデータでINDEXを作成する。
❷ CGIスクリプトに渡されたキーワードに対応する文書データが引き出される。
❸ CGIスクリプトによって検索結果がクライアントに返される。
＊ CGIとはクライアントからの要求に応えて動的なサービスを提供するプログラム。サーバー上で動く。

豆知識 環境変数とはウェブページを訪問したときにブラウザが残す接続状況やOSの情報を記した情報のこと。

動画配信のしくみ

> **Key word** ストリーミング形式　映像データなどの動画を受信しながら同時に再生も行う形式。

◆ 動画配信の種類

　最近のブロードバンドの普及により、YouTube（ユーチューブ）やGyao!（ギャオ）などに代表されるようにウェブ上での動画配信は、ますます需要が高くなっている。

　このような動画配信の方法は2つある。1つは、**オンデマンド型**といってユーザーから要求されたときにサービスを提供する方法だ。

　この方法で送られてきた動画を視聴する場合、ストリーミング形式とダウンロード形式の2つの配信形式がある。

　従来からあるダウンロード形式は送られてきたコンテンツを一旦すべてユーザーのパソコンに保存してから再生する。このとき、プロトコルとしてウェブ閲覧でお馴染みの**HTTP**が使われている。

　一方、ストリーミング形式はダウンロード（受信）しながら同時に再生する。こうすることで、ダウンロードしている間の待ち時間がなく速度が遅く、不安定な回線を利用した場合にも対応できるというメリットがある。

　ストリーミング形式では、送信データの品質が保証されないが、軽さと速さを実証する**UDP**（User Datagram Protocol）とともに実際の送信速度や遅れている時間をサーバー側に送信してデータの品質を調整する**RTP**（Realtime Transport Protocol）というストリーミング再生用の伝送プロトコルが使われる。

　動画配信のもう1つの方法は**リアルタイム型**だ。これは、ライブ中継などのときに利用されるもので、1台のサーバーにアクセスが集中することを避けるため、複数のサーバーにデータを分ける。これをスプリッタサーバーといい、ユーザーは、スプリッタサーバーの近いものにアクセスして、ライブ映像をパソコン受信することになる。

◆ 動画圧縮

　動画データの配信は、文字データに較べて膨大なデータ量になり、画像や音声データをそのまま保存したり転送すると、膨大な領域や時間が必要になる。

　そこで生まれたのが品質を損なわないようにデータを圧縮する技術で、動画の圧縮には**MPEG**が採用されている。

　動画の圧縮では映像の中の動いた部分のデータだけを送るという技術を用いるとともに、1枚1枚の画面には静止画のJPEG圧縮の処理も施されいる。

　このようなMPEGには初代の規格であ

なるほど　ストリーミング技術を応用してDVカメラなどを使ってネットワーク上にライブ配信することをライブストリーミングという。

るMPEG-1、その手法を使って、精度を高めた**MPEG-2**が策定された。

その後、通信速度の遅い携帯電話や電話回線を使った通信で使われるために開発された従来のMPEGより高画質、高圧縮を目指した**MPEG-4**が策定された。

そして、さらにMPEG-4を進化させたのが**H264/MPEG-4 AVC**である。これは携帯電話向け地上デジタル放送のワンセグ放送で使われる圧縮方式で、動画再生ソフトのQuick Timeでも採用されている。

音声圧縮には、データを間引く方式のMP3（MPEG Audio Layer-3）とAAC方式の2つがあるが、MPEGでは音声の圧縮にAAC（Advanced Audio Coding）という非可逆圧縮が採用され、iTunesや携帯電話などで使われている。

4-26 オンデマンド型のしくみ

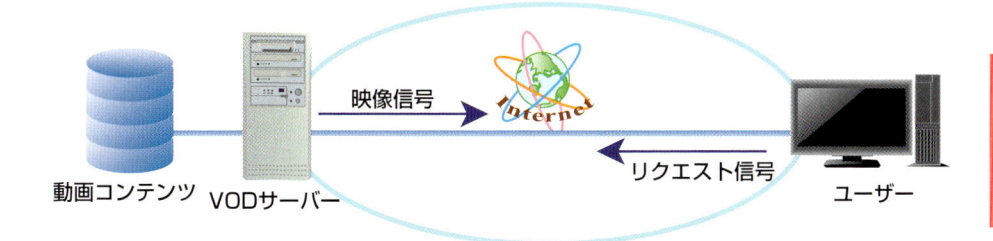

動画コンテンツ　VODサーバー　映像信号　リクエスト信号　ユーザー

4-27 リアルタイム型のしくみ

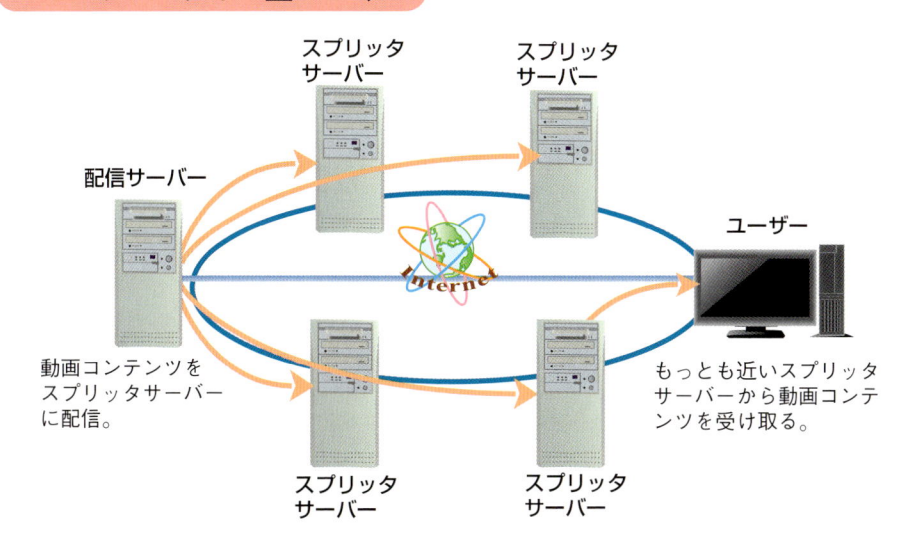

配信サーバー　スプリッタサーバー　動画コンテンツをスプリッタサーバーに配信。　もっとも近いスプリッタサーバーから動画コンテンツを受け取る。　ユーザー

豆知識 非可逆圧縮とは、圧縮前のデータと解凍後のデータが完全には一致しないが、圧縮率を大幅に高めた圧縮方法のこと。JPEG、MPEG共に非可逆圧縮。

クラウド・コンピューティング

> **Keyword** データセンター　クラウドの中核となるサーバーなどのコンピューターやデータ通信の装置を設置・運用することに特化した施設の総称。

▶ クラウド・コンピューティングとは

　クラウド・コンピューティング（cloud computing）とは2006年終わりの頃に登場した概念で、インターネット上をクラウド（雲）に例えて、そこにサーバーなどのハードウェア、アプリケーションなどのソフトウェアそして様々なデータを用意し、ユーザーが必要な時に必要なものを取り出して利用することのできる形態を指す。身近な例では、従来はメーラーをパソコンにインストールしてメールの送受信や保管を行ってきたが、現在ではインターネット上のGmailやYahoo!メールを利用してメールの送受信やその保管までも行うことなどが挙げられる。さらに、インターネット上のメールソフトはインターネット環境さえあれば、家庭のパソコンでも外出先のパソコンでも同じように利用できるという大きなメリットもあり、メールソフト以外でもクラウドを利用するということは同じようなメリットがある。

　なお、クラウド・コンピューティングを実現させるための、最も重要な条件としてデータ通信の高速・高品位が挙げられるが、光ファイバー通信や携帯電話網の高速化やWiMAX（ワイマックス）などとブロードバンドが普及した現在、いよいよその概念に近い世界になった。さらに、個人による情報端末機器の複数保有が一般になったためインターネットをハブのように使い、データをどの機器でも共有するというような利用の幅が増えてきている。

▶ 現在のクラウドサービス

　前述したメールのように個人ユーザーにおいては、グーグルがGmailやその他多彩なクラウドサービスを用意しているが、マイクロソフトのWindows Live（ライブ）、アップルのiCloud（アイクラウド）などに見られるように他の企業も、このサービスに力を入れている。例えば、Windows Liveでは2GB、iCloudでは5GBの無料オンラインストレージを用意して誰でも登録だけでネット上にデータを保存できるサービスが広がっている。

　一方、企業向けではNEC、ソニー、日立富士通など大手IT企業は従来のシステム構築事業の延長に近い形でクラウドのサービスを提供し、KDDI、NTT、ソフトバンクテレコムなどもクラウド事業に参入している。

　また、グーグルから中小企業向けクラウドサービスとして「Google Apps（グーグルアプス）」が提供されている。

豆知識　クラウド・コンピューティングという言葉は2006年8月グーグル社の当時CEOのエリック・シュミット氏がスピーチの中で提唱したことで広まったといわれている。

4-28 クラウド・コンピューティングイメージ

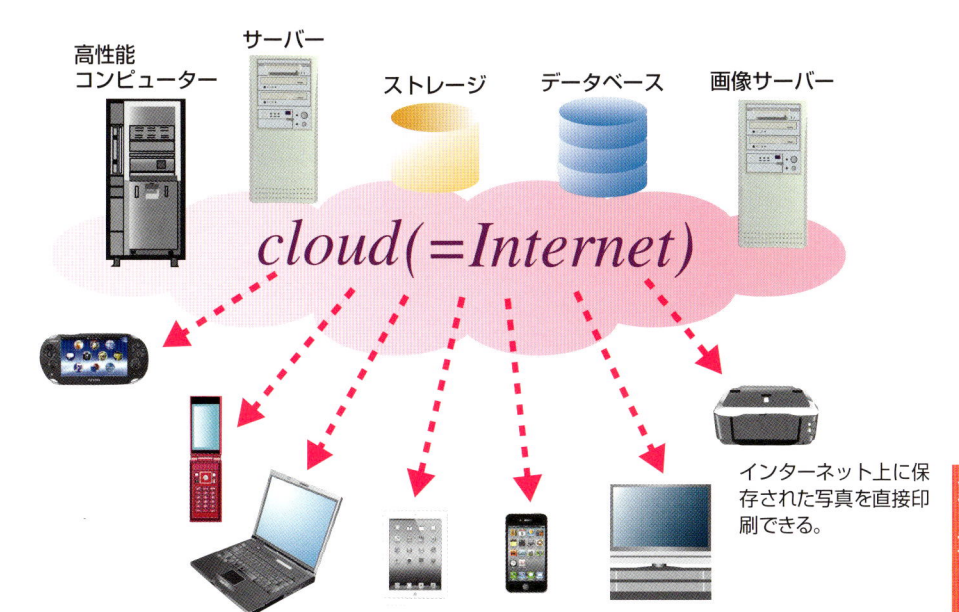

高性能コンピューター　サーバー　ストレージ　データベース　画像サーバー

cloud(=Internet)

インターネット上に保存された写真を直接印刷できる。

パソコンに限らず、情報端末やゲーム機までインターネット上からアプリケーションソフトやデータをダウンロードししたり、コンテンツなどの保存ができる。

4-29 クラウドサービスの種類

SaaS（Software as a Service）
インターネット経由でアプリケーション機能を提供する形態

PaaS（Platform as a Service）
インターネット経由でプラットフォーム（アプリケーションを実行させるハードやOS）を提供する形態

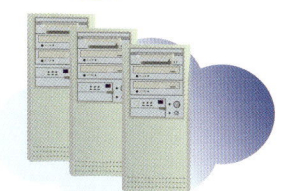

HaaS（Hardware as a Service）
インターネット経由でハードウェアリソース（情報システムの稼動に必要な機材や回線）を提供する形態
IaaS（Infrastructure sa a Service）ともいう

知っ得　ユビキタス・コンピューティングは「いつでもどこでもコンピューターがあることを意識せずその機能を使える」という概念。

COLUMN

マルチキャスト通信

● マルチキャストとは

　ネットワーク内で複数の特定した相手に対して同じデータを送信することをマルチキャストという。

　それに対して不特定多数の相手に送信することをブロードキャスト、特定の相手だけに送信することをユニキャストをいう。

　インターネットにおいては、マルチキャストの伝達は難しかったが電話網のような管理されたIPネットワークでは実現できる。

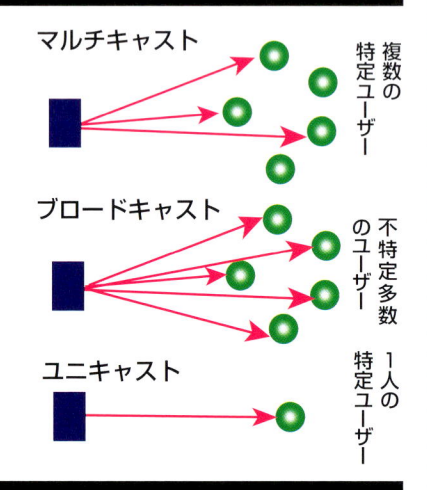

マルチキャスト　　複数の特定ユーザー

ブロードキャスト　　不特定多数のユーザー

ユニキャスト　　1人の特定ユーザー

● マルチキャストの実現

　マルチキャスト通信は、送信元のサーバーが送信したデータを中継地点であるルーターがコピーして次の複数の中継地点に送信することを繰り返して特定の受信先にデータを送るしくみである。

　ここでは、コピー機能をもつルーター（マルチキャストルーター）が利用されることがポイントとなり、それを実現できるのが電話網などのIPネットワークである（インターネットで利用するルーターにはコピー機能）。このしくみは、IPテレビ放送などに利用されている。

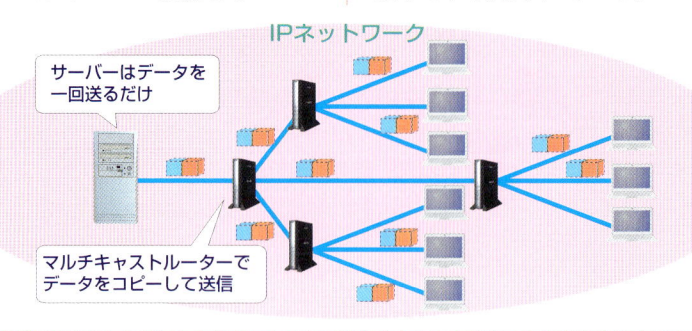

IPネットワーク

サーバーはデータを一回送るだけ

マルチキャストルーターでデータをコピーして送信

第5章
無線通信のしくみ

THE VISUAL ENCYCLOPEDIA OF COMMUNICATION

無線通信の種類

Key word **無線通信** ケーブルを使わず電波など（光や音波によるものも含まれることもある）を使って通信を行うこと。

▶ 周波数

電波法では電波は、3THz以下の周波数の電磁波と定義している。そして、その電波は周波数によって超長波からミリ波まで8つに大別され、性質が異なりそれに適した用途も異なる。

長波は波長が1～10kmと長く、地球の丸みに沿って非常に遠くまで届き、船舶無線や長距離固定通信に用いられる。

中波は地球全体を覆っている電離層と呼ぶイオンと電子の層で反射する性質があり、船舶、航空通信に用いられている。

短波は地表面でもよく反射するので、地球の裏側でも受信でき、国際通信、アマチュア無線に用いられる。

短波より波長が短い超短波の電波は電離層を突き抜けてしまう性質を持ち、以前のアナログテレビ放送やFMラジオ放送などに使われている。また極超短波はデジタルテレビ放送に用いられている。

なお、マイクロ波以上では山やビル等の障害物があるとその陰に届かないなど、光の性質に似てくる。ミリ波帯になると雨や霧の影響を受けやすくなる。

このような電波は周波数を変えて利用すれば混信せずに使うことができるので、上記のように様々な無線通信に利用されているが、テレビで使う周波数、ラジオで使う周波数というように国の法律に基づいて決められていて、**自由に使うことはできない**決まりになっている。

▶ 2.4GHz帯のISMバンド

前述したように電波の使用は法律で規定されていて無線通信を行うには電波免許が必要だが、**免許不要の帯域**がある。

それが**2.4GHzのISMバンド**と呼ばれる周波数帯だ。この帯域に無線LANやBluetooth、ZigBee（家電向けの無線通信規格の1つ）、赤外線の近距離データ通信規格であるIrDA（双方向通信に利用され携帯電話などに搭載）などがある。

ISMバンドとは、産業や科学研究、医療などの利用に解放されている周波数帯のことで、2.4GHz帯以外にも5GHz帯などいくつかの周波数帯に存在しているが、特に無線通信機器は2.4GHzに集中している。その理由として、第1に、世界の多くがこの周波数帯を解放して同一規格の無線通信機器を利用できること、第2に、利用できる周波数帯がある程度広く、高速な広帯域通信にも対応していること、第3に低コストと機器やアンテナの小型化を両立できる適度な周波数であることなどがあげられる。

豆知識 ZigBeeはジグビーといい、近距離通信（10m位）で注目の技術。通信速度は低速だが低消費電力、低価格ということでビル内の照明や空調装置、防犯などを無線で通信する。

しかし、2.4GHz帯への過度の集中は、異なる通信システム間の相互干渉を引き起こしているので、今後は他の周波数帯に移行することが考えられる。

5-1 電波の周波数と用途

周波数	3 kHz	30 kHz	300 kHz	3 MHz	30 MHz	300 MHz	3 GHz	30 GHz	300 GHz
種類	超長波 (VLF)	長波 (LF)	中波 (MF)	短波 (VLF)	超短波 (VHF)	極超短波 (UHF)	マイクロ波 (SHF)	ミリ波 (EHF)	
波長	100〜10km	10〜1km	1km〜100m	100〜10m	10〜1m	1m〜10cm	10〜1cm	1cm〜1mm	
伝わり方	地面に沿って伝わる		電離層に反射して伝わる		直進する		直進するが、雨や霧で弱められる		
電波にのせられる情報量	少ない ←―――――――――――――――――――――――→ 多い						2.4GHz ISMバンド		
用途	船舶・航空機用無線	ラジオ (AM)		短波放送 アマチュア無線 ICカード 出改札システム	FM放送	デジタルテレビ放送 携帯電話 PHS 無線LAN	中継回線 衛星通信 衛星放送 無線LAN	電波天文台	

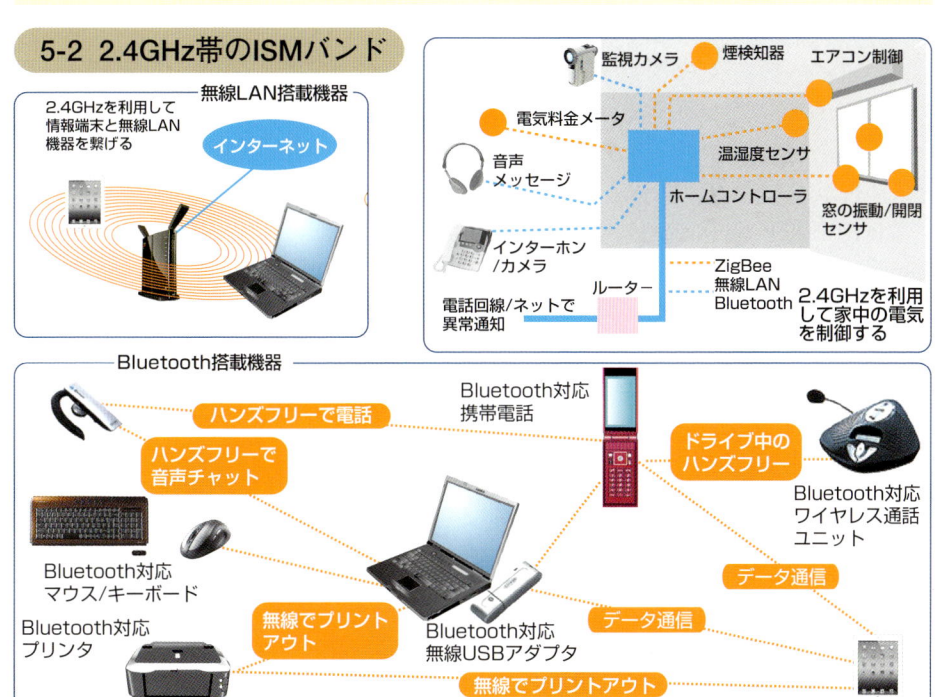

5-2 2.4GHz帯のISMバンド

なるほど　IrDAは赤外線による光無線データ通信を規格化している団体、またその規格そのもの。家電製品のリモコンで使われている赤外線通信とは違う。

無線通信の伝送方式

> **Key word** 　**多重化**　複数のアナログやデジタル信号を1つの共有された伝送路で送信する技術のこと。

❯ 多重化の必要性

　現在は多くの無線通信が存在しているが最も身近なものといえばテレビ放送や携帯電話であり、それは同じ電波を使って多くの人に情報を送るものである。

　例えばラジオやテレビでは同じ周波数帯域の電波を受けていても、番組のチャンネルを自由に選択できるように、各チャンネルに周波数を変えてあるので好きなチャンネルを視聴できる。

　また、携帯電話も携帯電話に割り振られた周波数帯に載せられて送られる多くのユーザーの情報から各ユーザーが自分の情報だけを取り込んで利用できる。

　そもそも電波は、ある決められた周波数に2つ以上の信号をそのまま重ねて送ると、送る途中で混ざってしまい区別できなくなるので、信号の区別を施すことで、同じ周波数に複数の回線を設けることができるしくみを利用している。こうした回線を**チャンネル**と呼び、1つの物理的な伝送路に複数のチャンネルを設けるしくみを**多重化**と呼ぶ

　周波数帯域が決まっている無線通信では、いかに有効利用するのかが重要であり、多重化の技術的な進歩は無線通信の高速化を支えている。

❯ 多重化の種類

　多重化の技術には、周波数、時間、符号、空間などを利用した異なる多重化方式がある。ここでは、携帯電話で利用されてきた周波数分割多重化方式（FDM）、時分割多重化方式（TDM）、符号分割多重化方式（CDM）を説明しよう。

　FDMは、各チャンネルの信号を、変調によって周波数を一定の値ずつずらして、お互いに重ならないように並べて多重化する方法。これはアナログ伝送に適していて、ラジオやテレビ放送も、この方法で複数のチャンネルの番組を周波数をずらして電波に乗せて送る。通信では、多数のチャンネルの信号をピッチリつめて多重化するため、きわめて高精度の部品を必要とし、調整も大変なので、多重化のコストが高くなるのが難点である。

　TDMは、各チャンネルの信号を一定の時間間隔で細かく区切り、複数のチャンネルの信号を順番に並べていくもの。これはデジタル放送に適している。多重化はデジタル回路で行われ、とくに高精度の部品を使わなくてもよいので、コストが安いのが特徴である。

　CDMは、符号を変えて多重化する方法。これは、多数のチャンネルの信号を

知っ得　多重化（Multiplex）のFDMやTDMなどの後にAを付けたFDMA、TDMAは多元接続（Multiple Access）と呼ばれ、その技術を使い多数のユーザーが利用できる通信技術。

送る際に、それぞれ混ざって、雑音のようになって受信側に届く。受信側では、送られてきた雑音状の信号に、利用したいチャンネルに対応する符号を加える。そうすると、そのチャンネルだけの信号が復号化されて、取り出すことができる。他のチャンネルの信号は雑音のままで中味はまったくわからない。

携帯電話の2.5Gや3Gでは、このようなCDMを利用して高速化を目指した。

なお、現在の第3.9世代で利用されるようになり第4世代でも引き続き利用される**OFDM**の技術は、120頁を参照。

5-3 多重化方式

■FDM（Frequency Division Multiplex）

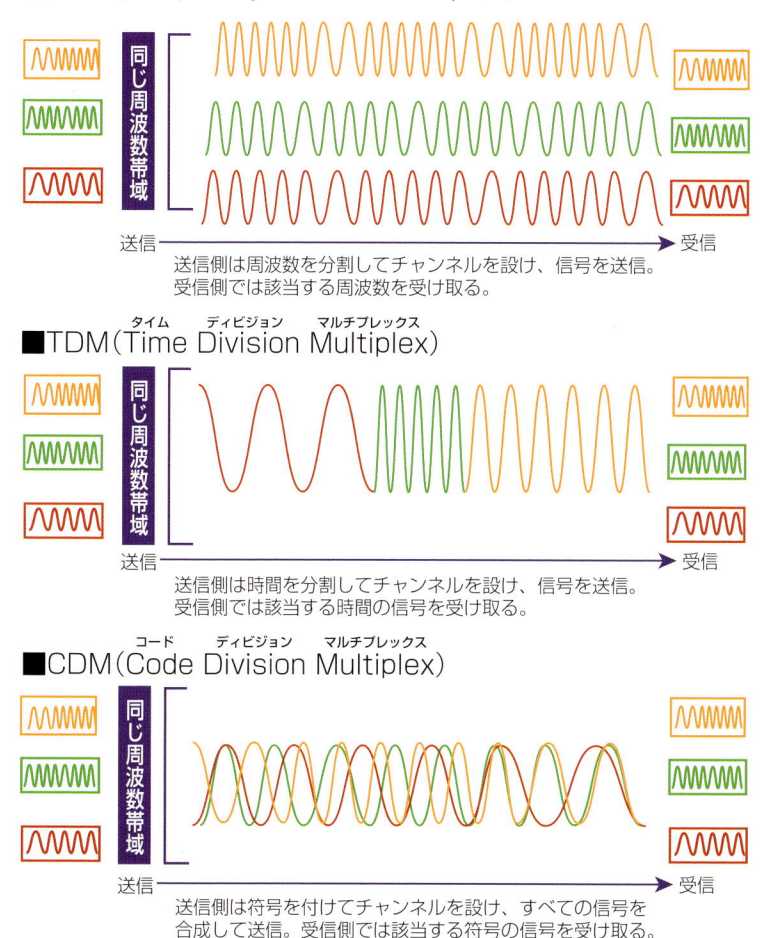

送信側は周波数を分割してチャンネルを設け、信号を送信。
受信側では該当する周波数を受け取る。

■TDM（Time Division Multiplex）

送信側は時間を分割してチャンネルを設け、信号を送信。
受信側では該当する時間の信号を受け取る。

■CDM（Code Division Multiplex）

送信側は符号を付けてチャンネルを設け、すべての信号を合成して送信。受信側では該当する符号の信号を受け取る。

豆知識 光ファイバーにおける多重化方式が波長分割多重化方式。異なる波長の光信号は、まとめて同時に送信しても互いに干渉しないという特性を利用した方法。

無線LANのしくみ

> **Key word** **無線LAN** 企業内あるいは家庭内でケーブルを使ってネットワークを組む有線LANに対して電波を使ってネットワークを組むこと。

🔵 無線LANの利用

　最近は、ケーブルを無くしたいとか外出先でインターネットへ接続したいなどの理由で無線LANの利用が増えている。

　無線LANを利用するには、パソコンやタブレット端末（**子機**と呼ばれる）から電波を受信してインターネットと接続する中継機器である無線LANルーター（**親機**あるいは**アクセスポイント**とも呼ばれる）が必要だ。ただし、子機側で無線LAN機能が搭載されていない機種の場合は無線LANアダプターも必要になる。

　これらを用意して、ADSLモデムや光ファイバーの回線終端装置とLANケーブルで無線LANルーターを接続する。

　さらに、アクセスポイントを利用させていい子機かどうかを識別するための**ESS-ID**（機種によっては**SS-ID**という）という設定が必要になる。また、なりすまし防止の暗号鍵の設定も必要だ。これは、子機を認証したり、無線で送り出すデータを暗号化するためのものである。ただし、これらの設定は通常出荷時に無線LANルーターに設定され、現在の機種ではパソコンなどの子機へ簡単に設定させる機能があるためユーザーは意識することなく設定できる場合が多い。

　以上の接続・設定により子機からインターネットを利用することができる。

🔵 複数の子機が使えるしくみ

　無線LANで通信できる範囲は50mから100mといわれ、アクセスポイントから電波が届く範囲を「**セル**」と呼ぶ。1つのセル内の複数の子機は同じチャンネルで通信するので、混信しないように各媒体ごとにアクセス制御するしくみを決めている。その基本的な規格が**CSMA/CA**だ。子機は、他の子機が電波をだしていないか常に観察し、電波を感知している間は待機し、電波を感知しないと「一定時間（IFS）+ランダム時間」待機した後に送信を開始する。待機時間をランダムにすることで、複数の子機が同時に送信を開始する確率を低くしている。

　さらに、アクセスポイントでは子機からフレームを受け取ったら、必ず**確認応答（ACK）**を返信している。

　それでも衝突を避けられない場合もあるので、送信したい子機はまず**RTS**フレームと呼ぶ信号を送り、アクセスポイントはこれが正しく受信できたら**CTS**フレームという信号を子機へ送信する。子機はCTSが正しく受信できたらデータを送る、という方法をとっている。

一口メモ パソコンとキーボードやマウスなどの通信に利用されるBluetooth(ブルートゥース)の通信範囲は10m以内で伝送速度は1Mbps程度。

5-4 無線LANのしくみ

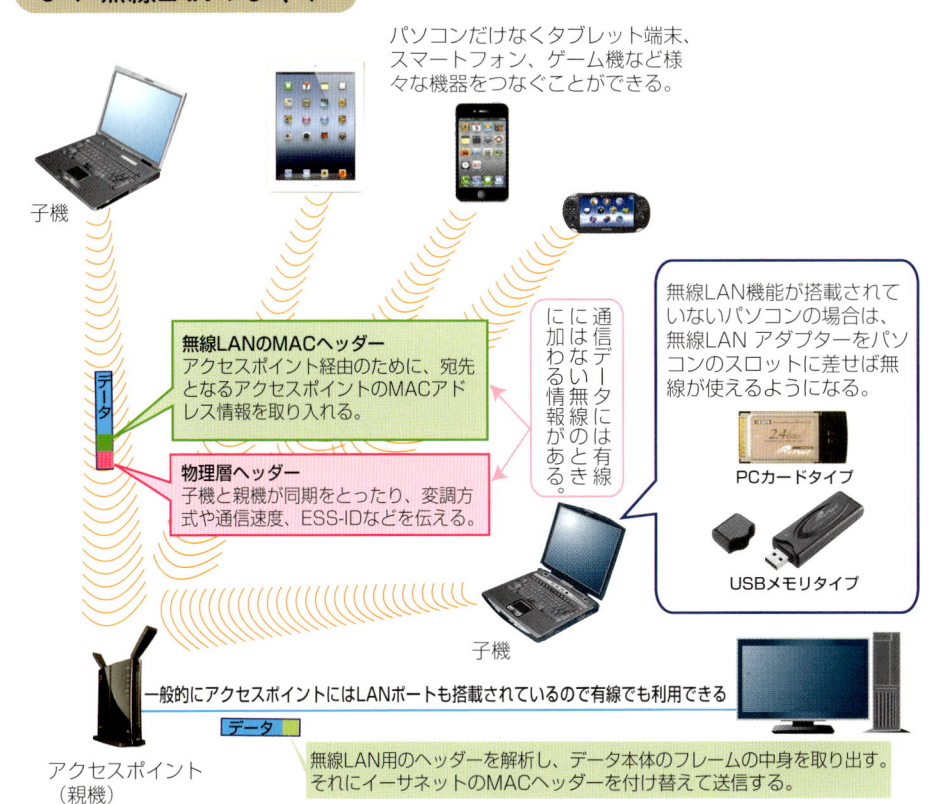

パソコンだけなくタブレット端末、スマートフォン、ゲーム機など様々な機器をつなぐことができる。

子機

無線LANのMACヘッダー
アクセスポイント経由のために、宛先となるアクセスポイントのMACアドレス情報を取り入れる。

物理層ヘッダー
子機と親機が同期をとったり、変調方式や通信速度、ESS-IDなどを伝える。

通信データには有線にはない無線のときに加わる情報がある。

無線LAN機能が搭載されていないパソコンの場合は、無線LAN アダプターをパソコンのスロットに差せば無線が使えるようになる。

PCカードタイプ

USBメモリタイプ

子機

アクセスポイント（親機）

一般的にアクセスポイントにはLANポートも搭載されているので有線でも利用できる

無線LAN用のヘッダーを解析し、データ本体のフレームの中身を取り出す。それにイーサネットのMACヘッダーを付け替えて送信する。

5-5 CSMA/CA方式で複数の子機が通信するしくみ

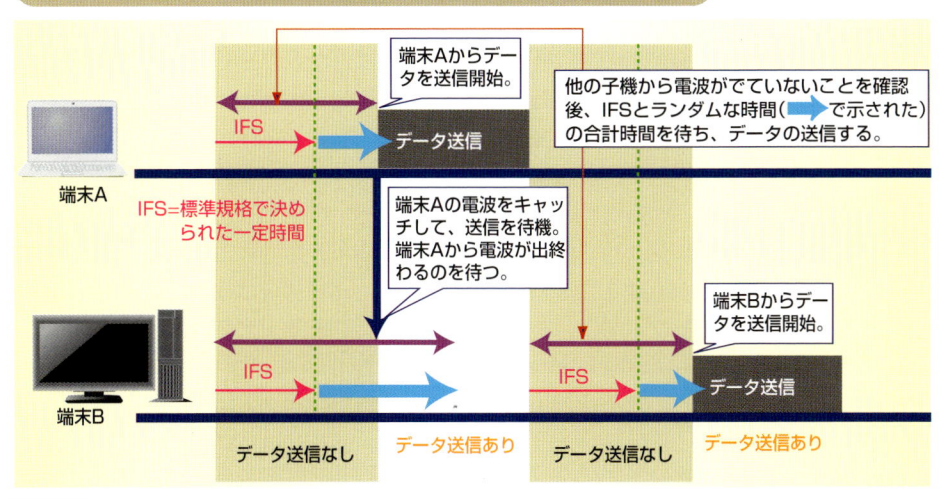

端末A

端末Aからデータを送信開始。

IFS　データ送信

他の子機から電波がでていないことを確認後、IFSとランダムな時間（→で示された）の合計時間を待ち、データの送信する。

IFS=標準規格で決められた一定時間

端末Aの電波をキャッチして、送信を待機。端末Aから電波が出終わるのを待つ。

端末Bからデータを送信開始。

端末B

IFS　　　　　　　　　　　IFS　データ送信

データ送信なし　データ送信あり　データ送信なし　データ送信あり

第5章

なるほど 物理層ヘッダーに通信速度の情報を入れる理由は、無線では距離やノイズで電波の通信速度が大きく変わるからである。

無線LANの高速化

Keyword 　**無線LANの規格**　代表的な規格はIEEE 802.11a（通称11a）、802.11b（11b）、802.11g（11g）、802.11n（11n）などがある。

▶ 無線LANの通信の特徴

　無線LAN用に割り当てられた電波は2.4GHz帯または5GHz帯などがあり、無線LAN標準規格の**11aは5GHz**帯を、**11b、11gは2.4GHz**帯を**11nは両方**を利用している。

　基本、同一ネットワーク上の親機と子機は同じ無線規格であることが通信の条件となるが、最近の機器は、複数の無線規格に対応できるようになっているものが多い。ちなみに、最近登場した11nの公称速度は最高速度600Mbpsである。

　この無線LANの高速化を妨げる最大の原因は、壁などで反射した電波が受信アンテナに届いて干渉するマルチパス干渉があり、その結果、正しいデータが届かないこともある。そこで、無線LANで利用する多重化方式は、干渉によるノイズの影響を受けにくい「**DSSS/CCK**（スペクトラム拡散方式）」と「**OFDM**（直行周波数分割多重）」という通信方式を採用している。

　DSSSは、一度変調した信号に拡散符号をという信号を掛け合わせて送信し、これで元の信号より広い周波数に信号を広げて変換する。受信側でも送信時と同じ拡散符号をかけるので、特定の周波数にノイズが入っても干渉のエネルギーは広い周波数に拡散され、データは元に戻る。それで、安定した通信ができる。DSSを高速化したものが**CCK**である。

　OFDMでは、あらかじめ決められた48の搬送波（キャリア）を用意しておき送信データを分割後、各搬送波に載せて送信する。受信側では搬送波の周波数がお互いに重なっても、一部だけで済むので混ざらず、うまくデータを抜き取り復元できる。ノイズが重なっても、その搬送波だけに重なるので影響が少ない。

　なお、11bはスペクトラム拡散を、その他はOFDMを採用している。

▶ より高速化できる技術－MIMO

　IEEE802.11nでは高速化するための技術として、MIMOが採用されている。これによりアクセスポイントでは、最大130Mビット/秒以上の伝送速度を可能とし、11aや11gの54Mビット/秒の倍以上の速さを実現している。

　MIMOは送受信双方が複数のアンテナを持ち、送信側では複数のデータを複数のアンテナを使って同じタイミング、同じ周波数で一度に送信するしくみである。同時に送信できるチャンネルが増えれば、その分、単位時間あたりの通信量

豆知識　スペクトラム拡散方式とは、元々軍事目的で開発された技術で、研究され始めたのは今から30年前にさかのぼる。

を増やすことができ、通信速度を向上することができる。

同じ周波数で電波を送信すると混信しそうに思えるが、電波をはじめとする波は、合成しても分離することも可能な性質を持っている。

なお、MIMOを改良したMU-MIMOが次世代無線規格11acに採用されている。

5-6 DSSS/CCK（スペクトラム拡散）方式

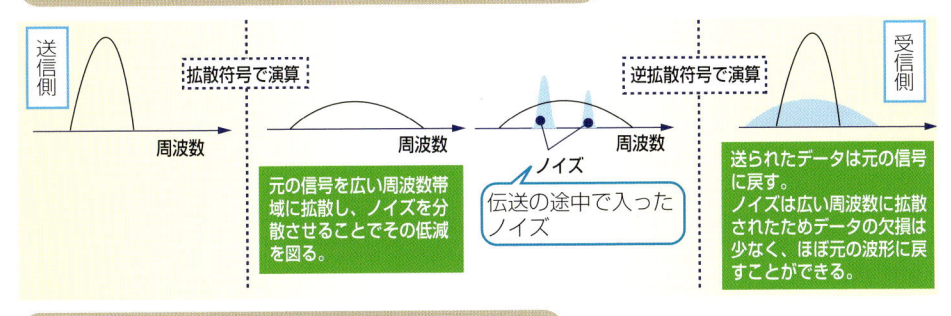

送信側 → 拡散符号で演算 → 周波数
元の信号を広い周波数帯域に拡散し、ノイズを分散させることでその低減を図る。

伝送の途中で入ったノイズ

逆拡散符号で演算 → 受信側
送られたデータは元の信号に戻す。ノイズは広い周波数に拡散されたためデータの欠損は少なく、ほぼ元の波形に戻すことができる。

5-7 OFDM（直行周波数分割多重）方式

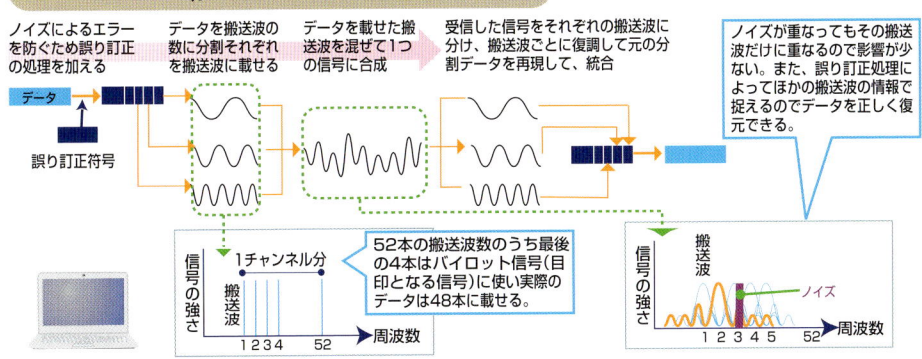

ノイズによるエラーを防ぐため誤り訂正の処理を加える

データ
誤り訂正符号

データを搬送波の数に分割それぞれを搬送波に載せる

データを載せた搬送波を混ぜて1つの信号に合成

受信した信号をそれぞれの搬送波に分け、搬送波ごとに復調して元の分割データを再現して、統合

52本の搬送波数のうち最後の4本はパイロット信号（目印となる信号）に使い実際のデータは48本に載せる。

1チャンネル分
信号の強さ　搬送波
1 2 3 4 ... 52 → 周波数

ノイズが重なってもその搬送波だけに重なるので影響が少ない。また、誤り訂正処理によってほかの搬送波の情報で捉えるのでデータを正しく復元できる。

搬送波
信号の強さ
ノイズ
1 2 3 4 5 ... 52 → 周波数

5-8 MIMO（マイモ）

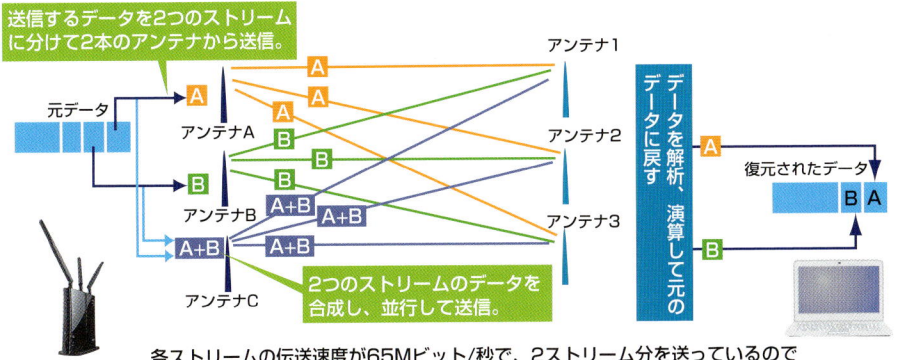

送信するデータを2つのストリームに分けて2本のアンテナから送信。

元データ
アンテナA：A
アンテナB：B
アンテナC：A+B

アンテナ1
アンテナ2
アンテナ3

2つのストリームのデータを合成し、並行して送信。

データを解析、演算して元のデータに戻す

復元されたデータ：B A

各ストリームの伝送速度が65Mビット/秒で、2ストリーム分を送っているので2倍の130Mビット/秒の速度になる。

一口メモ　ストリームとは、同時に並列で送信するためのデータを複数本に分けた各々の固まりを指す。

無線LANのセキュリティ

> **Keyword　無線LANのセキュリティ**　アクセスポイントで子機を認証することと、送受信するデータを暗号化することがセキュリティの要。

▶ 認証

ユーザーの認証は、なりすましや不正ユーザーの侵入防止に有効である。

そのため無線LANルーターには「**MACアドレスフィルタリング**」という指定したMACアドレスからしか接続できないようにする機能が用意されている。

具体的には、接続したい**子機のMACアドレスを登録**すればいい。

しかし、MACアドレスは無線LANパケットのヘッダーに暗号化されずに書き込まれているので、それを読み取る方法も容易なため、高度なセキュリティを必要とする企業を対象としてさらに安全性を強化したIEEE802.1Xという技術が考えだされた。

IEEE802.1Xは、ユーザーからアクセスがあると、アクセスポイントはユーザーの情報を認証サーバーに転送して認証を依頼し、認証サーバーはユーザーの情報から接続の可否を判断する。この結果をアクセスポイントは受け、ユーザーをネットワークに接続する。このとき、使われるプロトコルを**RADIUS（ラディウス）**といい、認証サーバーはRADIUSサーバーという。

また、家庭や小規模オフィスを対象としては、**事前共有鍵（PSK）**を基に認証する方法がある。これは、事前にアクセスポイントと子機にパスワードを設定しておくだけで利用できる。

▶ 暗号化

データの盗難防止には暗号化したデータを送ることが有効だ。

暗号化技術にはIEEE（アイトリプルイー）（一口メモ 参照）によって標準化された**WEP**（ウェップ）という規格がある。WEPは、アクセスポイントと子機の両方に同じ暗号鍵を設定して使う共通鍵方式の暗号だが、これによる暗号化は内容が解読される危険性が指摘されていた。

そこで、Wi-Fiアライアンスが設定した**WPA**（ダブリューピーエー）という規格が登場した。この規格は**TKIP**（ティーキップ）という暗号方式を利用している。こ

の暗号化方式はユーザーが入力したIDにパケットごとに変化する48ビットの文字列（WEPでは24ビットで、これが長いほど複雑な暗号が作成される）を加え、より複雑にしたものである。

また、アメリカ政府が採用している高度な暗号化方式として**AES**という規格も登場している。これはWEPの脆弱性を抜本的に見直したもので、説明した暗号化の中で一番セキュリティ強度が高い。

一口メモ　IEEEというのは電気・電子分野における世界最大の学会（米国電気学会と無線学会が合併して発足）で、LANの規格を定めた802シリーズの標準化を行った。

5-9 IEEE802.1Xのしくみ

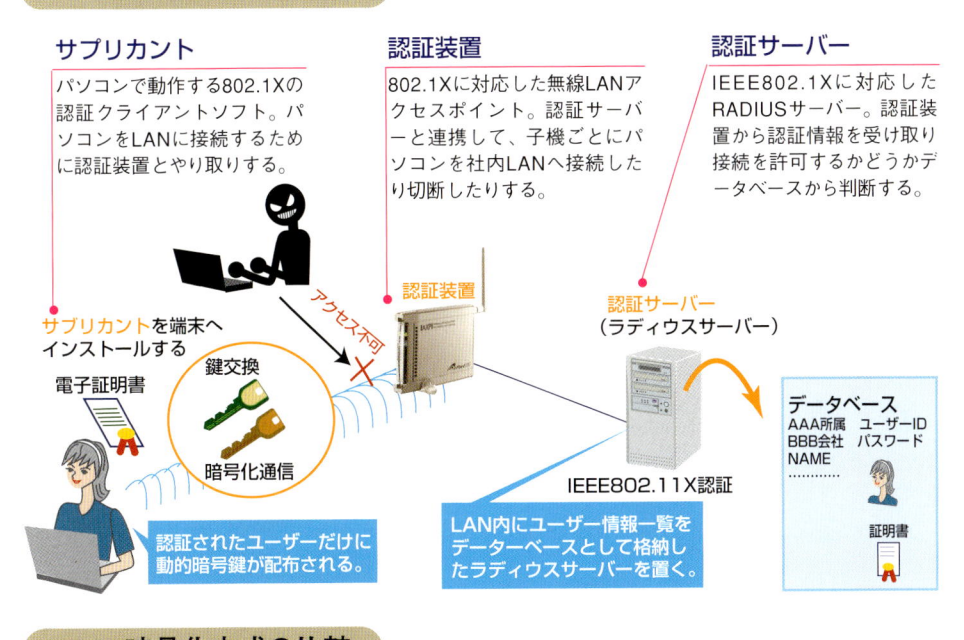

サプリカント
パソコンで動作する802.1Xの認証クライアントソフト。パソコンをLANに接続するために認証装置とやり取りする。

認証装置
802.1Xに対応した無線LANアクセスポイント。認証サーバーと連携して、子機ごとにパソコンを社内LANへ接続したり切断したりする。

認証サーバー
IEEE802.1Xに対応したRADIUSサーバー。認証装置から認証情報を受け取り接続を許可するかどうかデータベースから判断する。

- サプリカントを端末へインストールする
- 電子証明書
- アクセス不可
- 鍵交換
- 暗号化通信
- 認証されたユーザーだけに動的暗号鍵が配布される。
- 認証装置
- 認証サーバー（ラディウスサーバー）
- IEEE802.11X認証
- LAN内にユーザー情報一覧をデータベースとして格納したラディウスサーバーを置く。
- データベース　AAA所属　ユーザーID　BBB会社　パスワード　NAME
- 証明書

5-10 暗号化方式の比較

周波数帯域	WEP	WPA	AES
暗号化アルゴリズム	RC4	RC4	AES
セキュリティ強度	△	○	◎
暗号キーの交換	×	○	○
通信速度	ハードウェア処理スピード低下なし	ソフトウェア処理スピード低下あり（10%～20%）	ハードウェア処理スピード低下なし
対応機器	多い	ファームウェアのバージョンアップで対応可能	今後の主流

5-11 マルチセキュリティ

- AES 高
- WPA 中
- WEP 低

最近の無線LANルーターは、複数の暗号化規格に対応するマルチセキュリティの機能を搭載する場合が多く、様々な無線機器を安心して利用できる。

豆知識 Wi-Fi Alliance（アライアンス）というのは無線LAN技術の標準化を行っている業界団体でWi-Fi認定制度を実施。この認定を受けた機器はWi-Fi CERTIFIEDのロゴが表示できる。

モバイルWiMAXの特徴

Key word: WiMAX (Worldwide Interoperability for Microwave Access) 無線で、どこからでも高速インターネット通信を可能にする技術。

▶ モバイルWiMAXとは

2009年よりUQコミュニケーションズから、従来のインターネット回線（光ファイバーやADSL）を利用せず、モバイルWiMAX（ワイマックス）という無線ネットワークシステムを利用して、高速インターネット通信を可能にするサービスが提供されている。

モバイルWiMAXとは、通常のインターネット回線の利用が困難な地域をカバーするための接続手段（ラストワンマイル）として策定されたWiMAXと呼ばれる規格（IEEE802.16-2004）から派生したものである。移動体通信を想定した通信規格（IEEE802.16e-2005）で、時速120kmの移動通信も可能。ただし、現在はモバイルWiMAXも単にWiMAXと呼ばれることが多い。

その特徴は、以下の通りである。

- 下り40Mbps、上り15.4MbpsとADSLと同程度の高速通信。
- 回線工事やプロバイダー契約が不要で使いたいその時から利用が可能。
- 1つの基地局でカバーできる範囲が最大半径3kmと広範囲で外出先だけでなく移動中でも途切れない通信が可能。

なお、現在のモバイルWiMAXの後継規格として第4世代移動通信システムの1つとなるモバイルWiMAX2（IEEE802.16m）が2011年3月に承認され2012年度より製品リリースが始まる予定になっている。なお、通信速度は165Mbps、時速350kmの高速移動中の通信に対応を実現。

▶ モバイルWiMAXの利用方法

モバイルWiMAXを利用するためには以下のような方法がある。

まずは、直接パソコンやタブレット端末でモバイルWiMAXの電波を受けるには、モバイルWiMAXモジュールを搭載した機器を利用するか、搭載していない機器の場合はモバイルWiMAXのデータカードを接続させて利用する方法がある。これで外出先でも移動中でも高速インターネット通信を行うことができる。

一方、家庭やオフィスなどで複数のパソコンやゲーム機などを無線LANを組むためには、**WiMAX Speed Wi-Fi**を利用する。WiMAX Speed Wi-Fiは無線ルーター機能が付いたモバイルWiMAXの端末でWiMAX基地局からの電波を受け、複数のWi-Fi機器（無線LANで利用できるものと同じ）にデータを送ることができる。なお、持ち運べる小型の機種を使えば家だけでなく外出時にも利用できる。

なるほど Wi-Fiとは、業界団体のWi-Fi Allianceによって無線LAN機器の相互接続性を認証されたことを示す名称で、認証された機器がWi-Fi機器と呼ばれる。

5-12 WiMAX Speed Wi-Fiの内部

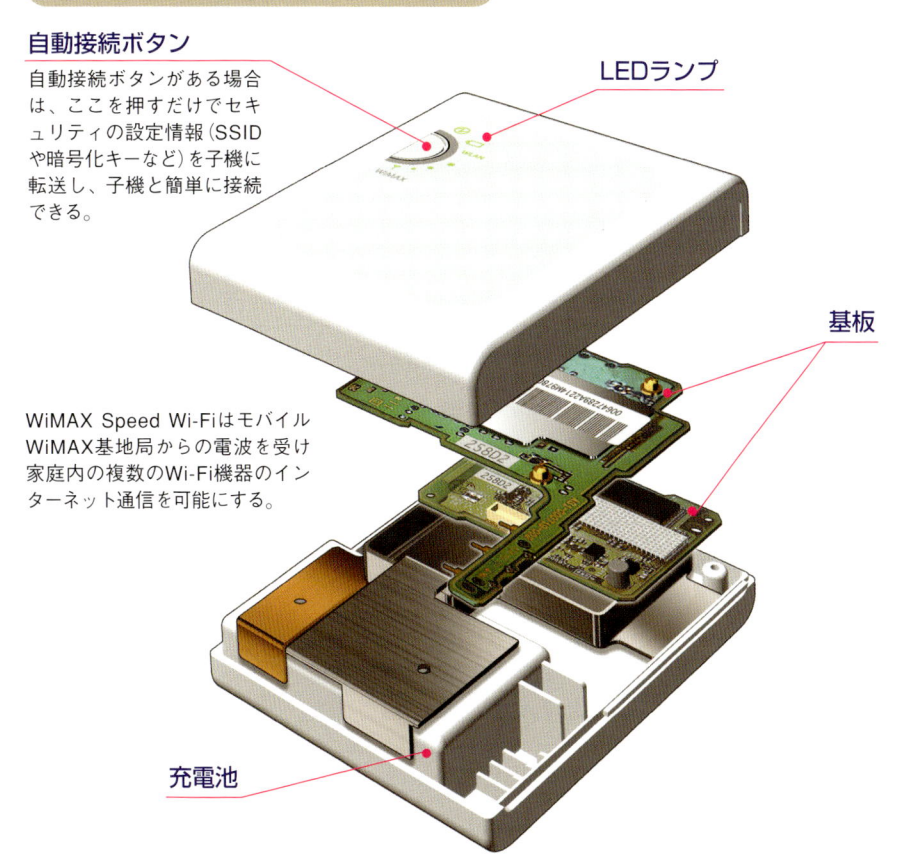

自動接続ボタン
自動接続ボタンがある場合は、ここを押すだけでセキュリティの設定情報（SSIDや暗号化キーなど）を子機に転送し、子機と簡単に接続できる。

LEDランプ

基板

WiMAX Speed Wi-Fiはモバイルン WiMAX基地局からの電波を受け家庭内の複数のWi-Fi機器のインターネット通信を可能にする。

充電池

5-13 WiMAX Speed Wi-Fiの利用イメージ

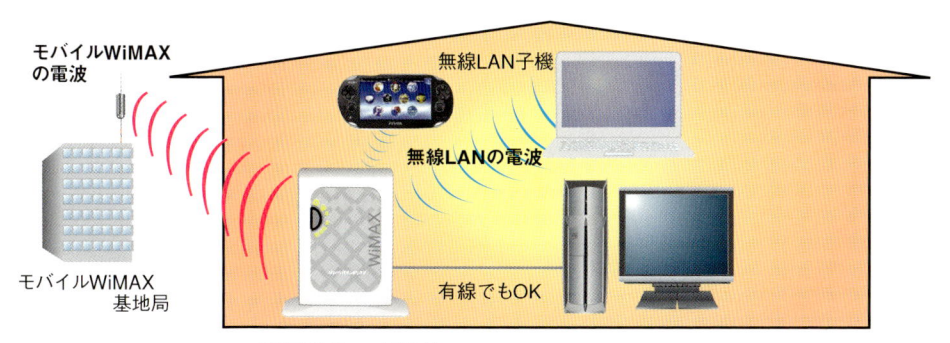

モバイルWiMAXの電波

無線LAN子機

無線LANの電波

モバイルWiMAX基地局

有線でもOK

WiMAX Speed Wi-Fi

一口メモ WiMAXを利用したシステムは狭い範囲で使用する無線LANと区別し、広域を表す無線MAN（Metropolitan Area Network）と呼ばれる。

COLUMN

家が公衆無線になる－FON

● FON（フォン）とは

FONのユーザーになれば、他のユーザーが家に設置したFONをアクセスポイントとして屋外で利用することができるという新しい形のサービスプロジェクト。スペインに本部を持つFONは2006年日本上陸した。このサービスは2012年2月時点で世界中で500万スポットを突破している。

FONコミュニティに登録した会員はフェネロと呼ばれ、外出先でインターネットアクセスが必要な場合にパスワードでログインするだけで接続できる。アクセスポイントを探すのはFONマップを使って検索できる。

FONの会員は3つのタイプがある。第1に、アクセスポイントを提供する場合は、世界中のどの場所からでも無料でアクセスポイントを利用できるライナスタイプ（日本ではこのタイプのみ）。

第2に、アクセスポイントを提供しないが、他のアクセスポイントを有料で利用するエイリアンタイプ。

第3に、自分のアクセスポイントを有料でエリアに提供し、自分も他のアクセスポイントを有料で利用するビルタイプがある。

FONのセキュリティは、ゲストが利用する公開用ネットワークと所有者用のネットワークを論理的に分けている。公開用ネットワークと所有者用ネットワークは、同一無線チャンネルにありながら別々のESS-IDで動作し、割り当てるIPアドレスも別のサブネットのものを利用する。

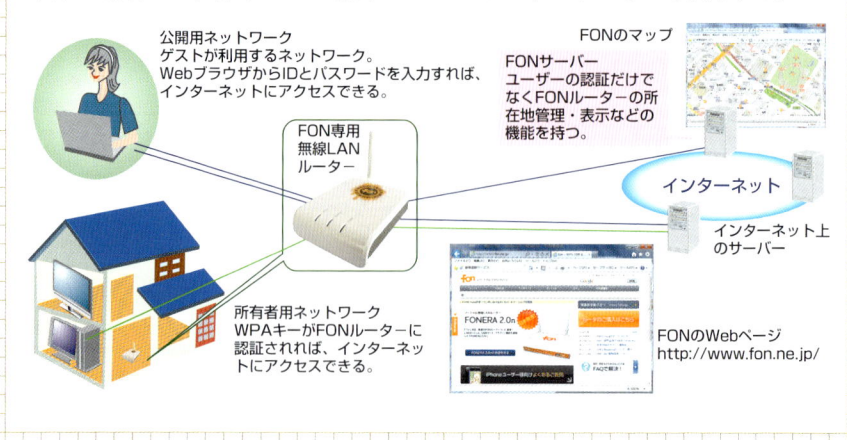

公開用ネットワーク
ゲストが利用するネットワーク。WebブラウザからIDとパスワードを入力すれば、インターネットにアクセスできる。

FON専用無線LANルーター

FONのマップ

FONサーバー
ユーザーの認証だけでなくFONルーターの所在地管理・表示などの機能を持つ。

インターネット

インターネット上のサーバー

所有者用ネットワーク
WPAキーがFONルーターに認証されれば、インターネットにアクセスできる。

FONのWebページ
http://www.fon.ne.jp/

THE VISUAL ENCYCLOPEDIA OF COMMUNICATION

第6章
固定電話のしくみ

固定電話の始まりと歩み

> **Key word** グラハム・ベル　音声を電流に変えて相手方に送り、相手側で、その電流を音声に変えるという現在の電話の基本を確立した人物。

◉ 電話の誕生

　電話は、1876年**アレキサンダー・グラハム・ベル**によって発明された。ベルの父親は読唇術(どくしんじゅつ)を発明した英国の有名な音声学者であり、また、母親が聴覚障害者だったこともあり、ベル自身も聾唖(ろうあ)教育に熱心で、音声学方面の研究から電信に興味を持ち、電話機の発明につながった。

　当時電話の開発には、ベルの他にもエリシャ・グレイ、トーマス・エジソンら3人が関わっていたが、特許出願がグレイより2、3時間早かったため、ベルに特許が認められたという経緯がある。

◉ ベルの電話機

　1876年にベルの発明した電話機は電磁石式の送受話器で、送話器に向かって話すと振動板が震え電磁石に誘導電流が流れる。その電流が電線を伝わって受話器の電磁石で振動に変換し振動板を震わせ、声を伝えるというものだ。しかし、これは送話器の音声を電気信号に変える働きが弱く、雑音が多くて声が聞き取りにくかったため、実用的ではなかった。

　翌1877年電話機の開発を競っていた米国の発明王トーマス・エジソンが送話器にカーボンマイク（炭素粒を利用したマイク）を使った電話機を発明し、固定電話の原型となる電話の実用化を進めた。

6-1 電話機の発明者

Alexander Graham Bell
アレクサンダー　グラハム　ベル
(1847〜1922)

スコットランドのエディンバラ出身。1870年にカナダに渡り、その後米国に移る。1882年米国に帰化。AT&T社の前身、ベル電話会社を設立。音声生理学者で、聾唖(ろうあ)教育の研究者としても知られている。

6-2 ベルの電話機

豆知識　電話での第一声は、ベルが助手のワトソンに発した「Mr.Watson,come here,I want you!（ワトソン君、こちらへ来てくれないか）」というものだったといわれている。

📱 日本の電話の歩み

日本では、1878年ベルの電話機をもとに**国産1号電話機**を完成した。これが国内初の国産電話機となった。

1890年（明治23年）東京〜横浜間に電話サービスが開始。電話会社と利用契約を結んで回線を引き込み、電話を使えるようにする固定電話サービスの始まりだ。当初は逓信省（現総務省）という官庁の管轄で運営、加入者は約200人だった。創業時にはベルの受話器に英国のガワーが発明した送器を組み合わせた**ガワーベル電話機**が実用機として使用された。

1896年、ガワーベル電話機に代わり、内部に交換手を呼び出す磁石式発電機を備えた**デルビル磁石式壁掛電話機**が採用され、国内に普及した。この電話機は、普通加入者用として一部地域では、その後1965年（昭和40年）頃まで使用された。

1903年、局側から常時給電され、受話器を外すと交換機のランプが点灯して交換手を呼び出せる共電式電話機が登場。1909年、国産化された最初の共電式電話機、**2号共電式壁掛電話機**が採用され、都市部から順次転換されていった。

1923年の関東大震災の復旧を契機に自動交換機が導入され、1927年に最初の自動式電話機として、ダイヤルを取り付けた**2号自動式卓上電話機**が採用された。

1933年、送・受話器が一体となった**3号自動式卓上電話機**が誕生。長年家庭で愛用された黒電話の元祖となる。

1969年、通話以外の機能を持つ**プッシュホン**が誕生。1985年以後は自由化により、様々な多機能電話が使用されている。

6-3 電話機の変遷

● **永久磁石式電話機**

【国産1号電話機】 　【ガワーベル電話機】

● **電池磁石式電話機**　● **共電式電話機**

【グースネック共電式壁掛電話機】

【デルビル磁石式壁掛電話機】

● **自動式電話機**

【2号共電式壁掛電話機】

【2号自動式卓上電話機】

【3号自動式卓上電話機】 　【プッシュホン】

写真：逓信総合博物館 所蔵

豆知識 ベルが電話機を発明した直後に電話を試用したのは日本人。当時ハーバード大学に留学して音声生理学を学んでいたベルの門下生伊沢修二と、留学生仲間の金子賢太郎だった。

固定電話がつながるしくみ

> **Key word　加入電話**　電話会社と利用契約を結んで回線を引き込み、電話機を接続して利用する従来からある有線式のアナログ固定電話サービス。

❯ 固定電話とは

　固定電話は、一般に1890年に約200人の加入者で始まった加入電話サービスをいい、逓信省→電気通信省→電信電話公社（電電公社）→日本電信電話株式会社（NTT）→NTT東日本・西日本と運営母体は変遷しているが、近年まで日本の電話通信の中心となってきた。

　しかし、固定電話の加入者数は1996年度末の6153万件をピークとし、2011年9月時点では3766万件と携帯電話やIP電話に加入者を奪われている。また、1985年の通信の自由化に伴い、NTT東日本・西日本（以下NTTと記載）以外の通信会社（KDDI株式会社、ソフトバンクテレコム株式会社など）による直収型固定電話サービス（**豆知識** 参照）も登場している。

❯ 電話番号を伝えるしくみ

　固定電話は電話線で電話局の交換機とつながり、交換機が通信相手の電話機に回線をつなげると通話が可能になる。

　受話器を上げると聞こえる「ツー」という音は電話が交換機につながり、交換機が回線をつなぐ準備ができたことを伝える合図だ。この後、相手の電話番号を交換機に伝える方法には**ダイヤル方式**と**プッシュ方式**の2つがある。ダイヤル方式では受話器を上げると電流が流れ、ダイヤルを回すと元に戻るときに数字の数だけ電流が切断される。このような信号を**パルス**といい、電流の切断回数で交換機に数字を伝える。プッシュ方式は、7つある周波数を2つ組み合わせてプッシュボタンの各数字に対応する音を作り、**音**で交換機に数字を伝える。

　交換機は電話番号を識別して相手の電話機までの経路を決め、交換機から交換機へと接続して回線をつなぐ。相手の電話機とつながる交換機が呼び出し信号を送り、相手が受話器を取ると接続完了だ。

❯ 音声を伝える電話機のしくみ

　相手が受話器を取ると会話が始まる。音は空気の振動として伝わるが、電話は音声（空気の振動）を電気信号に変えて電話線に流し、会話をやり取りする。

　固定電話では、送話器に向かって話すと音声が送話器の**振動板**に伝わって振動板が震える（図6-5）。振動板の振動する強さによって背後にある炭素粒が押し引きされ、振動が強ければ炭素粒が強く押され、炭素粒同士が触れ合う面が大きく

豆知識　直収型固定電話サービスは各通信会社がNTTから空いている回線を借り受け、独自の通信網を使って提供する電話サービス。料金の設定が自由で加入者から直接徴収できる。

なる。炭素粒には電流が流れるようになっており、触れ合う面が大きいと電気が通りやすく、小さいと通りにくくなる。このように振動板の震えが電流の大小に変わり、音声の波形と同じ波形の電流が電気信号として電話線を伝わっていく。

一方、受話器は電磁石と鉄板、振動板からできている。伝わった電流は電磁石に流れ、電流の大小によって電磁石の強弱が変化する。電磁石が強ければ鉄板が強く引かれ、弱ければ弱く引かれるため、鉄板の動きによって振動板の震えが変化する。この振動が空気に伝わり、音声として聴こえるというわけだ。

6-4 交換機に電話番号を伝える2つの方法

● ダイヤル回線

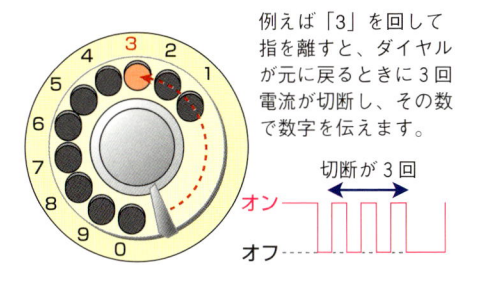

例えば「3」を回して指を離すと、ダイヤルが元に戻るときに3回電流が切断し、その数で数字を伝えます。

切断が3回
オン
オフ

● プッシュ回線

高群周波数
1209Hz 1336Hz 1477Hz

低群周波数
697Hz 1 2 3
770Hz 4 5 6
852Hz 7 8 9
941Hz * 0 #

プッシュボタンを押したときの音は高群音声周波数と低群音声周波数の和音で作られる。例えば「0」を送るには、941Hzと1336Hzの和音で伝える。

6-5 電話機で音声の聴こえる基本的なしくみ

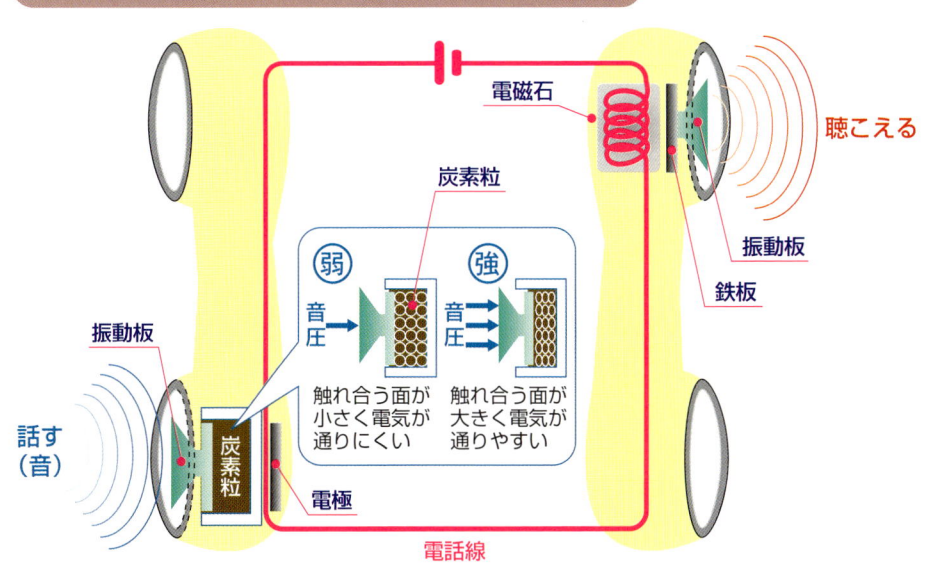

電磁石
炭素粒
聴こえる
振動板
鉄板

弱 / 強
音圧
触れ合う面が小さく電気が通りにくい / 触れ合う面が大きく電気が通りやすい

振動板
話す（音）
炭素粒
電極
電話線

なるほど 受話器を上げると流れる「ツー」という音は電話機が発しているのではなく、発信音（ダイヤルトーン）といい、電話交換機が発信している。

固定電話の加入者線のしくみ

Key word　加入者線　家庭の電話機と電話局の交換機を結ぶ接続線。以前は電話機に直結させていたが、現在はモジュラージャックを差し込んでつなぐ。

▶ 電話機から電柱まで

　加入者線には、外側をポリエチレンなどの絶縁物で覆った銅線を2本ねじるように撚り合わせた**ペア線**（撚り対線）や**光ファイバー**が使われている。ここでは、従来からあるペア線で、電話機から電柱までの道のりをたどってみよう。

　電話機は**モジュラーケーブル**で屋内の壁に設置されている差し込み口につながっている。モジュラーケーブルは、屋内ケーブルにつながり、壁の中を通って屋外に設置された**保安器**につながる。保安器は落雷被害の防止や回線異常のチェックなど電話機を保護するために設置されている。屋内ケーブルは、この保安器から雨風に耐えられるように被覆を厚くした屋外用のケーブルにつなぎ替えられる。このケーブルが保安器と電柱を結ぶ**引き落としケーブル**（引き込み線）だ。引き落としケーブルは、電柱に設置されている**端子函**（光ファイバーの場合はクロージャ）につながり、電柱に沿って配線されている**架空ケーブル**に接続される。

▶ 電柱から電話局の交換機まで

　架空ケーブルは、10～400対もの加入者線が束ねられている。1対（2本）の銅線を2組、合わせて4本をより合わせて**quad**（四つ子の意）という単位にまとめ、さらにそれらのカッドを階層的に束ねて1本のケーブルにした**カッドケーブル**を使っている。カッドケーブルを使うのは、ケーブルが曲げやすくなり、ノイズにも強くなるというメリットからだ。また、銅線の太さは一律ではなく、直径0.32～0.9mmと種類が分かれている。これは、銅線が太いほど電気を通しやすいためで、電話局から遠く電気が弱まりやすい場所には太い銅線、電話局の近くでは細い銅線と使い分けているからだ。

　架空ケーブルをたどっていくと地下にもぐり、200～3600対を束ねた太い地中ケーブルにつながる。地下にもぐる入り口を**き線点**といい、地中ケーブルを**幹線ケーブル**、または**き線ケーブル**という。

　幹線ケーブルを地下に敷設しているのは、火災や地震によるリスクを避けたり、災害時の復旧作業や移転工事等を迅速に行うためだ。幹線ケーブルは、最終的に電話局で地上に引き上げられ、加入者線は1本ずつ**主配線盤**（MDF）に接続される。この後構内用ケーブルを介して電話交換機につながる。加入者線は長いと音質が悪くなるので、家庭から電話局まで平均2.2km、最長7km程度となっている。

豆知識　モジュラーケーブルには、一般の電話機やモデムを接続する6極2芯のものと親子電話や多機能電話などを接続する6極4芯のものがあり、6極4芯はどちらにも利用できる。

6-6 電話機から地中までの道のり

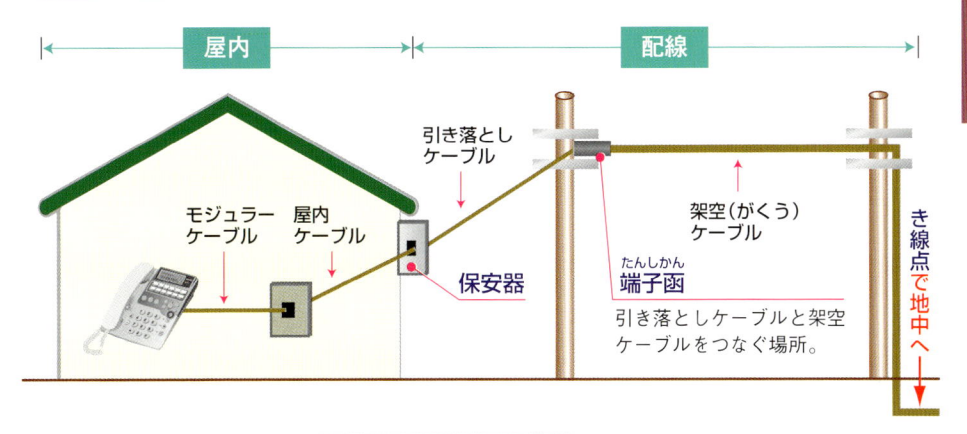

屋内 ｜ 配線

- モジュラーケーブル
- 屋内ケーブル
- 引き落としケーブル
- 保安器
- 架空（がくう）ケーブル
- 端子函（たんしかん）：引き落としケーブルと架空ケーブルをつなぐ場所。
- き線点で地中へ

6-7 架空ケーブルと幹線ケーブルの構造

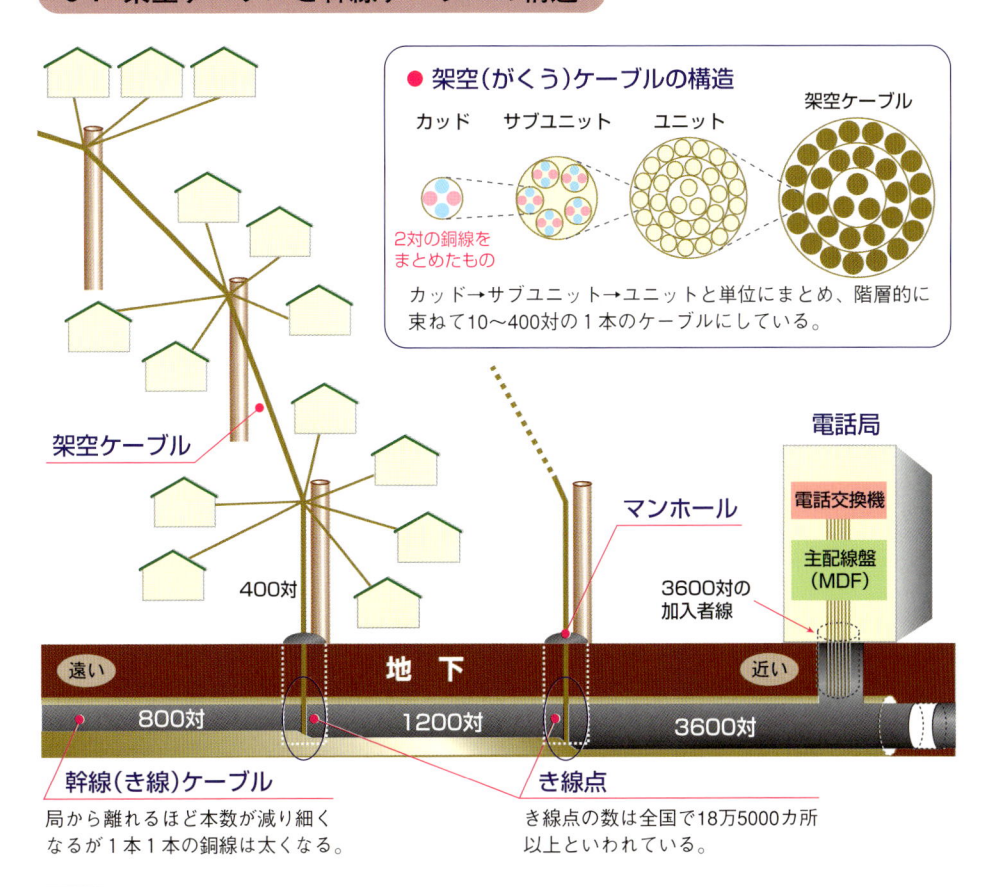

● 架空（がくう）ケーブルの構造

カッド → サブユニット → ユニット → 架空ケーブル

2対の銅線をまとめたもの

カッド→サブユニット→ユニットと単位にまとめ、階層的に束ねて10～400対の1本のケーブルにしている。

- 架空ケーブル
- 400対
- マンホール
- 電話局：電話交換機／主配線盤（MDF）
- 3600対の加入者線
- 遠い　800対　地下　1200対　3600対　近い

幹線（き線）ケーブル
局から離れるほど本数が減り細くなるが1本1本の銅線は太くなる。

き線点
き線点の数は全国で18万5000カ所以上といわれている。

> 一口メモ　銅線ケーブルは電話網が完全にIP化する予定の2025年以降に廃止されることになっている。

固定電話網の構造としくみ

Key word　固定電話網　公衆交換電話網。電話番号を識別し、電話の相手を探して電話回線をつなぐ電話交換機のネットワーク。

回線がつながるしくみ

　固定電話はそれぞれ**加入者線**で最寄りの電話局の交換機とつながっており、この交換機を**加入者線交換機**という。

　交換機は回線をつなぐスイッチになっており、電話番号を識別し、相手が同じ加入者線交換機に接続されていれば、相手の加入者線のスイッチを閉じるだけで相手に回線をつなぐことができる。

　相手が同一市内で他の電話局の加入者線交換機につながっている場合は、交換機同士を結ぶ**中継線**を経由してその加入者線交換機に接続され、そこでスイッチを閉じて相手の電話機に回線をつなぐ。

　相手が市外の場合は、加入者線交換機から中継線で交換機同士を中継する**中継交換機**に接続され、通話先によってはさらに都道府県にまたがる中継交換機を経て、相手のつながっている加入者線交換機につながり、相手の電話機に回線をつなげる。

公衆交換電話網の構造としくみ

　ピーク時には加入者数が約6000万件という膨大な数の電話回線を効率よくつなぐために工夫されてきた交換機のネットワーク、それが**公衆交換電話網**だ。

　アナログ時代のNTT電話網は、加入者線を収容する端局、端局を市ごとにまとめる集中局、集中局をまとめる各都道府県に1～数カ所設置された中心局、最上位の全国8カ所に設置された総括局の**4階層**でツリー状に構成されていた。

　この**基幹回線**を基本にして通話量が多い電話局同士は**斜め回線**で結ばれ、混雑時や非常時には迂回してつなげるように設計されている。発信側と着信側を結ぶ経路はいくつもあり、交換機は状況に応じて経路を決めて回線をつなぐ。当時は交換機の処理能力が低く、中継線に束ねられる回線数も少なかったため、電話局の数が多く、電話網は複雑なものとなり、管理や運用が大変だった。

　現在のNTT電話網は、中継交換局に加入者交換局がつながる**2階層**だ。これは大容量のデジタル交換機の使用で処理能力がグンとアップしたことと、光ファイバーの導入により中継線に束ねられる回線数が大幅に増えたことによる。1985年の通信の自由化後新電電各社がそれぞれネットワークを持つようになると、ネットワーク同士をつなぐため、**POI**（**相互接続点**）が設けられ、各事業者の責任分界点となっている。新電電各社は相互接続のたびにNTTに接続料を支払う。

> **知っ得**　1999年7月に県内・県外の電話網が分割され、県内通話はNTT東西、県外通話はNTTコミュニケーションズの特定中継局（7局）が中継交換局への中継を管理している。

6-8 回線がつながるしくみ

● 通話相手が同じ加入者線交換機につながっている場合

Aさん／Bさん ― 加入者線交換機 ― Cさん／Dさん
スイッチを閉じる。

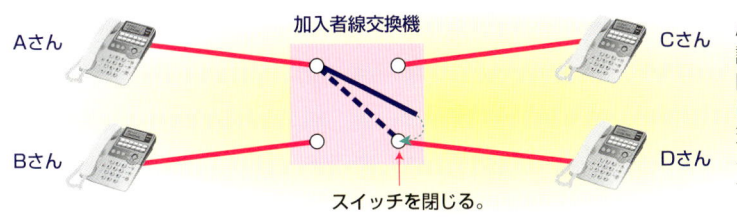

AさんからDさんに電話をかけると、両者が同じ加入者線交換機につながっていれば、交換機が2人の間のスイッチを閉じて回線をつなぎ、接続する。

● 通話相手が他の加入者線交換機につながっている場合

市内：加入者線交換機 → 中継交換機
市外：中継交換機 → 加入者線交換機

市外通話の場合は、加入者線交換機から中継交換機へ、そしてさらに都道府県をまたがる中継交換機に接続する。

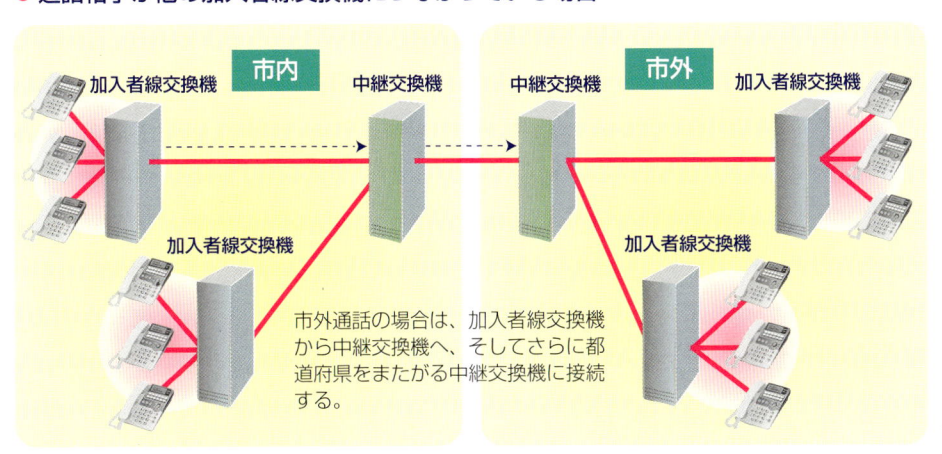

6-9 公衆交換電話網の構造

● アナログ時代のNTT電話網

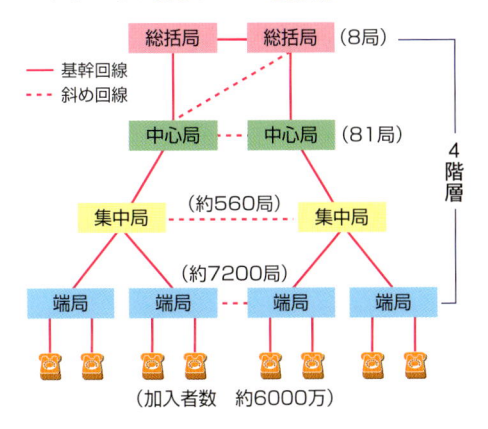

― 基幹回線
-- 斜め回線

総括局 ― 総括局　（8局）
中心局 ― 中心局　（81局）
集中局 ― 集中局　（約560局）
端局　端局　端局　端局　（約7200局）

4階層

（加入者数　約6000万）

● 通信自由化後の電話網

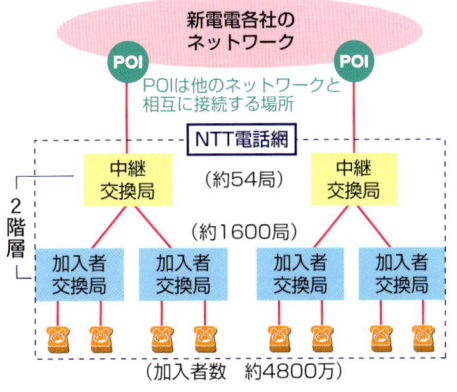

新電電各社のネットワーク
POI　POI
POIは他のネットワークと相互に接続する場所

NTT電話網
中継交換局　中継交換局　（約54局）
加入者交換局　加入者交換局　加入者交換局　加入者交換局　（約1600局）

2階層

（加入者数　約4800万）

豆知識　2階層の電話網では、混雑時や障害時に備えて中継交換機や中継線を完全に二重化し、電話局自体の停電や災害に配慮し、それぞれの中継交換機は別の電話局に置いている。

緊急電話と公衆電話のしくみ

> **Key word** ユニバーサルサービス 国民生活に不可欠で、あまねく日本全国において公平かつ安定的な提供の確保が図られるべきサービス。

ユニバーサルサービス制度

電話に関するユニバーサルサービスは加入電話、公衆電話、緊急通報（110番・119番・118番）があり、これらの全国一律水準のサービスの確保は従来法律でNTT東西に義務付けられていた。

しかし、近年携帯電話やIP電話の普及や競争業者の参入により、NTTの赤字が膨らみサービスの維持が難しくなったため、電気通信事業者全体で応分に費用を負担することとなった。これを**ユニバーサルサービス制度**といい、2007年以降電話会社約50社は、一電話番号当たり月額3円（2012年7月より）をユニバーサルサービス料として利用者から徴収している。

緊急電話のしくみ

緊急電話の基本機能として、次の4つが必要とされている。

① 管轄する本部の通信指令室への接続
② 回線の保留または通信指令室からの呼び返し
③ ネットワーク内での優先的な取り扱い
④ 通報者の位置特定

例えば、110番通報では警察電話と呼ばれるNTTの専用回線で管轄する本部の通信司令室に直接繋がる（①）。通報を受理すると、事件や事故の情報を聴取すると同時に無線指令で警察署やパトロール中のパトカーなどに送信される。誤って電話を切っても発信者番号表示機能により電話番号が表示され、電話番号が非通知の場合も緊急時には電話番号を取得する機能があり、呼び返しも可能だ（②）。

また、一般通話に対して優先的に取り扱う機能を備え、災害時や回線の混雑時においても市内交換機における発信規制を受けないようになっている（③）。

通報者の位置特定には、固定電話では電話帳データベースやNTT東西の加入者情報データベースを用いたしくみが導入されている（④）。

公衆電話の歩み

公衆電話は、ユニバーサルサービスとして市街地で500m、郊外で約1km四方に1台の設置が課されているが、携帯電話等の普及で利用者は減少している。

日本では、1900年9月に上野・新橋の両駅構内2箇所に最初の公衆電話が設置され、「自働電話」と呼ばれた。1925年に自動式交換電話が導入され、名称が紛

知っ得 118番は海で事件や事故があったときの海上保安庁への緊急通報用電話番号。緊急電話番号は「覚えやすい・かけやすい・間違えにくい」ということで決められている。

らわしいため「公衆電話」と改称された。
　1952年電話局が店舗などに管理を委託する委託公衆電話が登場し、1953年にこれが赤電話になって以来利用も急増した。同時期にはボックス用として青電話も登場している。

　1982年には磁気カード公衆電話、1999年にはICカード公衆電話が登場したが互換性がなく、現在は磁気カード公衆電話に一本化されている。

6-10　固定電話からの緊急通報における位置特定のしくみ

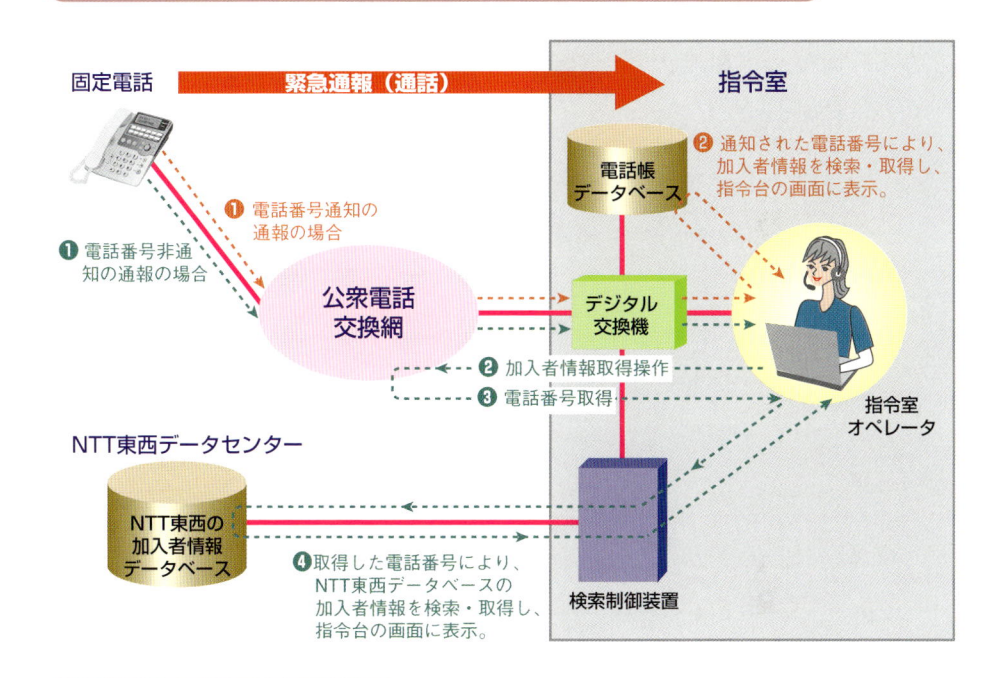

固定電話　　緊急通報（通話）　　　指令室

❶ 電話番号非通知の通報の場合
❶ 電話番号通知の通報の場合
❷ 通知された電話番号により、加入者情報を検索・取得し、指令台の画面に表示。

電話帳データベース
公衆電話交換網
デジタル交換機
❷ 加入者情報取得操作
❸ 電話番号取得
指令室オペレータ

NTT東西データセンター
NTT東西の加入者情報データベース
❹ 取得した電話番号により、NTT東西データベースの加入者情報を検索・取得し、指令台の画面に表示。
検索制御装置

6-11　公衆電話機の変遷

● 1900年 
【磁石式公衆電話機】

● 1953年 
【4号自動式　委託公衆電話機】
※「4号」は電話機の世代を示している。 
【4号自動式　ボックス公衆電話機】

● 1982年 
【カード式公衆電話機】
写真：逓信総合博物館　所蔵

なるほど　公衆電話は悪用防止のため電話番号が公開されていないものが多いが、警察や消防本部の通信司令室からは通信後の回線保持により通報者へ呼び返しができる。

国際電話がつながるしくみ

> **Key word** 　**国際電話**　海底に敷設された光ファイバー海底ケーブルを使うようになり、通信の品質が良くなり、料金も劇的に安くなった。

❯ 光ファイバー海底ケーブルの基本構造と敷設

　私たちが国際電話をかけると、国内の電話網から**国際関門交換機**を通して**海底ケーブル**や**通信衛星**につながる。

　海底ケーブルは以前は同軸ケーブルのアナログ回線だったが、現在は光ファイバーによるデジタル回線となっている。光ファイバーケーブルには、次のような利点がある。

- 通信速度が同軸ケーブルと比べ圧倒的に速い
- 光信号が弱くなる（減光する）ことは少ない
- 海底に置く増幅器が少なくて済みコストが安い
- ノイズに干渉されて光信号が乱れることはない
- 多重化によって大容量の情報を送信することができる

また、海で高水圧に耐えられ、25年間使用できるように設計されている。

　中心の光ファイバーは**鉄3分割パイプ**という断面が扇型の鉄線3本で保護され、パイプの周りには鋼でできたピアノ線が配置、その外側をさらに銅のパイプで囲み、海水が入らないようにプラスチック材料が充填されている。

　海底ケーブルは、事前に綿密な海洋調査を行って最適なルートを決め、資材を調達する。敷設工事は専用船で行い、深海部では海底の地形に沿わせて海底を這うように敷くが、沿岸部や漁場などでは海底に埋設する。沿岸部ではダイバーが潜って作業を行い、深海部では遠隔操作で動く埋設用のロボットを利用する。

❯ 国際通信衛星の概要

　国際通信衛星の代表は**インテルサット**だ。赤道上空36000kmの太平洋上、大西洋上、インド洋上と120度間隔に3個打ち上げられ、地球の自転に合わせて1日に地球を1周する。そのため、地上から見ると静止しているように見え、**静止衛星**とも呼ばれている。この衛星により、アジア、アメリカ、ヨーロッパ間を結ぶネットワークができ、以前は国際電話にも利用されていた。けれども、衛星を使うと伝送に片道約0.24秒もかかり、相手が話し終わって一瞬の間だけ待たなければならないという不便さから、最近では国際電話には主に光ファイバー海底ケーブルが使われるようになった。一方、通信衛星は、辺境の地で通信設備がないところから通信をしたり、衛星放送に利用されることが多くなっている。

> **豆知識**　インテルサットまでの上空36000kmは月までの距離の1/9。地球の直径の約2.8倍だ。新幹線で東京～大阪間500kmが2.5時間だとすると到達するまで7.5日間かかる。

6-12 国際電話がつながるしくみ

インテルサット衛星
赤道上空の高度36000kmで地球の自転と同じ周期で周回しているため、地上から見ると静止しているように見える。

外国の局へ
衛星地球局
地球

国内網
加入者線交換機 — 中継交換機 — 国際関門交換機

海底ケーブル陸揚局（りくあげきょく）
※ 茨城県阿字ヶ浦　三重県志摩　千葉県千倉　神奈川県三浦他

海底ケーブル
海底中継器
海
外国の局へ

● 光ファイバー海底ケーブルの基本構造
- 光ファイバー
- 鉄3分割パイプ
- 銅パイプ
- ピアノ線（鋼線）
- 低密度ポリエチレン
- 高密度ポリエチレン

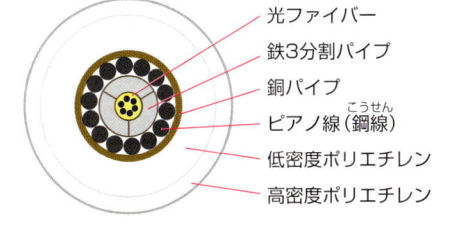

海底ケーブルの太さは深さによって異なる。浅い場所では漁業用の網や船の錨などが引っ掛かることがあるので鉄線を2重に被覆した直径6cmのケーブル、深海では環境が安定しているのでポリエチレンだけで覆った直径2.2cmのケーブルが使われている。

6-13 日本周辺の主な国際海底ケーブル

出典：総務省　平成13年版情報通信白書

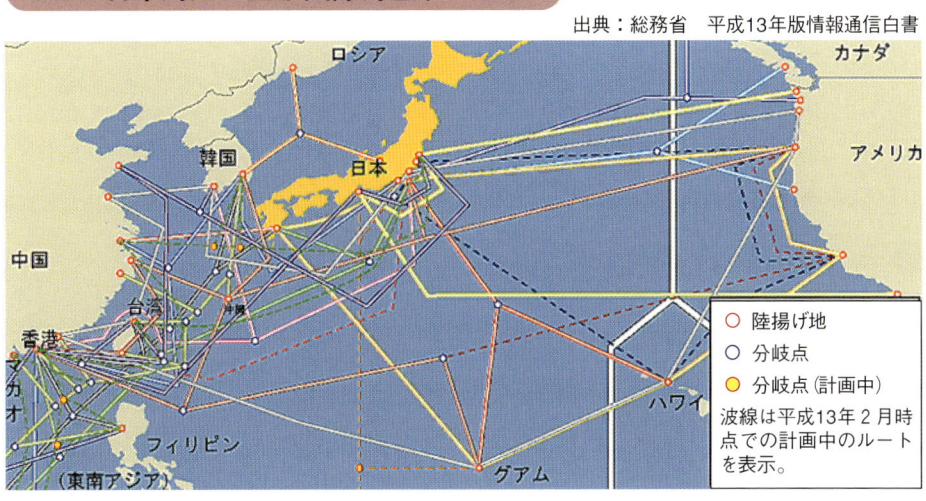

凡例：
- ○ 陸揚げ地
- ○ 分岐点
- ● 分岐点（計画中）

波線は平成13年2月時点での計画中のルートを表示。

豆知識 NTTにおける米国へ向けた5本の海底ケーブルは2011年3月の東日本大震災により、4本が被害を受けたが、被害を免れた1本があったため大障害に至らなかった。

電話番号のしくみ

> **Key word　電話番号**　市外局番、市内局番、加入者番号で構成され、最初の市外識別番号の0を省いて9桁で成り立っている。

▶ 電話番号の基本

　電話には固定電話、携帯電話、国際電話、IP電話などがある。電話番号は、総務省によってそれぞれの種類や内容が一目でわかるように割り当てられている。例えば、携帯電話なら「080」「090」から始まり、国際電話では「010」から始まる。また、番号の割り振りや桁数についてもルールが決められている。

　普通の固定電話の場合、電話番号は、

0＋市外局番＋市内局番＋加入者番号

となっている。最初の「0」は**市外識別番号**または、**国内プレフィックス**（国内通話を示す符号）と呼ばれる番号だ。

　次の市外局番は地域ごとに決められており、1〜4桁で1桁目の番号は北から順に数字が振られている。3つ目の市内局番は1〜4桁で、電話が接続している電話局に付けられた番号となり、電話会社ごとに指定される。ただし、市内局番の最初に「0」と「1」は使えない。「0」は市外識別番号、「1」は「110（警察）」「119（消防）」などの特殊番号に使われるためだ。市外局番と市内局番の桁数は合わせて**5桁**となっており、東京や大阪など市内局番が多数必要な地域では市内局番の桁数が多くなっている。最後の加入者番号は**4桁**と決まっており、加入者が空いている番号を指定できる。

　例えば、市外から「045-840-2XXX」をダイヤルすると交換機は最初の「0」から市外電話だと判断して市外の中継交換機へとつなぐ。そして、この中継交換機は「45」を見て横浜の中継交換機につなぐ。次に、横浜の中継交換機は市内局番の「840」を見て、その番号を担当する電話局の加入者線交換機につなぐ。最後に加入者線交換機は加入者番号を見て相手の電話番号につなぐというわけだ。

　なお、市内通話で「045」が不要なのは電話番号が「0」以外の数字で始まると市内通話だとわかるからだ。一般に市外局番を「045」と呼ぶのはこのためだ。

▶ 国際電話のしくみ

　日本から国際電話をかけるときは

010＋国番号＋相手先国内番号

とダイヤルする。最初の「010」は国際電話であることを示す**国際プレフィックス**で、その後に相手の国番号を入れる。

　例えば、アメリカやカナダにかけるときは「010」の後に国番号「1」、その後に続けて相手の国内番号をダイヤルすればいい（携帯電話でも同様）。

　海外から日本にかける場合も同様の手

> **豆知識**　国際電話の国番号の割り振りや国番号を含めた最大桁数は国連のITU-T（国際電気通信連合 電気通信標準化部門）で決められている。

順だが、**国際プレフィックスは国ごとに異なっている**ので注意が必要だ。次に、日本の国番号は「81」と決められているので、これを入れる。最後に国内番号を入れるときには国内プレフィックスの「0」を省略して市外局番からダイヤルすることを覚えておこう。例えば、アメリカから横浜の「045-840-2XXX」へ電話をするなら、アメリカの国際プレフィックスは「011」なので「011-81-45-840-2XXX」とダイヤルすることになる。

なお、国番号は1～3桁の数字で、番号の桁数は国番号を含めて最大15桁と決められている（ 豆知識 参照）。

6-14 電話番号の基本

● 国内電話番号のしくみ

※ 最初の「0」は国内プレフィックスとも呼ばれる。
なお、プレフィックスは接頭辞という意味を持つ。

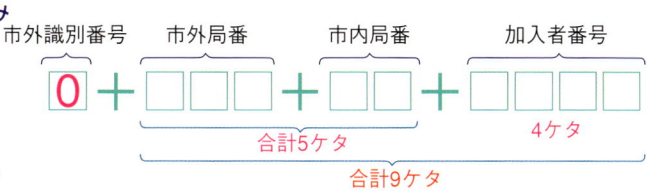

```
     市外識別番号   市外局番    市内局番   加入者番号
       [ 0 ]   +  [□□□]  + [□□]  +  [□□□□]
                  ←―――合計5ケタ―――→      4ケタ
                  ←―――――合計9ケタ―――――→
```

● 電話番号の種類と割り当て

種類	番号
事業者識別番号	00から始まる番号　0077(KDDI)　0036(NTT東日本)
IP電話	050から始まる番号（11桁）
携帯電話	080/090から始まる番号（11桁）
PHS	070から始まる番号（11桁）
フリーダイヤル	0120(10桁) / 0800(11桁)
特殊番号	1から始まる番号　110(警察) 109(消防)　117(時報) 177(天気予報)
市内番号	2～9から始まる番号

● 市外局番の例

桁数	番号
1桁	東京(3)　大阪(6)
2桁	札幌(11) 仙台(22) 横浜(45)　名古屋(52) 京都(75)　広島(82)　福岡(92)
3桁	旭川(166)　栃木(282)　小田原(465)　御殿場(550)　福井(776) 鳥取(857) 宮崎(985)
4桁	伊豆大島(4992) 隠岐の島(8512)

6-15 国際電話のダイヤル方法

● 国際電話のダイヤル方法

国際プレフィックス（国際電話の識別番号）
[0 1 0] ＋ 国番号 ＋ 相手先国内番号

● 国番号と国際プレフィックスの例

国番号	国、地域	国際プレフィックス	国番号	国、地域	国際プレフィックス
1	アメリカ、カナダ	011	55	ブラジル	00
7	ロシア、カザフスタン	810	61	オーストラリア	0011
20	エジプト	00	82	韓国	001 or 002
44	イギリス	00	81	日本	010

なるほど　東京や大阪の市外局番は「3」「6」と1桁だが、これは加入者数が多く多数の市内局番が必要となるためだ。過疎地では市外局番の桁数が多くなっている。

発信者番号を利用したサービスのしくみ

Key word　発信者番号　電話をかけた人の番号で、これを利用すればいたずら電話を着信拒否にしたり、通信販売などのビジネスに応用できる。

❯ いたずら電話を撃退する

　私たちが電話をかけると加入者線交換機→中継交換機へと進み、相手の電話番号の加入者線交換機までつながる。このとき、**電話をかけた人の電話番号**は加入者線交換機までは進むが、それが中継線を使って中継交換機には進まず、中継線とは別のルートのネットワークか、**共通線信号網**を伝って相手の加入者線交換機まで進む。そして、その電話番号は相手の電話機の表示画面に表示される。

　この電話をかけた人の番号を**発信者番号(コーラーID)**というが、これが相手の電話機まで送信されることによっていろいろなサービスを受けることができる。

　例えば、着信側の電話のディスプレイに相手の電話番号を表示させる**ナンバーディスプレイ**というサービスを受けたり、発信者番号を電話機に内蔵されているメモリに記憶させて着信履歴を確認したり、1つの電話番号を指定して**着信履歴から発信**することができる（ただし、相手が電話番号の前に「184（イヤヨ）」を付けてダイヤルすると非通知設定になり、利用できない）。また、ストーカーなどいたずら電話対策として、ベル自体を鳴らさない**着信拒否**をすることも可能だ。

❯ テレマーケティングのしくみ

　発信者番号をビジネスに応用することもできる。

　例えば、タクシー会社に顧客からタクシーの配車の電話がかかってきたら、会社内部に備わっている交換機（PBX）がその発信者番号を受付に送ると同時にコンピューターにも送る。そのコンピューターに多くの発信者番号に対応した氏名、住所、地図などの一覧が登録してあれば、その中から電話をかけてきた人のデータを探して画面上に表示させることができる。そして、相手が名前を伝える前に「○○さん、お早うございます。」と声をかけ、相手の住所の地図を画面上に表示させ、どこにタクシーを配車すればいいのかもわかるというわけだ。

　また、通信販売の会社にお得意様から電話がかかってきたら、その発信者番号をオペレータに送ると同時にコンピューターにも送り、登録されているお客様台帳を見て、そのお客様のデータを画面上に表示させ、いろいろな相談に乗ることができる。例えば、お客様が過去に購入した商品の一覧を表示させて、その中の気に入った商品と同じようなものをお勧めすることができるのだ。

知っ得　テレマーケティングに似た用語にテレフォンマーケティングがあるが後者は無差別に電話をかける電話勧誘販売として区別される。

6-16 発信者番号を利用する

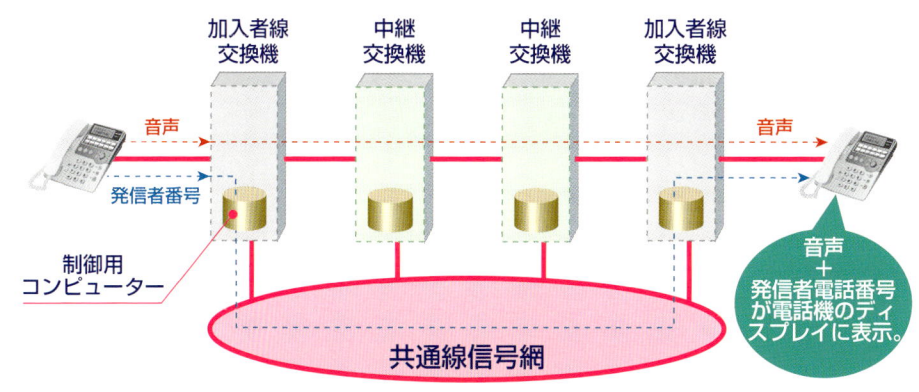

加入者線交換機　中継交換機　中継交換機　加入者線交換機

音声　→　音声

発信者番号

制御用コンピューター

共通線信号網

音声　＋　発信者電話番号が電話機のディスプレイに表示。

発信者の電話番号は加入者線交換機から中継ケーブルと並んでいる共通線信号網を通って相手の加入者線交換機へと進み、相手の電話機まで進む。

共通線信号網

電話網には音声を伝えるネットワークの他に交換機同士をつなぐ信号網というネットワークがある。これが共通線信号網だ。

信号網は電話番号を判読して最適な回線を選んで接続する信号や、相手の呼び出し、相手からの応答、電話の切断という一連の動作を制御する信号をやり取りする。この方式を共通線信号方式という。現在使用のNo.7共通線信号方式は1990年頃から導入され、1995年にすべての交換機のデジタル化により全国で導入された。

これにより、高速に大量のデータをやり取りできるようになり、ナンバーディスプレイ始め、様々なサービスが実現している。

6-17 テレマーケティングのしくみ

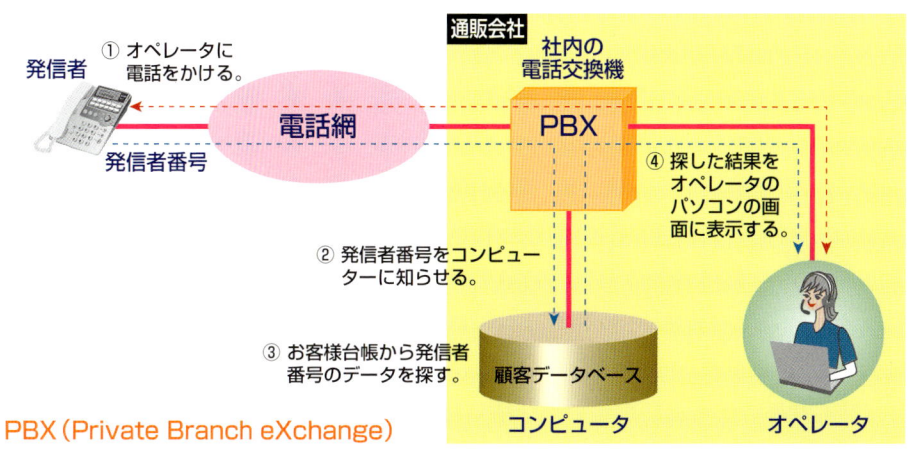

発信者

① オペレータに電話をかける。

電話網

発信者番号

通販会社　社内の電話交換機

PBX

② 発信者番号をコンピューターに知らせる。

③ お客様台帳から発信者番号のデータを探す。

顧客データベース

コンピュータ

④ 探した結果をオペレータのパソコンの画面に表示する。

オペレータ

PBX (Private Branch eXchange)

構内交換機。会社や学校内に設置して、内線電話同士の交換、及び外部の一般電話との接続を行う。端末装置として扱われており、ユーザーが自由に設置できる。

以前は外線着信をオペレータの呼び出しでつないでいたが、現在は直接着信できるダイヤルインが主流となっている。PBX同士を専用線でつなげば広域の内線電話網が構築でき、電話機以外にもファクシミリやコンピュータなどと接続できるため、構内での業務内容に応じた様々なサービスの提供が可能。

一口メモ コーラーIDというのは、Caller IDのことで電話をかけてきた人の身分証明書という意味である。

電話回線とインターネット

> **Key word** 光ファイバー 石英ガラスやプラスチックでできている繊維状のコアとそれを覆うクラッドから成る光を通す通信ケーブル。

▶ 電話回線とインターネット

1991年にインターネットが一般公開されると電話回線は通話のみではなく、パソコンとインターネットをつなぐ接続回線としても利用されるようになった。

当初は、電話回線をパソコンの内蔵モデムにつないでインターネットに接続する**ダイヤルアップ接続**が主流だった。プロバイダー（インターネット接続業者）に加入し、用意されたアクセスポイントにダイヤルすれば、インターネットに接続できるというしくみだ。

その後、高速化を求めて従来のアナログ電話回線からデジタルのISDN回線への切替も注目されたが、インターネットの利用が増大し、「定額料金」「常時接続」「高速通信」などのサービスを提供する**ブロードバンド**の需要が高まった。

最初に普及したのは低料金で高速なインターネット接続を実現するために導入された**ADSL回線**だ。ADSLは既存のアナログ電話回線の未使用の帯域を利用するため、配線工事等の手間もなく、急速に普及した。

しかし、2003年に大容量のデータをさらに高速で伝送できる光ファイバー回線が登場し、2007年にはADSLを抜いて2011年度には60％を超えるシェアとなり、ブロードバンドの主流となっている。

▶ ADSLと光ファイバー

さて、光ファイバー登場以前、利用されていたADSLは電話回線内で未使用の高周波数帯域を使うという画期的な方法だった（通話に使う帯域は4 kHz以下の低い周波数帯域のみ）。上りと下りの速度が非対称になっているため、Asymmetric Digital Subscriber Line（非対称デジタル加入者線）と呼ばれている。現在、上りは最大12.5Mbps、下りは最大約50Mbpsといわれているが、伝送速度は電話局からの距離や回線の混雑状況によって低下する（これをベストエフォート型という）。

そして、現在利用者が最も多い光ファイバー回線は上り下り共に1Gbpsの高速通信を可能にしている（ベストエフォート型）。また、IP電話や多チャンネル放送、高画質の映像の配信にも利用できる。

ADSLが既存の回線を使うため導入が簡単なのに対し、光ファイバーは回線の引き込み工事が必要だ。2003年の登場当初は利用料金が高額だったための普及はあまりよくなかったが、その後利用料金が引き下げられたことが、現在のような利用者拡大につながった。

豆知識 光ファイバー回線はFTTH事業者が提供している。代表的な事業者にはNTT東日本/西日本、ソフトバンク、KDDI、USENなどがあげられる。

6-18 自宅でのパソコンによるインターネット接続回線の推移

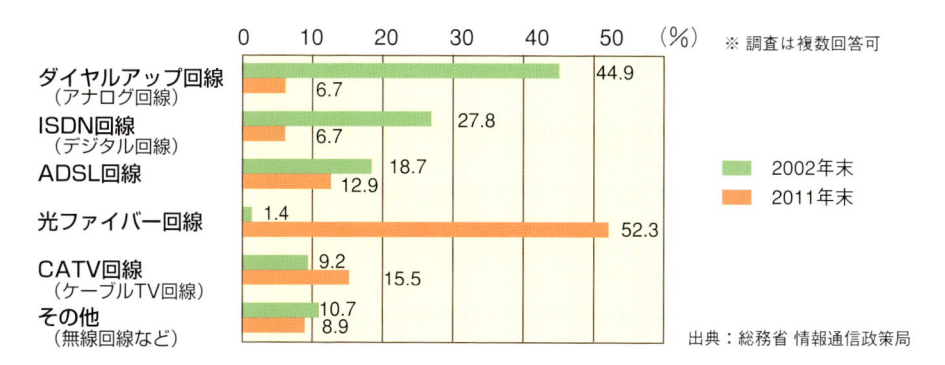

回線種別	2002年末	2011年末
ダイヤルアップ回線（アナログ回線）	44.9	6.7
ISDN回線（デジタル回線）	27.8	6.7
ADSL回線	18.7	12.9
光ファイバー回線	1.4	52.3
CATV回線（ケーブルTV回線）	9.2	15.5
その他（無線回線など）	10.7	8.9

※ 調査は複数回答可

出典：総務省 情報通信政策局

6-19 アナログ回線とADSL回線が利用している周波数帯域

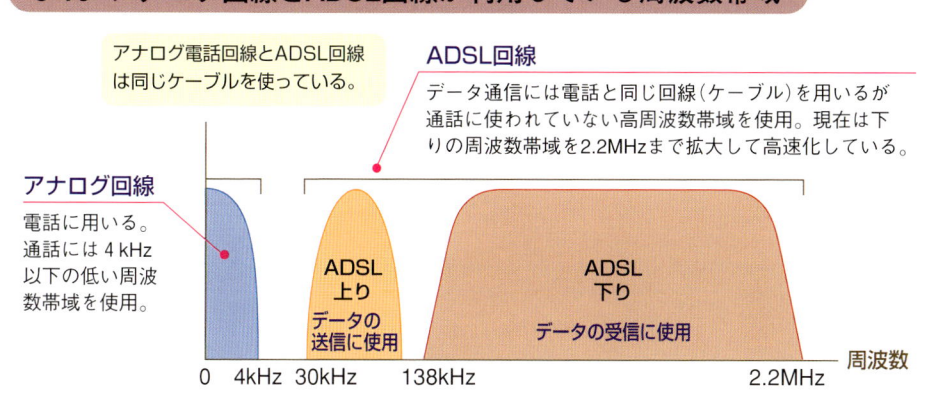

アナログ電話回線とADSL回線は同じケーブルを使っている。

ADSL回線
データ通信には電話と同じ回線（ケーブル）を用いるが通話に使われていない高周波数帯域を使用。現在は下りの周波数帯域を2.2MHzまで拡大して高速化している。

アナログ回線
電話に用いる。通話には4 kHz以下の低い周波数帯域を使用。

ADSL 上り データの送信に使用
ADSL 下り データの受信に使用

0　4kHz　30kHz　138kHz　2.2MHz　周波数

6-20 光ファイバーの利用形態

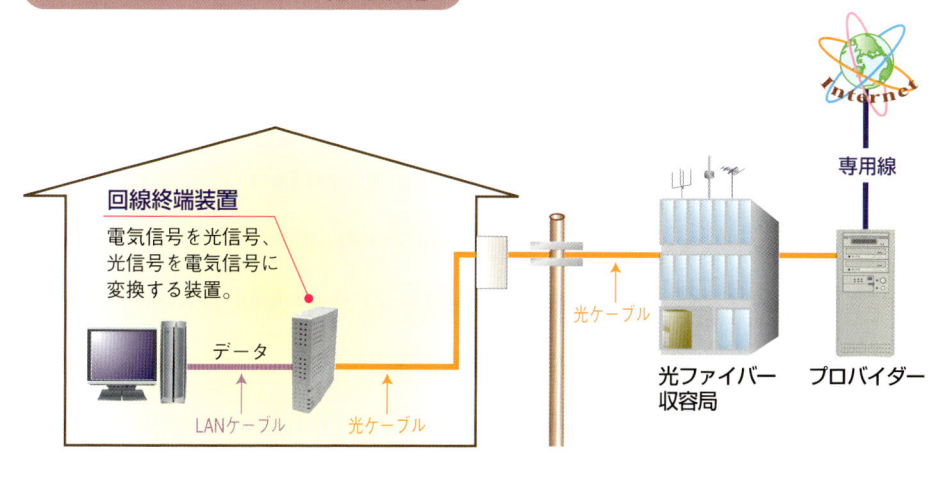

回線終端装置
電気信号を光信号、光信号を電気信号に変換する装置。

データ　LANケーブル　光ケーブル　光ケーブル　光ファイバー収容局　専用線　プロバイダー　Internet

一口メモ 光ファイバー回線の「インターネット接続」、「IP電話」、「映像配信」をまとめて提供するサービスをトリプルプレイと呼ぶ。

COLUMN

盗聴と傍受

● 盗聴

　盗聴とは、**意図的**に特定の相手に**機器等を仕掛けて会話を盗み聞いたり、録音したりする行為**だ。

　固定電話では、電話線に盗聴器を仕掛けると簡単に盗聴できる。受話器自体がマイクになり、受話器を上げると発信が始まる。

　事例としては、屋外にある保安器内のヒューズがヒューズ型盗聴器に交換されていたり、集合住宅や雑居ビルの場合、分電盤の中に盗聴器が仕掛けられるというものが多い。

　室内ではモジュラー型の盗聴器もよく使われ、モジュラーコネクタとしても機能するため発見されにくい。

　電話での会話に雑音が入ったり、相手の声が小さくなって聞きづらくなったりするので、異状が感じられたときにはNTTに連絡して盗聴を調べてもらうと安心だ。

　アナログのコードレス電話も電波が50〜100m程度で屋外にも届き、使用する周波数帯が決まっているため、市販の受信機で簡単に受信できる。

　盗聴防止の対策としては、

- 電話回線をデジタル回線にする
- コードレス電話はデジタル方式の電話に変える
- IP電話を使う

などが有効だ。

● 傍受（ぼうじゅ）

　傍受（ぼうじゅ）とは、**無線通信で交信相手ではない第三者が故意、または偶然に受信し、ただ聞くだけの行為**で盗聴ではないとされている。

　日本では2000年8月に『犯罪捜査のための通信傍受に関する法律（通信傍受法）』が施行。捜査機関が裁判官の令状に基づき、通信の傍受を行えるようになった。

　けれども、プライバシー保護の観点から対象犯罪は、組織的犯罪、薬物及び銃器関連、集団密航の4分野に限られ、実施する根拠や必要性、傍受可能な通信内容等にも厳格な規定がある。固定電話では、通信回線に傍受装置を繋ぐことが許容されているが、NTT職員の立ち会いが求められ傍受記録はすべて裁判官に提出しなければならない。

THE VISUAL ENCYCLOPEDIA OF COMMUNICATION

第7章
モバイル通信のしくみ

携帯電話の変遷

> **Key word** 　**移動体（モバイル）通信**　携帯電話やPHSなど、無線通信を利用して移動しながら通信を行うことができるサービス。

❯ 携帯電話の登場

　日本の移動体通信の元祖は1979年12月に旧・電電公社により開始された**自動車電話サービス**だ。当時の無線機は重量が約7kgもあり、トランクに装備する車載型で自動車内でしか利用できなかった。

　1985年民営化後のNTTにより、車外に持ち出せる**ショルダーホン**が登場。重量は約3kgと軽くはなったものの車外兼用型自動車電話という位置付けだった。

7-1　ショルダーホン

【100型】

写真提供：
株式会社
エヌ・ティ・ティ・ドコモ

❯ アナログ式と軽量化（第1世代）

　1987年4月NTTによる**携帯電話サービス**が開始される。携帯電話1号機はアナログ方式で、約900gと重かったが現在に至る携帯電話の原型となった。

　翌1988年に日本移動通信（IDO：現au）、1989年には第二電電（DDI）系セルラーグループ（現au）が携帯電話事業に新規参入

し、コストの引き下げ競争が始まった。機器の小型・軽量化も進み、1991年登場のNTTの**mova（アナログ）**（ムーバ）では重さ約220gのポケットサイズが実現、利用者が倍増する。1992年には、NTTから移動通信部門が独立してNTT DoCoMo（ドコモ）（以下NTTドコモと表記）が営業を開始した。

　1994年に通信に関する規制緩和が実施され、自由に携帯電話を購入できるようになった（**お買い上げ制度**）。また、同年にはツーカーグループ、デジタルホングループ（現ソフトバンクモバイル）が新規参入し、通信事業者同士の市場競争が激化した。これらに伴い、携帯電話は急速に普及する。

❯ デジタル式とiモード（第2世代）

　1993年**デジタル方式**の携帯電話が登場、この時点で「電話機能」に「データ通信機能」が備わった。つまり携帯電話でインターネットに接続して情報をやり取りすることが可能になったのである。ただし、当時の携帯電話はすべてレンタルで、基本料金や通話料金も高額だったため、利用者は限られていた。

> **豆知識**　主な携帯電話事業者には、株式会社NTTドコモ、KDDI株式会社（auブランド）、ソフトバンクモバイル株式会社、イー・アクセス（イー・モバイルブランド）がある。

なお、1995年には低価格のPHSサービス（現在はウィルコムのみ）も開始され学生に広く利用されるようになった。ちなみにPHSは固定電話の子機を元に発展させたもので携帯電話とは送信システムが異なる。

1996年にメール機能が搭載。1999年にはiモードが登場し、インターネットも利用できるようになり、様々な情報を取得できるようになった。2000年にはカメラ機能を搭載した機種も登場し、小型化・多機能化が進み、用途が広がった。

▶ 高速なデータ通信の実現（第3世代）

2001年10月NTTドコモが世界初の第3世代携帯電話サービス、**FOMA**（フォーマ）を開始。高品質の通話とさらに高速なデータ通信を可能にした。これにより音楽や動画、テレビの視聴、TV電話等が実現し、2004年には代金の決算ができるおサイフ機能も使えるようになった。

当時（2007年10月）、携帯電話の契約数は9966万5100件（社団法人 電気通信事業者協会発表）にまで普及し、日常生活に不可欠の携帯情報端末となった。ちなみに2012年8月現在は1億2665万4600件。

▶ スマートフォンの登場（第3.5世代〜）

さらに2008年7月、日本に上陸した**スマートフォン**と呼ばれるiPhoneはボタンがなく前面画面でタッチ操作で使用する多機能電話で日本のスマートフォン市場を拡大させることになった。なお、外国ではパソコン感覚のスマートフォンへの移行が数年前から始まっていたが、日本は携帯電話には十分な機能がすでに備わっていたためスマートフォンの利用が出遅れる結果になっていた。

しかし、現在iPhone以外の他のスマートフォンもユーザーを増やし携帯電話からスマートフォンへの移行が進み、完全なるモバイル通信の時代に入った。

＊携帯電話の世代については次項を参照。

7-2 携帯電話の外観

● 第1世代（1987〜） 
【TZ-802型】 
【アナログムーバ】

● 第2世代（1993〜） 
【デジタルムーバ】

● 第3世代（2001〜） 
【FOMA】

● 第3.5世代（2008〜） 
【iPhone】

> **なるほど** 日本の携帯電話は、第2世代の後半から第3世代に渡って多彩な機能を複数搭載させ、日本独自で進化したガラパゴス携帯（ガラケー）といわれるようになっていった。

携帯電話の伝送のしくみ①

> **Key word** 多元接続方式　同一の無線周波数帯を共用して、限られた周波数帯の中でより多くのユーザーが同時に通信できるようにするためのしくみ。

▶ 携帯電話の各世代と伝送方式の変遷

　自動車電話から始まった携帯電話の20年の歴史は目覚ましく、メール、インターネット、お財布、テレビなど次々と機能を搭載し多機能化へと進歩してきた。それは携帯電話の伝送方式が進化してきたことに他ならない。

　そもそも携帯電話の無線通信では同じ周波数帯を複数のユーザーが共用するため多元接続方式を利用するが、その方式の違いが世代区分となっている。

　携帯電話の変遷（148頁）ですでに世代別に記述しているが自動車電話で始まった1980年代の**アナログ方式**の携帯電話が第1世代、第2世代は1990年代に開始された**デジタル方式**の携帯電話で、現在は第3.9世代に当たる。

　以下では第1・第2世代の伝送方式を説明し、第3世代以降は次項で説明する。

▶ 第1世代の伝送方式

　第1世代の多元接続方式はFDMAである。これは、基地局が通信ごとに異なる周波数帯域を割り当てる方式で、多くの人が利用すると割り当てる周波数帯域が無くなり、通話できないものであった。

　また、通信規格としては、自動車電話の規格を発展させてNTTが開発した**NTT大容量方式（HICAP）**やモトローラが開発した**モトローラ方式（TACS）**が採用されていた。

　なお、この世代は音声による通話のみの機能であり、その上ノイズの影響で通話品質が悪く、市販の受信機等で簡単に傍受できるという欠点があった。

▶ 第2世代の伝送方式

　第2世代の多元接続方式はTDMAである。これは、個々の音声やデータ通信を短い時間の単位で分割し、複数のユーザーのデータを順番に送信することで1つの周波数帯域を共同で利用する方式。さらに音声・データの両方を多重化できるという特徴がある。

　また通信規格では、日本ではNTTが開発した**PDC**という独自の規格が採用された。ただし、世界では多くがGSMという方式を採用したため日本の携帯電話は海外で使えなくなるというデメリットがもたらされてしまった。

　とはいえデジタル化により、通話品質やセキュリティ面は格段に向上した。

豆知識　1991年に開始されたアナログムーバは1999年に終了し、1993年に開始されたデジタルムーバは2012年3月に終了した。

第2.5世代の伝送方式

その後、携帯電話の多機能化によりデータ通信の高速化が求められて登場した規格に米クルコム社が開発した通信規格にcdmaOne（シー・ディー・エム・エー・ワン）規格がある。この通信規格をKDDIが導入し、さらに多元接続方式もCDMAという第3世代と同じものを採用してたことから第2.5世代と呼ばれている（伝送速度が最大64kbpsで第3世代の最大2.4Mbpsに比べてかなり劣る）。

7-3 FDMAとTDMAのしくみ

●FDMAのしくみ

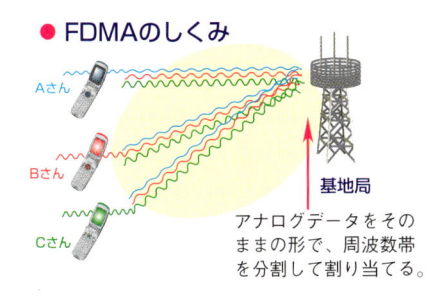

アナログデータをそのままの形で、周波数帯を分割して割り当てる。

●TDMAのしくみ

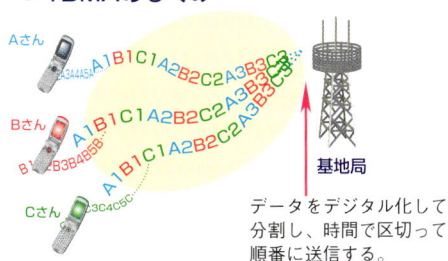

データをデジタル化して分割し、時間で区切って順番に送信する。

7-4 第1世代～第3世代の特徴

世代	第1世代（1G）	第2世代（2G）	第2.5世代（2.5G）	第3世代（3G）
年代	1980年代	1990年代	1990年代後半	2000年代～
送信データ	アナログ	デジタル	デジタル	デジタル
多元接続方式	FDMA	TDMA	CDMA中心	CDMA
通信規格	ハイキャップ HICAP（NTT大容量方式） タックス TACS（モトローラ方式）	PDC GSM	cdmaOne	W-CDMA CDMA2000
伝送速度	1.2kbps	2.4～28.8kbps	28.8～64kbps	144kbps～2.4Mbps
特徴と代表的なサービス	電話のみ 通話品質が悪く、傍受されやすい 自動車電話、ムーバ（NTTドコモ）	電話とデータ通信 通話品質やセキュリティが向上 デジタルムーバ（NTTドコモ）	電話とデータ通信 パケット通信 2Gより高速で、3Gへの移行が容易 cdmaOne（au）	電話とデータ通信、マルチメディア通信 高速な世界標準を目的に策定。FOMA、CDMA 1X（au）

※ 表中（）内のGはGenerationの略

> **なるほど** 1999年、第2世代の終わりにNTTドコモが開始したiモードサービスでインターネット接続や様々なアプリケーションの提供が実現するようになった。

携帯電話の伝送のしくみ②

> **Key word** **CDMA（Code Division Multiple Access）** 符号分割多元接続。音声信号を通話ごとに符号化し、広い周波数帯域で混ぜて送信する方法。

▶ 第3世代の伝送方式

第3世代の通信方式は携帯電話の世界標準を目指して、ITU（国際電気通信連合）がIMT-2000（International Mobile Telecommunication 2000）として策定した規格で、右のような仕様を挙げている。

通信規格としては当初5種類（**豆知識**参照）が認定され、日本ではNTTドコモとソフトバンクがW-CDMA、auがcdma2000を採用している。

また、多元接続方式に関しては、ほとんどのメーカーが**CDMA**を採用している。CDMA方式では、音声信号を通話ごとに異なる符号を付けて拡散（**スペクトラム拡散**）し、広い周波数帯域に混ぜて送信する。データを取り出すときには、逆拡散処理を行う。CDMAではデータを多く送ることができ、ノイズに強く、盗聴されにくいというメリットがある。

- 2000年の標準化を目標
- 2000kbps（2Mbps）の高速通信
- 2000kHz（2MHz）の周波数帯域
- 固定電話並みの通話品質
- 通信方式の統一
- マルチメディア通信
- UIMカードの採用

▶ 第3.5世代の伝送方式

第3世代で高速なデータ通信を実現したが、さらに大容量・高速データ通信の目的で改良されたのが第3.5世代である。

KDDIは2003年より通信規格としてEV-DOを採用して下り2.4Mbps、NTTドコモとソフトバンクは2006年からはHSPAを採用して下り7.2Mbpsを実現している。

▶ 第3.9世代の伝送方式

2011年より光ファイバー並みの高速通信を目指した第3.9世代も始まった。

ここで採用されている通信規格はLTE（Long Term Evolution：長期的進化）と呼ばれ第4世代へのスムーズな移行を行う役割を担っている。さらに、多元接続方式としては第4世代と同じ下りはOFDMA、上りはSC-FDMAが利用されている。これを最も早く採用したNTTドコモは屋外で37.5Mbps、一部屋外では75Mbpsを実現している。このように、伝送速度が第3.5世代に比べて大きくアップしたこと、また第4世代に限りなく近いということで第3.9世代といわれている。

豆知識 W-CDMAcdma2000の他にTD-SDDMA（中国）、EDGE（米国）、DECT+（欧州）が認定され、その後WiMAXも採用されている。

第4世代

第3.9世代に続いてもう目前に見えようとしているのが第4世代である。

この世代の目標は下り1Gbps、上り500Mbpsという高速な通信速度とネットワークのIP化だ。

現在これを実現する通信方式の有力候補はLTEの技術をさらに進化させたLTE-Advancedで、2014～15年の実用化を目指している。

7-5 CDMAのしくみ

● CDMAのしくみ

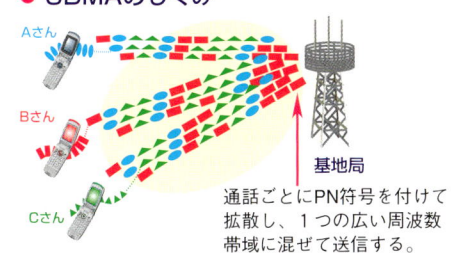

通話ごとにPN符号を付けて拡散し、1つの広い周波数帯域に混ぜて送信する。

7-6 OFDMAのしくみ

● OFDMAのしくみ

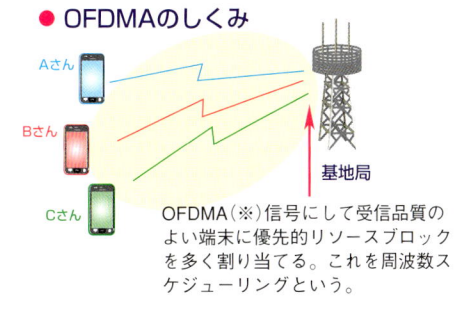

OFDMA（※）信号にして受信品質のよい端末に優先的リソースブロックを多く割り当てる。これを周波数スケジューリングという。

※ 利用周波数帯域を多数のサブチャネルに分け、各サブチャネルの中でデータ信号を変調する方式をOFDM（121頁参照）という。このサブチャネルを12個まとめて1つのブロックとし、このブロックを単位としてユーザーに割り当てる時間を切り替える。この周波数と時間で区切った単位をリソースブロックという。

7-7 第3世代～第4世代の特徴

世代	第3世代（3G）	第3.5世代（3.5G）	第3.9世代（3.9G）	第4世代（4G）
年代	2000年～	2003年～	2010年～	2014年～
送信データ	デジタル	デジタル	デジタル	デジタル
多元接続方式	CDMA	CDMA	OFDMA/SC-FDMA	OFDMA/SC-FDMA
通信規格	W-CDMA CDMA2000	EV-DO HSPA DC-HSDPA	LTE	LTE-Advanced（未定）
伝送速度	144kbps～2.4Mbps	2.4～7.2Mbps	最大75Mbps	上り最大500Mbps 下り最大1Gbps
特徴と代表的なサービス	電話とデータ通信、マルチメディア通信 高速な世界標準を目的に策定。FOMA、CDMA 1X（au）	データ通信の高速化を実現 スマートフォンの利用始まる	MIMO（アンテナ最大4本）を採用 4Gへの移行が容易 スマートフォンの利用が拡大する	MIMO（アンテナ最大8本）を採用 オールIP化の実現

※ 表中（ ）内のGはGenerationの略

一口メモ　MIMOとは、送受信ともアンテナを複数本利用する技術のこと。

携帯電話のつながるしくみ

> **Key word** **セル方式** 通信エリアをセルという小さな単位に区切って、それぞれのセルに使用できる周波数を割り当てる方式。電波を効率よく使える。

◆ 携帯電話から基地局へ

携帯電話をかけると、その電波は最寄りの**無線基地局**という中継基地に到達する。そして、その基地局から次の**移動通信制御局**に届くのだ。

この携帯電話の電波が充分に強く届く範囲を**ゾーン**というが、これが小ゾーンに分かれており、この小ゾーンを**セル**という。そして、このセルの中に基地局が1つだけ設けられている。基地局は、携帯電話からの電波が充分に届く範囲、半径約3km以内に設置されている。例えば、都市部では半径500m、地方では数kmの範囲内に設けられる。

携帯電話が使う周波数は800MHz以上で、**高周波の電波は遠くに届かない**という性質があるため、基地局は建物や山など障害になるものに電波が遮られないようにして、多数設けられている。例えば、市街地ではビルやマンションの屋上、郊外では30～50mの鉄塔に設置している。

通常、基地局は3本のアンテナを備え、120度間隔に配置されている。それぞれが別のエリアを担当し、3つのセルからの電波をすべてキャッチするようになっている。最近では4本のアンテナを備えているものもある。ちなみに携帯電話のことを英語では**セルラーフォン**というが、これはセルという言葉からきている。

◆ 携帯電話の通話のしくみ

携帯電話からの電波を受け取った基地局は、その信号をケーブルを使って**移動通信制御局**に送信する。この移動通信制御局は、**無線ネットワーク制御装置と加入者線交換機**を持っていて、相手の携帯が同じ領域内にいれば、その領域のセルの基地局に送信するのだ。

また、相手の携帯電話が異なる領域にいれば、送信されてきた信号は、この移動通信制御局から相手の携帯電話が存在する移動通信制御局に送信されて、そこからその領域の基地局に送信する。つまり、多くの移動通信制御局がネットワークを構築していて、そのネットワークでお互いに通信をするというわけだ。

さらに、私たちが電話をかける相手が**他の会社の携帯電話や固定電話**を使っている場合がある。このような場合は、移動通信制御局は信号をさらに**移動関門交換機**に送信して、そこから指定した携帯電話会社、または固定電話の交換機に接続する。そこから以降は、それぞれの電話会社のネットワークにしたがって通話を実現する。

知っ得 電波は周波数が高いほど直進性が増して届く距離が短くなる。また、距離が遠く離れるほど弱くなったり、建物や山など障害物があると遮断されて届かなくなる。

7-8 基地局の役割

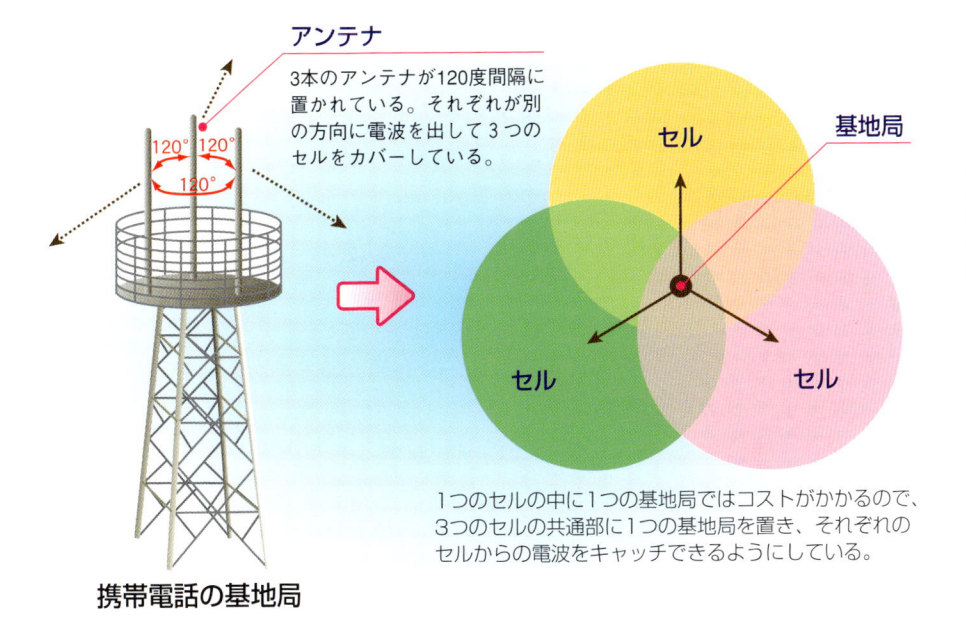

アンテナ
3本のアンテナが120度間隔に置かれている。それぞれが別の方向に電波を出して3つのセルをカバーしている。

基地局

1つのセルの中に1つの基地局ではコストがかかるので、3つのセルの共通部に1つの基地局を置き、それぞれのセルからの電波をキャッチできるようにしている。

携帯電話の基地局

7-9 携帯電話での通信のしくみ

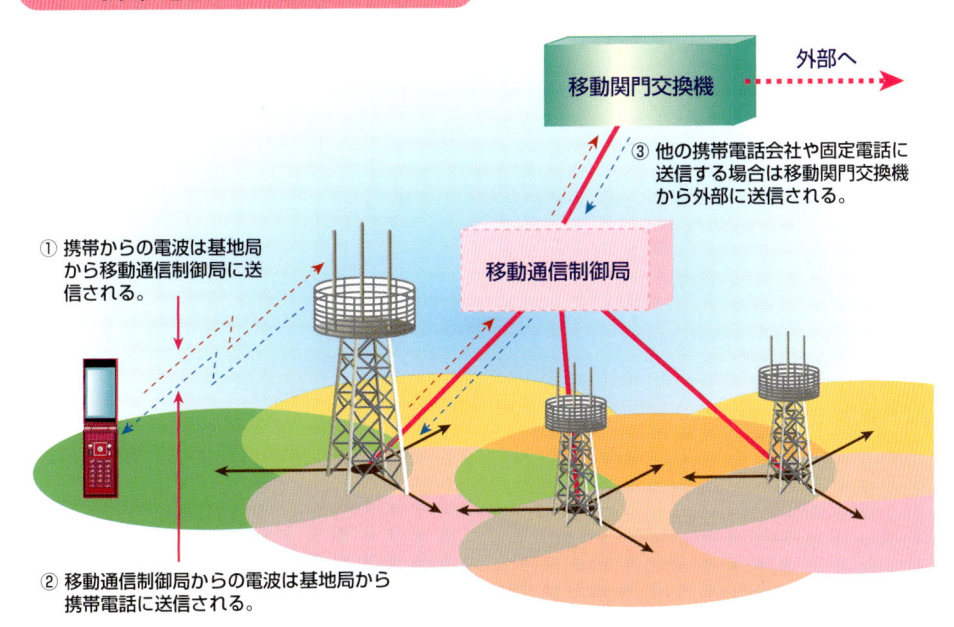

外部へ

移動関門交換機

③ 他の携帯電話会社や固定電話に送信する場合は移動関門交換機から外部に送信される。

移動通信制御局

① 携帯からの電波は基地局から移動通信制御局に送信される。

② 移動通信制御局からの電波は基地局から携帯電話に送信される。

なるほど 携帯電話では、携帯電話機と無線基地局の間のみを無線で接続しており、基地局間を結ぶ携帯電話網は一般に光ファイバーなどの有線で接続されている。

電波の割り当てとアンテナの話

> **Key word** 　**携帯電話用周波数帯**　日本国内で携帯電話用に使われている周波数帯は800MHz、1.5GHz、1.7GHz、2GHz。PHSは1.9GHzを使用。

▶ 携帯電話の電波の割り当て

　携帯電話と基地局の間で使用している電波は通信方式により異なり、使用する周波数帯域は総務省によって割り当てられている。携帯電話用には、サービス開始当初は**800MHz帯**が使用され、NTTドコモやKDDIに割り当てられている。

　その後通信事業者の新規参入及びデジタル化による携帯電話の普及とともに帯域が不足し、**1.5GHz帯**がNTTドコモ、ソフトバンクモバイル、ツーカー（現KDDI）に割り当てられた。

　第3世代携帯電話は国際電気通信連合（ITU）の策定したIMT-2000方式に2GHz帯の使用が決められていたため、FOMA（NTTドコモ）やcdma2000 1x（au）など、3Gサービスを開始した各通信事業者に**2GHz帯**が割り当てられている。また、第3世代では帯域不足が予測されることから、新たに**1.7GHz帯**が割り当てられ、NTTドコモと新規参入のイー・アクセス株式会社（2007年3月W-CDMAを高速化したHSDPAという規格でデータ通信専用型サービスを開始）が認定、電波免許が交付された。

　さらに2012年ソフトバンクモバイルに**900MHz帯**が割り当てられた。

7-10 携帯電話の周波数帯利用状況

周波数帯域	通信事業者及びサービス	電波の特性
800MHz帯	NTTドコモ：FOMAプラスエリア KDDI：CDMA2000 1x、EV-DO	電波が回り込みやすく、設置する基地局が少なくて済むが電波干渉を受けやすく高速化には不適。
900MHz帯	ソフトバンクモバイル：全サービス	電波が届きやすくプラチナバンドと呼ばれる。
1.5GHz帯	NTTドコモ：LTE ソフトバンクモバイル：URTLA-SPEED KDDI：LTE利用予定	電波は周波数が高いほど直進性が強く、高速で大容量のデータをやり取りできる。
1.7GHz帯	NTTドコモ：FOMA イー・アクセス：LTE	到達距離が短くなるため、基地局の数が多数必要となる。
2GHz帯	NTTドコモ：FOMA、LTE KDDI：CDMA2000 1x、EV-DO ソフトバンクモバイル：SOFTBANK3G	電波干渉が少ない。 より高音質を実現できる。

＊2015年には700MHz帯が、NTTドコモ、イー・アクセス、KDDIに割り当てられる予定。

> **知っ得**　2005年設立されたイー・モバイル株式会社は2010年にはイー・アクセス株式会社と経営統合されているが、モバイル通信としてブランド名は残っている。

周波数帯による電波の特性の違い

電波は周波数が低いと建物の陰や障害物などがあっても回り込みやすく、通話が途切れにくい（回折）。また、少ない基地局で広い範囲をカバーできるため通信事業者の運営コストが安くなる。ただし、電波干渉を受けやすくなり、高速化や大量のデータのやり取りには適さない。

電波は周波数が高いほど直進性が増して到達距離が短くなるので、大量のデータを高速にやり取りできる。また、電波干渉も少なく、高品質の通信が可能となる。けれども、高い周波数帯では電波の届く範囲が狭くなり、基地局を多く設置する必要がある。

携帯電話のアンテナ

以前携帯電話のアンテナはほとんどが外付けタイプで、通話時には伸ばして使用していた。このアンテナの長さは対応する周波数帯の波長の1/2、または1/4が効率的とされ、1/4サイズがよく使われている。電波が空間を1秒間に進む距離は約30万kmとされているので、波長は、

$$波長＝30万km÷周波数$$

で求められる。したがって、800MHz帯向けでは30万km÷800MHz÷4＝約9cm、1.5GHz帯用では約5cmとなり、周波数が高いほど短くなっている。

2004年頃よりデザイン性が重視され、アンテナ内蔵タイプの携帯電話が増えた。これは2GHz帯の利用によりアンテナがさらに短くなったこと、アンテナ技術の進歩や基地局の数の増加によってアンテナの感度が向上したことにもよる。

最近では、携帯電話の高機能化・多機能化に伴い、通話や通信以外のアンテナも複数搭載されるようになった。例えば、テレビやFM放送の受信用アンテナ、おサイフケータイのFeliCa用などだ。テレビ機能やワンセグ対応機種では伸縮式のアンテナが装備されているものもある。

7-11 アンテナの種類

● ホイップアンテナ

本体にしまったり、外部に伸ばしたりできる伸縮式のアンテナをホイップアンテナという。現在は、ほとんどワンセグ放送受信用。

● 内蔵アンテナ

内蔵アンテナは金属板を折り曲げたもの。アンテナ部分を覆うと感度が悪くなるため、使用時に触れることが少ないヒンジ（ちょうつがい）部分に搭載されていることが多い。

豆知識 携帯電話のアクセサリには通話中に光るアンテナや着信時に声や動きで知らせるものがある。これらは送受信時に携帯電話が発する電波を拾って電力に変え、作動させている。

基地局のしくみと種類

> **Keyword** 基地局（base station） 携帯電話と携帯電話網を無線でつなぐ装置。携帯電話の電波をキャッチして交換局につなぐ。

基地局のしくみ

携帯電話では、携帯電話機と利用者が契約している通信事業者が設置する基地局の間のみを無線で接続しており、基地局間を結ぶ携帯電話網は一般に光ファイバーなどの有線で接続される。

基地局には、携帯電話機からの電波をキャッチする**アンテナ**と無線通信用の**送受信機**等の他、災害や停電時にも通話・通信を確保できるようにバックアップ用の**バッテリー装置**が備えられている。

基地局は、市街地ではビルやマンションの屋上、電柱や電話ボックス、地下鉄構内や地下街の天井・壁面などに設置され、郊外や地方では高さ30〜50mの鉄塔を建てて設置されている。通常基地局は通信事業者ごとに設置しているが、郊外や地方の僻地等で利用者が少なく、電波の届きやすい場所では1つの鉄塔に複数の事業者が設置している場合も多い。

7-12 基地局の基本装置

- **アンテナ**
  棒状の指向性アンテナを使用。通常3〜4本を取り付けて各方向に電波を送受信できるようにし、3つのセルをカバーしている。3Gでは従来の設備を利用し、共用アンテナを採用している基地局も多い。

- **増幅装置**
  送受信信号を必要なレベルまで増幅する。

- **変換復調装置**
  ベースバンド信号（元の音声信号）を高周波信号に変換する。

- **音声処理装置**
  音声信号をデジタル符号列に変換する。

- **制御装置**
  無線チャンネル（無線区間の帯域）の割り当てや隣接基地局とチャンネル切り替えを行う。

7-13 携帯電話の基地局

- ビル屋上タイプ 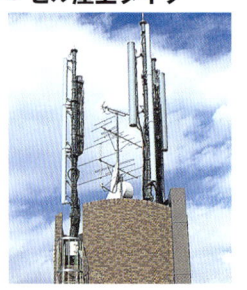
- 鉄塔タイプ 
- 屋外小型基地局

主装置（親局）を別の場所に置き、光ケーブルで結んだ子機のみを基地局に設置するタイプ。小型・軽量で低コストで設置できる。

写真提供：
株式会社
エヌ・ティ・ティ・ドコモ

一口メモ 指向性アンテナとは、特定方向へ強く電波を送信したり、特定方向からの電波を受信するためのアンテナ。アンテナを向けた方向からくる必要な電波だけをキャッチできる。

▶ 小型基地局の種類

携帯電話には、通常の基地局からの電波だけではつながらなくなったり、通話が途切れてしまうような場所がある。

例えば、地下の商店街や駐車場では電波が届かなかったり、人が多く集まる繁華街や混雑した都心の駅周辺ではセル内で通話できる人数が限られているため電話がかかりにくくなったり、多数の基地局から電波が届いて電波干渉が起きたりする。各通信事業者はそんな状況を改善するために、以下のような基地局や中継装置を設置して対応している。

① 屋外小型基地局
完全防水処理がされ、大きさは標準の基地局の1/15。比較的人口密度の低い郊外などで利用。

② 屋内小型基地局
高層ビル内のテナントや地下街など狭い場所向け。MOF装置(光伝送装置)を使ってアンテナを別の場所に設置できる。基地局は1カ所で、屋内用アンテナと子機は各フロアなど複数に設置できるので電波の出力が小さくて済み、電波干渉が起きない。なお、地下街や繁華街では各社基地局とは別に事業者共同の中継装置を設置し、通信状況を改善している。

③ 移動基地局車
災害時に基地局が損傷を受けたり、復旧活動により通信量が増大する地点に出動し、通信を確保する。

7-14 小型基地局の外観

● **屋内基地局(IMCS)**

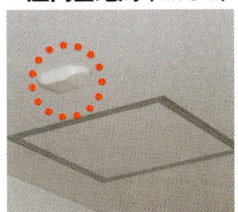

IMCS(インクス)はNTTドコモの屋内基地局設備。ビル内や地下街などの電波の通りにくい場所に設置。

写真提供：
株式会社
エヌ・ティ・ティ・ドコモ

【屋内用アンテナ】

● **屋内小型基地局屋内用アンテナ**

【天井設置型】
【壁面設置型】

● **移動基地局車**

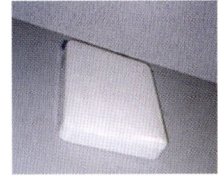

● **フェムトセル**

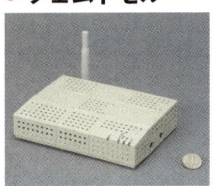

【NTTドコモ】

④ フェムトセル
半径数十m程度の送受信が可能な家庭や店舗向けの超小型基地局。設置には総務省への免許認可が必要だが2012年現在は、通信会社とブロードバンド契約をしていれば通信会社がすべて行い、無料で運用することができる。自宅やオフィスの電波が弱くて困っているというユーザーに利用されている。またデータ通信の速度も向上も期待することができる。

豆知識 基地局の増加に伴い、景観への配慮も求められている。色や素材を工夫して目立たせないようにしたり、木々や山小屋を装った「忍者型」と呼ばれるアンテナも出現している。

携帯電話の位置把握のしくみ

> **Keyword** 　**移動通信制御局**　常に携帯電話から基地局へ、そして移動通信制御局に送信され、そこで移動先の携帯に切り替えられる。

▶ 携帯電話が移動した場合の通信のしくみ

　例えば、Aさんの携帯に電話をかけるとき、Aさんの携帯電話が存在する基地局の場所がわからなければならない。

　このようなときのために、携帯電話を使っていないときでも、最寄りの基地局は携帯電話からの電波をキャッチして、この電波を移動通信制御局に送信しているのだ。

　移動通信制御局では、この電波をもとにして、その**携帯電話番号と携帯電話の電波をキャッチした基地局の場所の対応関係**を**位置登録データベース**を持つコンピューターに送信する。この位置登録データベースでは、すべての携帯電話の番号と、その携帯電話がつながっている基地局の場所の対応表を備えている。

　このような前提で、私たちがAさんに電話をかけると、その信号が最寄りの基地局から移動通信制御局に送信される。そして、さらに位置登録データベースでAさんの携帯電話がつながっている基地局を調べて、そこに通話を接続するのだ。

▶ 携帯電話が移動中の通信のしくみ

　相手の携帯電話が常に移動中の場合にはどうなるのであろうか。この場合には、2つの場合が考えられる。つまり、同じ基地局内の異なるセルに移動した場合と、異なる基地局のセルに移動した場合である。

　まず、同じ基地局の異なるセルに移動した場合には、その基地局が移動中の携帯電話の電波の強さをキャッチして、それを移動通信制御局に送信する。移動通信制御局では、そのまま同じ基地局を使うことを決め、基地局では異なるセルに移動した携帯電話と通話ができるように切り替えるのだ。

　また、携帯電話が異なる基地局のセルに移動した場合は、移動先の新しい基地局がその携帯電話からの電波をキャッチして、移動通信制御局に送信する。移動通信制御局では、この電波をもとにしてその携帯電話番号と基地局の場所の情報を位置登録データベースに送信する。

　そして、移動通信制御局がこれまでに使っていた基地局から新しい基地局に切り替えて、その基地局から通話が継続できるように切り替える。移動通信制御局は交換機の役割を受け持っているから、このようなことができるのだ。ちなみに、移動通信制御局がこの基地局を切り替えて通話が継続できるようにすることを**ハンドオーバー**という。

知っ得　携帯電話やPHSでは通話の安定性を高めるため、アンテナを複数装備して電波状況のいいアンテナの信号を優先的に受信している。これをダイバーシティ方式という。

7-15 携帯電話の場所を把握する

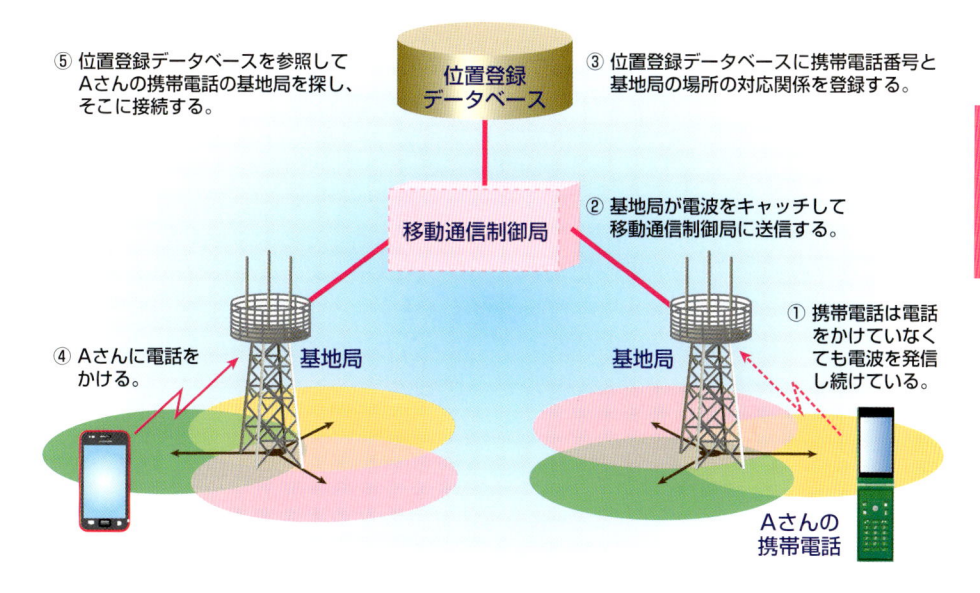

⑤ 位置登録データベースを参照してAさんの携帯電話の基地局を探し、そこに接続する。

位置登録データベース

③ 位置登録データベースに携帯電話番号と基地局の場所の対応関係を登録する。

移動通信制御局

② 基地局が電波をキャッチして移動通信制御局に送信する。

基地局

基地局

① 携帯電話は電話をかけていなくても電波を発信し続けている。

④ Aさんに電話をかける。

Aさんの携帯電話

7-16 携帯電話の移動を把握する

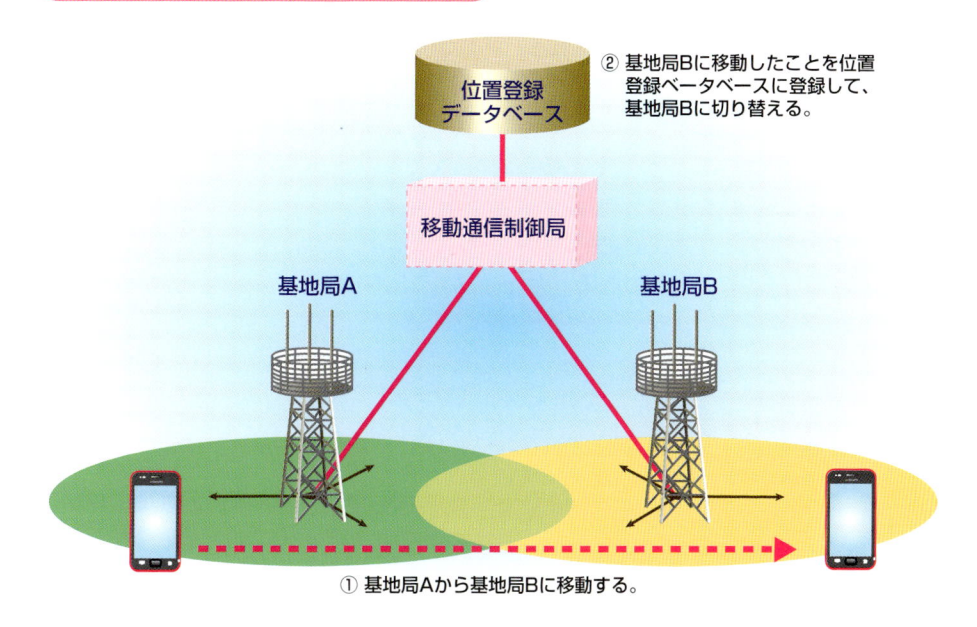

位置登録データベース

② 基地局Bに移動したことを位置登録データベースに登録して、基地局Bに切り替える。

移動通信制御局

基地局A

基地局B

① 基地局Aから基地局Bに移動する。

豆知識 携帯電話やPHSで子供の居場所や紛失した携帯電話を探したり、現在地の情報や目的地までのルートを確認できる位置情報サービスは、位置登録のしくみを利用している。

スマートフォンの特徴

> **Key word** iPhone　2008年7月に発売された（米国では1年前）アップル社のスマートフォン。日本でスマートフォンを普及させる起爆剤となった。

▶ スマートフォンの登場と外観

　2008年に、日本で発売されたiPhoneは携帯電話からスマートフォンへ切り替える火付け役となり、その後携帯電話から移行するユーザーが増え続けている。

　なお、スマートフォンの普及が米国など諸外国から遅れをとったのは、大きく二つの理由がある。日本では外国より早く3Gに以降していたため2G対応の外国の機種を利用できなかったことと日本の携帯電話がすでに多機能になっていたためスマートフォンの必要性をあまり感じなかったからである。

▶ ソフトウェア

　携帯電話では、機種ごとにOSが異なりアプリケーション（以下、アプリ）も最初から搭載されているものしか利用できない仕様になっている。ところがスマートフォンではOSは汎用OSを利用しているので**機種が異なってもOSに対応するアプリなら利用することができる**。さらにパソコンのようにバージョンアップも可能だ。

▶ 無線LAN

　携帯電話で利用する携帯電話通信網（3Gや4G）だけでなく**無線LANが利用できる**ので、インターネットがパソコンと同じような感覚で利用できる。例えばパ

　さて、スマートフォンが携帯電話に代わって利用されるようになった大きな特徴はまず、その外観にある。携帯電話のほとんどは文字入力用のボタンが本体にあるので画面がどうしても小さくなってしまう。それに対してスマートフォンは画面にタッチパネルを搭載、必要な時にソフトキーボードが表示される。また、スクロールや拡大縮小も指で簡単に操作できるようになっている。

　さらに、スマートフォンの持つ大きな特徴を以下で説明する。

　ちなみにiPhoneのOSは**iOS**でスマートフォンのメーカーであるアップル社独自のものだが、日本でユーザーの多いスマートフォンのOSはグーグル社の**アンドロイド**である。

　また、アプリは基本的に誰でも作成することが可能で、メーカーが用意するサイトなどから購入（無料でも多く提供されている）し、追加することができる。

ソコンと共通のサイトを閲覧したり、メール、写真、動画、音楽、PDF、パソコンで作成したファイルなどがほとんど同じ状態で活用できるのである。

豆知識　スマートフォンのOSは、iOSとアンドロイドの他にカナダのリサーチ・イン・モーション社のBlackBerryとマイクロソフト社のWindows Phoneなどがある。

7-17 スマートフォンの搭載アプリ例

App Store（アップストア）
iPhone用のアプリが豊富に用意されていて、有料/無料で購入できる。

計算機
iTunesから曲をダウンロードして聴くことや管理することができる。

サファリ
Webサイトが閲覧できる。

電話

ミュージック

メール
メールが送受信できる。

7-18 スマートフォンの受信電波の種類

- GPS — GPS衛星 1.55GHz
- ワンセグ放送 — 470〜710MHz (UHF帯域) — テレビ塔
- 携帯電話 — 700MHz〜2GHz — 携帯基地局
- 無線LAN — 2.4GHz/5GHz — アクセスポイント
- ブルートゥース — 2.4GHz — ヘッドホン
- FeliCa(フェリカ) — 13.56MHz — リーダー/ライター

一口メモ ブルートゥースは赤外線と比較して機器間の距離が10m以内であれば、障害物に関係なく通信が可能で消費電力の削減ができるといわれている。

タブレット端末の特徴

> **Key word**
> **iPad** 2010年に発売されたアップル社タブレット端末。日本におけるタブレット端末の利用者を一気に増やし、牽引役となっている。

❯ タブレット端末の登場と外観

　タブレット端末は日本では2003年から松下電気産業、2004年にソニーがそれぞれ電子書籍専用端末発売したのが、その先駆けとなっている。そして、2010年にはシャープが機能を拡張したガラパゴスを発売し、同年アップル社から発売されたiPadで一気に世間に知れ渡るようになり、利用者も増加した。最近では、iPad以外のタブレット端末のユーザーも増えてきている。

　外観はキーボードが無く、画面上にタッチパネルを搭載していて、必要な時に操作に合わせたソフトキーボードが画面上に表示されるようになっている。また、キーボードの入力だけでなく、画面のスクロールや拡大縮小など必要な操作はすべて指で行うしくみになっている。

　重さは200g～1kg、大きさははがき～B5判、画面サイズは5～11インチ程度だ。つまり、携帯電話より大きいので情報が見やすく、パソコンより小さいので携帯に便利である。

　さらに、タブレット端末の持つ大きな特徴を以下で説明する。

❯ ソフトウェア

　ソフトウェアに関しては、パソコンと同様に基本となるOSが搭載され、そのOSに対応するアプリケーション（以下、アプリ）が利用できる。現在最もメジャーなiPadのOSは**iOS**で、その他の機種は**アンドロイド**が多く搭載されている。ただし、2012年10月にマイクロソフトからパソコンのOSでもある**Windows 8**が搭載されたタブレット端末の発売が予定されいて、その動向が注目されている。

　なお、アプリは、スマートフォンと同様に基本的に誰でも作成することが可能で、メーカーが用意するサイトなどから購入（無料でも多く提供されている）し、追加することができる。種類も豊富で、パソコンと同じような機能をもつアプリも多く存在するが、高度な機能はパソコンのアプリケーションには及ばない。

❯ 無線LAN

　有線接続から始まったパソコンのインターネット通信形態とは異なり、タブレット端末は**無線通信が基本**で、電話機能がなくても携帯電話通信網（3Gや4G）が利用できる機種もある。例えば屋内では無線LANで、屋外では携帯電話通信網を利用してWebサイトの閲覧やメールなどを行うことができる。

なるほど タブレットPCとも呼ばれるが、厳密にはタブレットPCは2002年マイクロソフト社が発表した製品、またはOS、CPUがパソコン仕様のタブレット型端末を指す。

7-19 代表的なタブレット端末

● iPad
OS:iOS
書籍、動画、音楽、ゲーム、インターネットなど幅広く利用できる。

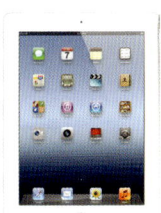

● ガラパゴス
OS:アンドロイド系
日本語書籍対応の専用端末で、新分野雑誌の定期配信サービスにも対応している。

● GALAXY Tab
OS:アンドロイド
カメラ機能や通話機能も搭載した多機能端末で、音声入力にも対応している。

● Reader
白黒画面で読書に特化した電子書籍専用端末。通信機能がなく書籍の入手はパソコンが必須。

● Kindle
OS:Linux系
電子書籍専用端末の元祖といわれ米国ではトップシェアを占めているが、日本では発売されていない。

7-20 タブレット端末の利用

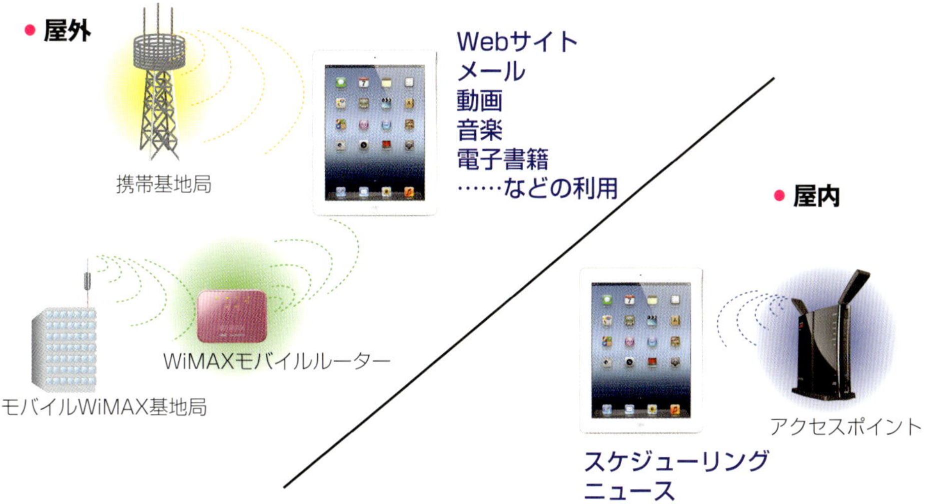

● 屋外
携帯基地局

Webサイト
メール
動画
音楽
電子書籍
……などの利用

モバイルWiMAX基地局
WiMAXモバイルルーター

● 屋内
アクセスポイント

スケジューリング
ニュース
ワープロ
表計算
プレゼンテーション
……などの利用

Wi-Fi+Cellularモデルの場合は、直接電話回線網の電波を受信することができるが、Wi-Fiモデルの場合はモバイルWi-Fiルーターを利用することで直接電話回線網の電波の受信が可能になる。

知っ得 タブレット端末の代表格であるiPadには携帯電話機能が搭載されていないが、他のタブレット端末、例えばGALAXY Tabなどのように搭載されているものもある。

PHSのしくみ

> **Key word** **PHS**（ピーエイチエス） 携帯電話と同様に持ち運んで使用できる小型電話。また、PHSを利用する移動体通信サービスのこと。「ピッチ」とも呼ばれる。

● PHSのしくみ

　PHSは、携帯電話とよく似ているが、ルーツは親機と無線で通話できる家庭用のコードレス電話（子機）だ。コードレス電話は、親機と子機を結ぶ電波が10ミリワット以下と非常に弱く、電波の届く範囲は50～100mとなっている。親機と子機はこの無線区間で空きチャネルを選び、制御信号に入っているID（識別符号）でお互いを確認して通話を行う。

　PHSはこのしくみを屋外でも利用できるようにしたものだ。携帯電話と同様にセル方式を利用しているが、電波の出力が携帯電話の約1/10と弱いため1つの基地局がカバーできる通信エリアは半径100～500mと狭くなっており、**マイクロセル方式**と呼ばれている。セルが狭いので基地局は多数必要となるが、小規模で設備費用が安く、既存のNTTのISDN網（デジタル回線網）を利用することなどから、携帯電話より低料金で利用できる。

　周波数帯域は1.9MHz帯を使用し、1995年のサービス開始当初より32kbpsの伝送速度を確保していたため、音質がクリアでデータ通信にも有用だった。

7-21 携帯電話とPHSの違い

	携帯電話	PHS
ルーツ	自動車電話	家庭用コードレス電話
1つの基地局でカバーできる範囲	半径1.5～3km（マクロセル）	半径150～500m（マイクロセル）
周波数帯域	800MHz帯、900MHz帯、1.5GHz帯 1.7GHz帯、2GHz帯	1.9GHz帯
標準の基地局	PHSより大型 ビルの屋上や鉄塔に設置	携帯電話に比べると小型 電柱や公衆電話ボックスに設置
電波の出力	基地局：最大25ワット 端　末：0.6～0.8ワット	基地局：最大500ミリワット 端　末：10ミリワット以下
伝送速度	第3世代：144kbps～2.4Mbps 第3.9世代：最大75Mbps	32～512kbps
代表的な通信事業者	NTTドコモ、KDDI、イー・アクセス ソフトバンクモバイル	ウィルコム

> **豆知識** PHSはPersonal Handy-phone Systemの略。開発当初はPHP（Personal Handy Phone）と呼ばれたが松下幸之助の創設したPHP研究所と紛らわしいため変更された。

◆ PHSの変遷

日本では、1995年にDDIポケット（現ウィルコム）、NTTパーソナル（現NTTドコモ）、アステルの3事業者によりサービスが開始された。当初は、

- 料金が安い
- 音質がクリア
- 通信速度が速い
- 電池が長持ちする
- 地下街でも通話が可能
- 電力が弱く病院などでも使える
- 事業所などで親機の代わりに小型の無線基地局を設けてコードレス電話（内線電話）としても利用可能

などの特長から急速に普及し、携帯電話と人気を二分していた。けれども、PHSはセルが狭いため自動車や電車、新幹線など高速で移動すると基地局の切り替え（ハンドオーバー）が多くなり通話が途切れやすいという弱点があった。一方携帯電話は通信速度が向上し、料金も値下げされたことなどから、PHSの契約者数は減るようになった。それに伴い、2006年12月にはアステルがPHS事業から撤退、1998年12月にNTTパーソナルよりPHS事業を引き継いだNTTドコモも2008年にサービスを終了した。

現在事業を継続しているのは**ウィルコム**1社となっている。

◆ ウィルコムの歩み

ウィルコムがPHS事業者として唯一生き残ったのはサービス開始当初より独自の路線を歩んでいたからだ。他社がNTTのISDN網を利用してネットワークを構築していたのに対し、同社は自前のネットワークを構築してサービスを展開している。独自の設置で基地局の数を少なくするため、他社の20ミリワットに比べて500ミリワットと出力の高い基地局を整備した。当初は高出力によるトラブルも多かったが、他社を制して通信可能エリアを広げるなどメリットも大きかった。

1999年高速移動中の基地局の切り替えを高速化し、通話が途切れないようにしたH"（エッジ）を導入。従来PHSでは**PIAFS**（ピアフ）というデータ通信用の**回線交換方式**を採用して32kbpsの通信速度を実現していたがH"では他社に先駆けPIAFS2.1規格を採用し、64kbpsの高速データ通信も可能にした。

2001年には**パケット方式**による定額制の**AirH"**（エアエッジ）サービス（現**AIR-EDGE**（エアエッジ））を開始し、ユーザーを惹き付けた。

2005年5月には日本で初めての音声定額サービス、**ウィルコム定額プラン**を開始。月額2900円の基本料金で「070」で始まる電話番号への通話は無料となっており、これにより契約者数を一挙に増やした。しかし、その後変調方式などを高度化した高度化PHSのサービスを開始したが携帯電話に押され続け、2010年会社構成法適用申請を行い、ソフトバンクの傘下で事業を継続している。

なお、2012年現在、3GとPHSが同時に受信できる機種を発表している。

なるほど　「WILLCOM」は同社が目指すネットワーク、"Wireless IP Local Loop"の頭文字「WILL」と"Communication"の「Com」を組み合わせて命名されたといわれる。

ワンセグ放送受信のしくみ

Key word　**ワンセグ放送**　地上デジタル放送の電波の一部（1セグメント）を利用して2006年4月から携帯電話などの移動体機器向けに開始された放送。

ワンセグ放送と呼ばれる理由

　地上デジタル放送は、周波数470MHzから770MHzの帯域幅（UHFと呼ばれる極超短波）を使用して放送されている。

　そこから1つの放送局（1チャンネル）に対しては全体を50に分割（50チャンネル）した6MHzが割り当てられている。

　例えば470MHzから6MHz分割り当てられるのはNHK大阪教育放送だ。

　そして、1チャンネル6MHzの帯域幅は、さらに13に分割され放送に利用されている。この分割された単位（約429KHz）を**セグメント**という。

　携帯電話等の移動体機器向けの放送はこのうちの1セグメントを利用しているので**ワンセグ放送**と呼ばれる。

　このワンセグ放送で利用されるセグメントは13のセグメントの中央に位置したセグメントのみで、現在は他のセグメントが放送している番組と同じ番組を放送（サイマル放送という）するように定められているが、将来はワンセグ専用の番組も登場することも考えられる。

　また、ワンセグの利用以外の12セグメントは、すべてをハイビジョン放送として利用することも、また4セグメントで放送可能な標準画質で放送することもできる。したがって標準画質3番組とワンセグ放送で4番組の放送も可能となる。

ワンセグ放送の送信とサービス

　地上デジタル放送では、上記したように1つのチャンネルで4つの番組を同時に放送することができ、各番組ごとに適した変調方式（QPSK、16QAM、64QAMのいずれか）を採用することもできる。

　そこで、ワンセグ放送で利用する1セグメントには移動時や受信電界強度が低い場所でも安定した受信を可能にするため、伝送時や受信時に発生するデータの誤りに強いという特性のあるQPSK方式が採用されている。なお、固定受信向けでは、伝送効率のよい64QAM方式が採用されている。

　また、ワンセグ放送の圧縮方式は固定受信向けの約2倍の圧縮効果のある**H.264**（MPEG4-AVCと同じ）が採用され鮮明な画像を実現している。

　さらに、固定受信向けサービスと同様にデータ放送、字幕放送、静止画像データ送信も可能でインターネットや通信の特長である「双方向性」「リンク情報の提供」などを含んだ番組を視聴することもできる。なお、デジタル放送に欠かせないB-CASカードは不要である。

知っ得　携帯の通話可能地域とワンセグの受信可能地域は異なるので、仮に通話ができなくてもワンセグ放送を受信することはできる。また、その逆も可能だ。

7-22 1チャンネルの利用方法

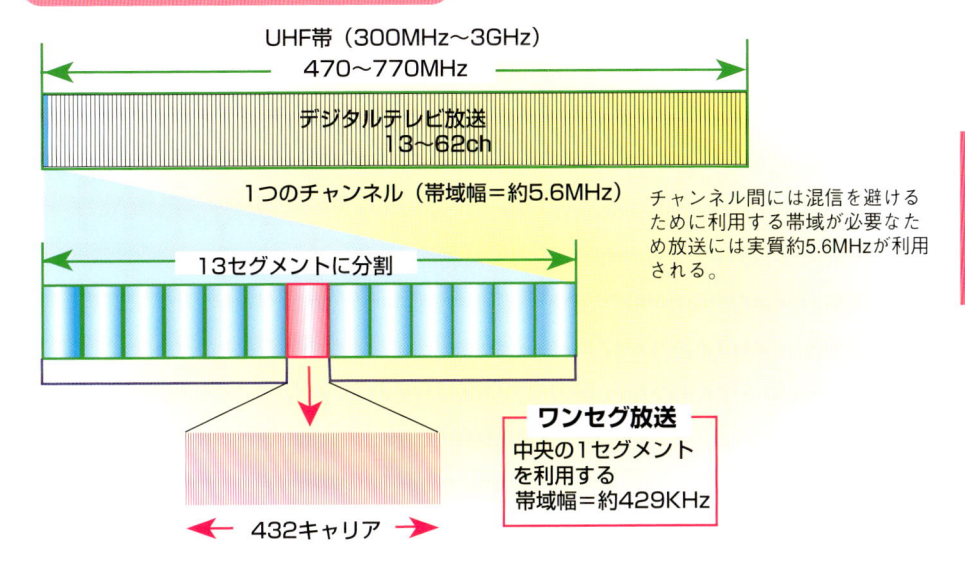

UHF帯（300MHz～3GHz）
470～770MHz

デジタルテレビ放送
13～62ch

1つのチャンネル（帯域幅＝約5.6MHz）

チャンネル間には混信を避けるために利用する帯域が必要なため放送には実質約5.6MHzが利用される。

13セグメントに分割

ワンセグ放送
中央の1セグメントを利用する
帯域幅＝約429KHz

←432キャリア→

7-23 ワンセグ放送の特長

- 弱い電波でも受信可能
- 受信エリアが広い
- 字幕放送が可能
- データ放送が可能
- 録画が可能
- 受信料が無料

ワンセグ放送

テレビ塔

7-24 ワンセグ放送と地上デジタル通常放送

	ワンセグ放送	地上デジタル通常放送
帯域	1セグメント	12セグメント
解像度	320×240（4：3） 320×180（16：9）	1280×720（16：9）以上
コマ数	15フレーム/秒	30フレーム/秒
データ放送	BML	BML
音声	ステレオ/モノラル/音声多重	5.1ch/ステレオ/モノラル/音声多重
圧縮方式	H.264/MPEG4-AVC	MPEG2

なるほど ワンセグはテレビ放送なので、見通しのよい場所で電波が充分に届いてさえいれば、高速道路や新幹線の中でも視聴できる。

COLUMN

国際ローミング

● 国際ローミングとは

　ローミングとは携帯電話やPHSで契約している通信事業者のサービスエリア以外でも、提携している他社のネットワークを使って同様にサービスを利用できることをいう。また、日本で使っている携帯電話番号やメールアドレスがそのまま海外でも利用できるサービスを**国際ローミング**という。ちなみにローミング（roaming）は「歩き回る」という意味だ。

　第2世代の日本の携帯電話は**PDC**という独自の通信方式を採用していたため海外では利用できなかったが、第3世代からは通信方式の同じネットワークなら国内で使っている携帯電話を海外でもそのまま利用できるようになった。主な通信事業者は以下の名称で国際ローミングサービスを提供している。

- NTTドコモ
  WORLD WING（ワールド ウイング）
- au
  GLOBAL PASSPORT（グローバル パスポート）
  GLOBAL EXPERT（グローバル エキスパート）
- ソフトバンクモバイル
  SoftBank 3G 国際サービス

● プラスチックローミング

　国際ローミングには、サービスに対応した携帯電話を海外でそのまま使用する方法と、レンタルまたは購入した海外用携帯電話に**SIM**（シム）（Subscriber Identity Module）**カード**を差し込んで利用する方法がある。

　SIMカードは、**USIM**（ユーシム）（Universal Subscriber Identity Module）カード、**UIM**（ユーアイエム）（User Identity Module）カードともいい、利用者の携帯電話番号や契約者情報など利用者の識別に使う重要な情報が記録されたICカードだ。

　NTTドコモでは**FOMAカード**、auでは**au ICカード**、ソフトバンクでは**USIMカード**と呼ばれている。

　SIMカードはプラスチック製なので、このカードを装着するだけで利用できる国際ローミングを**プラスチックローミング**という。

　なお、従来の国際ローミングの料金は、国内に比べかなり高額だったが、最近では定額料金（1日2000～3000円程度）を払うことで料金を低廉化できる料金体制が整ってきた。

第8章
IP電話のしくみ

IP電話とは

> **Key word**
> **IPネットワーク** Internet Protocol（インターネットプロトコル）という約束事を使い通信するネットワーク。通信事業者が管理するIPネットワークを示す場合もある。

❯ 固定電話とIP電話の違い

　まず、IP電話と固定電話の大きな違いは、電話をつなぐネットワークが違うということである。

　固定電話では、従来の電話回線網（PSTN）に接続して、加入者交換機や中継交換機に接続する。電話がつながると、相手との間の回線が確保され、通話ができるようになり、回線を占有している状態になる。固定電話では1つの加入者交換機にいくつもの回線が集中する。

　一方、IP電話では**IPネットワーク**と言われるものでつながっていて、音声がデジタル信号に変換され、変換された信号をパケットに分割して電話番号を管理するサーバーに送る。サーバーでは送られてきた音声データを相手先に送信する。IPネットワークは高速なブロードバンド回線を利用しているため、複数の回線からの信号を同時に送ることができる。

❯ IPネットワークとインターネットとの違い

　IP電話を接続するIPネットワークもインターネットも**TCP/IP**を通信プロトコルとして使いデータ通信を行うネットワークである。したがって、どちらも送信するデータをパケットに分割して送信している。そして、IPネットワークもブロードバンドを用いている。

　けれども、インターネットは不特定多数のプロバイダーがインターネット網を利用し、自分たちのサーバーを自由に接続してデータ通信をできるようにしたものでネットワーク全体を管理している組織はなく、不正アクセスやハッキング攻撃、さらにウイルスなどの危険性もある。

　これに対してIPネットワークは、通信事業者が全体を設計、構築、管理しているため、品質は保証され、安全な通信が可能だ。このようなことから、IP電話は専用のネットワークで伝送するので、インターネットを使用するインターネット電話（Skypeなど）と比べると、通話品質に違いがでてくる。

❯ IPネットワークの用途

　IPネットワークでは、IPパケットで通信できる装置を使えば、音声や映像、データなどを送ることができる。

　例えば、電話機を接続して電話をかけることができる。これがIP電話である。また、パソコンを接続して他のパソコン

知っ得 IP電話の音声パケットは、音声を20ミリ秒（1ミリ秒は1000分の1秒）ずつに分割して送信される。音声を途切れないための分割単位だ。

とで迅速なデータ通信ができる。
　さらに、遠距離からテレビカメラで撮影した映像を放送局へ送信することもできる。デジタルテレビの動画は大容量のデータを送信するので、IPネットワークは適している。

8-1 IP電話の接続

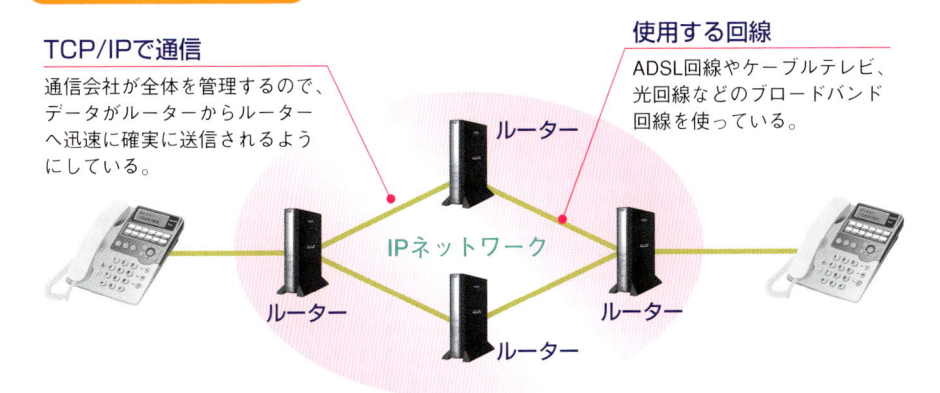

TCP/IPで通信
通信会社が全体を管理するので、データがルーターからルーターへ迅速に確実に送信されるようにしている。

使用する回線
ADSL回線やケーブルテレビ、光回線などのブロードバンド回線を使っている。

ルーター
IPネットワーク
ルーター
ルーター
ルーター

第8章

8-2 IPネットワークの用途

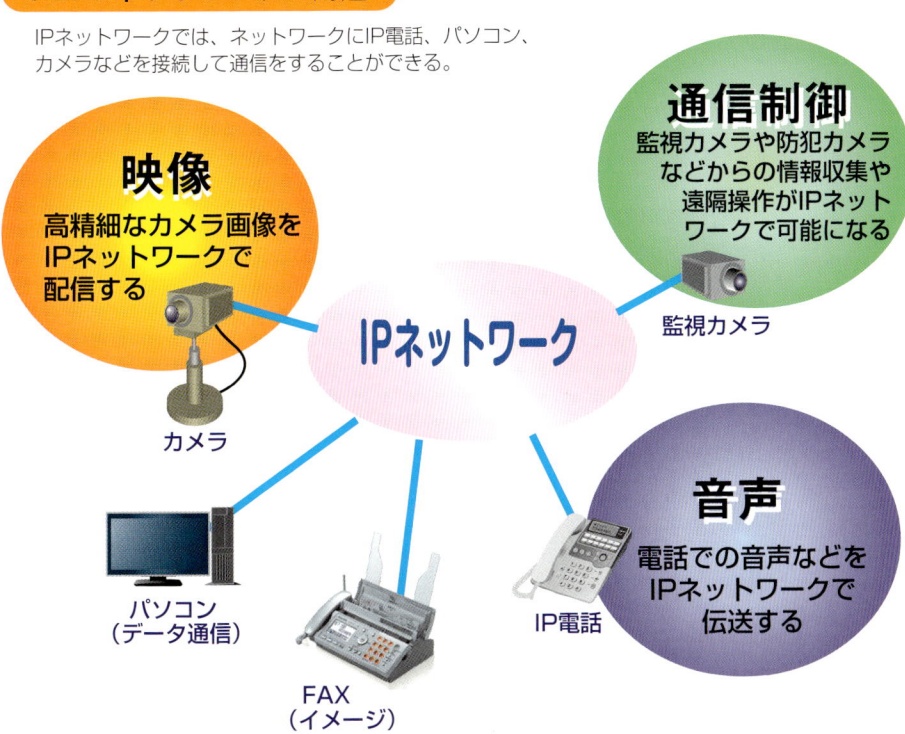

IPネットワークでは、ネットワークにIP電話、パソコン、カメラなどを接続して通信をすることができる。

映像
高精細なカメラ画像をIPネットワークで配信する
カメラ

通信制御
監視カメラや防犯カメラなどからの情報収集や遠隔操作がIPネットワークで可能になる
監視カメラ

IPネットワーク

パソコン
（データ通信）

FAX
（イメージ）

IP電話

音声
電話での音声などをIPネットワークで伝送する

豆知識 IPネットワークは通信事業者が構築するが、複数の通信事業者が提携してIPネットワークのネットワークが構築されている。

IP電話の通話のしくみ

> **Key word** **パケット** データ通信において、細かく分割されたデータのことで、送信先のアドレスなどの情報が付加されている。

◆ IP電話の導入

　IP電話は、音声データをIPパケットという一定のサイズのデジタルデータに分けて送信する。この音声をIPパケットに変換するVoIP（Voice over Internet Protocol）アダプタが高機能になったことと、インターネット回線が大容量で高速通信ができる環境が整いクリアな音声を送信できるようになったことで、急速にIP電話が普及し始めた。

　IP電話の導入には、電話機自体の交換を考えているなら、IP対応電話機を購入して既存のIPネットワーク（LANや無線LAN）に接続することができる。

　あるいは、一般の電話機をそのまま使いたいのであればVoIPアダプタや対応ルーターを導入する必要がある。VoIPアダプタは電話で話す声をパケットに変換したり、パケットから音声に戻したりという役割をしている。つまり、インターネット網を利用して電話を使えるようにするためのアダプタである。なお、光電話の場合、加入者回線終端装置（ONU）とVoIPルーター機能が1つになった製品などもある。

8-3 IP電話の接続

IP電話機　音声は電話機内でパケットに変換。　パケット

ブロードバンド回線　光回線など常時接続のブロードバンド回線を使う。

IP電話機

普通の電話機　音声はVoIPアダプタでパケットに変換。　パケット

IPネットワーク　パケット　ルーター

普通の電話機

VoIPアダプタ　光回線では、VoIPアダプタに対応ルーターや加入者終端装置などを接続するのが基本的な構成で、ADSLの場合は、同じくVoIPアダプタに対応ルーターとADSLモデムを接続する。

> **知っ得** IPネットワークを使ったIP電話は、通話相手が同じ通信事業者であったり提携している通信事業者の場合は、通話料金が無料である。

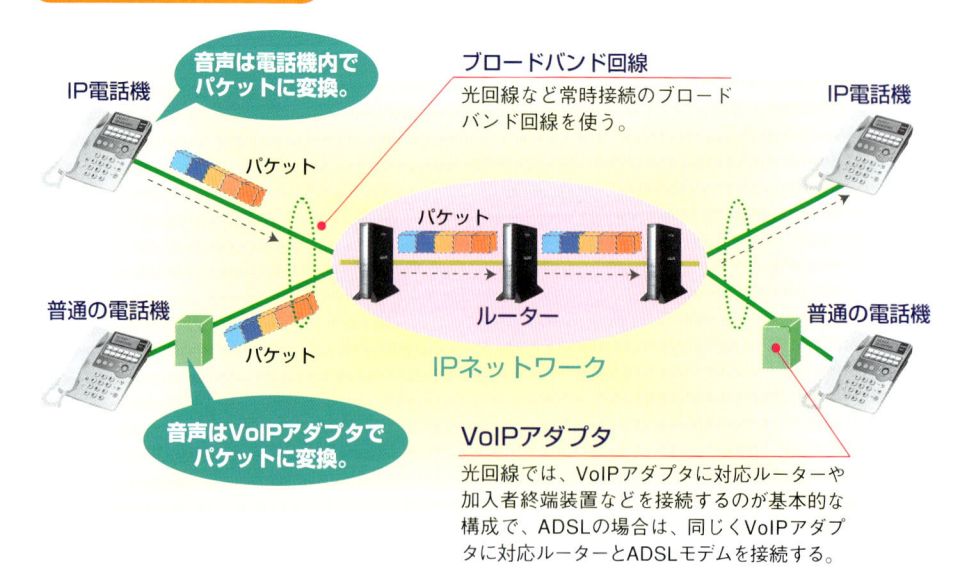

通話のしくみ

どちらの接続方法にしても、IP電話機からの回線をユーザーに近い通信事業者、またはプロバイダーの**電話番号制御(SIP)サーバー**に接続する。

この前提でIP電話から電話をかけると、まず相手の電話番号が電話番号制御サーバーに到達する。そして、そのサーバーで**相手の電話番号がIPアドレスに変換**され、IP電話から送信されてきたそれぞれのパケットにこのIPアドレスが追加されて、次のルーターに送信される。次から次へとルーターを経由し、最終的に相手の電話機に到達するというわけだ。

なお、このあたりのしくみはメール送信と同じだが、異なるのはメール送信の場合は何らかの事情で送信されてこないパケットがあると、それを受信サーバーが再送信の要求を出すが、IP電話の場合はそのような再送信の要求を出さない。そのように再送信の要求を出して、再び送信されてくるパケットを待っていると通話内容が途切れるからである。

IP電話機内部では、受信した音声を一旦、バッファと呼ばれるメモリ領域に保存する。こうして音声が途切れないように調整している。

8-4 IP電話の通話のしくみ

① Bさんの電話番号に対応するIPアドレスをSIP(電話番号制御)サーバーに問い合わせる。

② Bさんの電話番号のIPアドレスに変換する。

③ 音声パケットにIPアドレスが追加され、ルーターを経由してBさんの電話機に到達する。

IP電話機　Aさん　音声パケット　IPデータグラム　IPネットワーク　VoIPアダプタ　普通の電話機　Bさん

SIP(電話番号制御)サーバー

固定電話との通話のしくみ

IP電話から固定電話に電話をかけた場合は、VoIPアダプタ(IP電話アダプタ)がIPネットワークを使用するか電話回線網を使うかを自動的に選択する。そして、固定電話が接続している加入者線交換機にある**VoIPゲートウェイ**を介すことで、IPネットワークから電話回線網を経由して固定電話につながる。

ADSL回線を用いるIP電話(050で始まる)の場合は、警察や消防などへの発信ができないので、接続は電話網だけを使うようになる。

豆知識 SIP(電話番号制御)というのは、Session Initiation Protocolの略である。

IP電話の料金と品質

Key word　パケット化遅延　音声をパケットにしたり、戻したりするときにパケット間に時間差が生じること。

▶ 固定電話とIP電話の料金の違い

　固定電話で電話をかけると、加入者線交換機→中継交換機へと届き、相手が受話器を取り上げると、2人の間に回線が確保され会話ができるようになる。会話中は2人が回線を占有するので、その占有する時間（通話時間）が長くなるほど料金は高くなるしくみだ。

　これに対して、IP電話の場合は、電話をかけると、その通話内容（声）がパケットに分解され、IPネットワークを伝って相手の電話機に到達する。そして、別の人がIP電話をかけると、やはり同じように通話内容がパケットに分解され相手に送信される。このとき、この複数の人が同じ回線で電話をやり取りできることがIP電話の最大の特徴。IP電話は複数の人が同じ回線を使えるため、固定電話よりも通話料金は安くなるのだ。

▶ IP電話の品質

　IP電話で相手の声が途切れたりエコーがかかり聞こえにくいことがある。理由はIP電話の送話機からの音声がデジタル信号に変換され、さらにパケットに分割される際、遅延やゆらぎが起きてエコーが発生し音声の品質を劣化させてしまうからである。これを**パケット化遅延**という。また、パケットはIPネットワークのルーターを渡り歩いて相手に到達するが、ユーザーの人数に比例して回線数が少ないと遅延が起こり、パケットが渡り歩くルーターの数が多くても遅延が起こる（**転送遅延**）。このことは、長距離電話や国際電話の場合に特に発生する。

　2002年9月より、電気通信事業法および電気通信番号規則の条件を満たすIPネットワークには電話番号が割り当てられていて、光回線によるインターネット接続・ケーブルテレビ・高速専用線を用いるIP電話サービスには通常の固定電話と同じ番号（0AB‐J）の割り当てが認められている（**豆知識**参照）。一方で、ADSLを用いるものは、通話品質**クラスA**（下図参照）を満たさないため「050」で始まる電話番号が割り当てられている。

8-5 IP電話の品質クラス

クラス	品　質	遅延時間
A	固定電話並	<100ms
B	携帯電話並	<150ms
C	通話可能	<400ms

一口メモ　企業におけるIP化のメリットは料金面だけでなく、ビデオ会議の実現、携帯やスマートフォンとの連携、情報の効果的な管理が可能になるなど、あらゆる効果がある。

8-6 固定電話とIP電話の料金の違い

固定電話

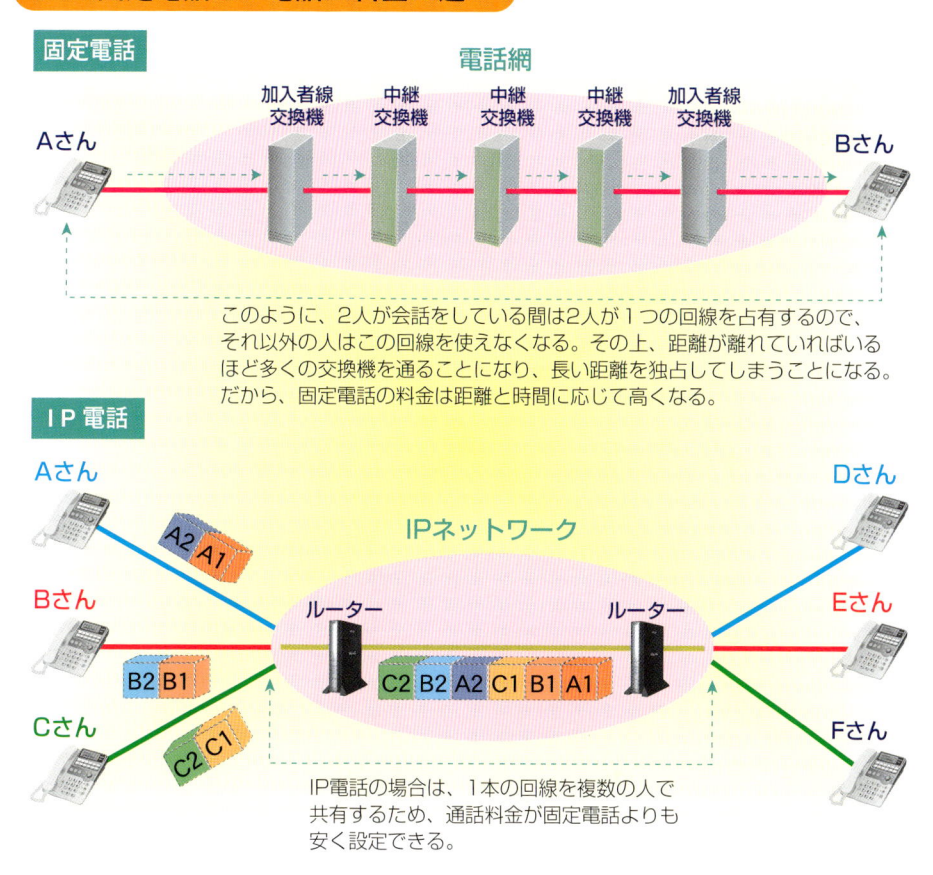

電話網

加入者線交換機 — 中継交換機 — 中継交換機 — 中継交換機 — 加入者線交換機

Aさん ～ Bさん

このように、2人が会話をしている間は2人が1つの回線を占有するので、それ以外の人はこの回線を使えなくなる。その上、距離が離れていればいるほど多くの交換機を通ることになり、長い距離を独占してしまうことになる。だから、固定電話の料金は距離と時間に応じて高くなる。

IP電話

Aさん、Bさん、Cさん ― ルーター ― IPネットワーク ― ルーター ― Dさん、Eさん、Fさん

A2 A1 / B2 B1 / C2 C1 → C2 B2 A2 C1 B1 A1

IP電話の場合は、1本の回線を複数の人で共有するため、通話料金が固定電話よりも安く設定できる。

8-7 IP電話で音声品質が劣化する原因

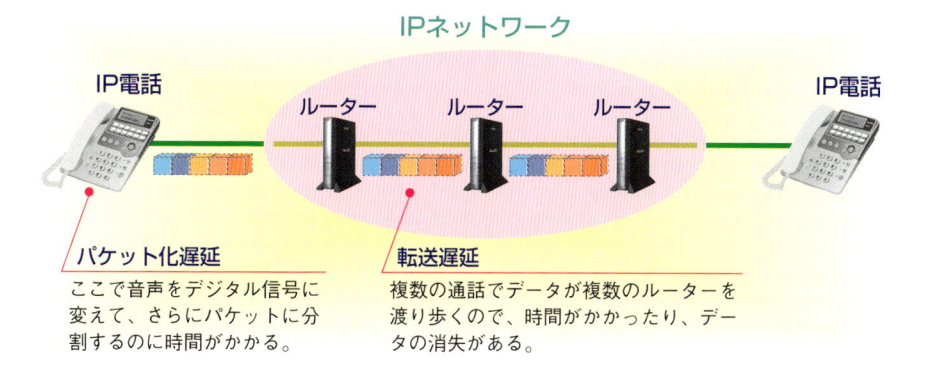

IPネットワーク

IP電話 ― ルーター ― ルーター ― ルーター ― IP電話

パケット化遅延
ここで音声をデジタル信号に変えて、さらにパケットに分割するのに時間がかかる。

転送遅延
複数の通話でデータが複数のルーターを渡り歩くので、時間がかかったり、データの消失がある。

豆知識 国内の固定電話の電話番号の枠組みは「OABCDE-FGHJ」と表示するように決められている。これを省略し「OAB～J番号」と呼ばれている。

組織内でのIP電話のしくみ①

> **Key word**　**組織内IP電話**　1つの組織内でIPネットワークを構築し、それにIP電話を接続したもの。

▶ 普通のネットワークからIPネットワークへ

　IP電話が登場する前は、企業内には普通のデータ通信を行う社内LANとは別に電話用のネットワークが存在した。

　ところが、IPネットワークに接続して使用するIP電話が登場すると、これまでのLANはインターネットの標準プロトコル、TCP/IPに基づくIPネットワークに変わり、こうして、データ通信用と電話通信用の2つのネットワークの統合が多くの企業で図られるようになった。

　なぜなら、IPネットワークにIP電話を接続すると同時に、パソコンなどの端末も接続でき、IP電話による通話とパソコンからのデータ通信を1つのネットワークでできるようになったためである。

　特に、企業が注目した大きな理由がコスト削減につながるメリットである。例えば、IP電話による電話料は距離に関係なく、通話料が全国一律であり、海外に取引先がある場合など通信費が劇的に安くなるからだ。

　さらに、同じIP電話サービスに企業全体で加入すれば、基本料のみで通話料がかからない。また、本店と支店間で内線を結ぶには従来かかったようなコストもIP電話の内線機能を使用すれば電話機の設定だけで、コストの大幅な削減につながる。

▶ VoIP技術の利用

　企業ではIP電話導入のために、少しでもかかる費用をおさえようと、従来の電話機や企業がビル内に独自に設置した**構内交換機（以下、PBX）**をそのまま使用する場合がある。PBXとは、内線と外線（公衆電話網）が接続されていて、社内の内線電話同士の接続はもとより、代表電話、保留、転送などの機能の提供や、IP電話機から外線へ接続する際に必要な機械のことである。

　既存のPBXをそのまま使用してIPネットワークに接続するのに必要なのが、**VoIPゲートウェイ（IP電話アダプタ）**である。

　VoIPゲートウェイとは、公衆電話網とIPネットワークの境界に設置され、電話線からのアナログ音声データをデジタルデータに変換し、IPパケットに分割してIPネットワーク上に送信する装置である。また、IPネットワーク側から来たIPパケットをアナログ音声に復元して、電話網に送る役割をする。

　このVoIPゲートウェイにルーターを接続してIPネットワークに接続する。

知っ得　VoIPをボイップと呼び、Voice over Internet Protocolの略である。TCP/IPを利用して音声データを送受信する技術のこと。

8-8 IPネットワークによるIP電話とデータ通信の統合

IP電話導入前

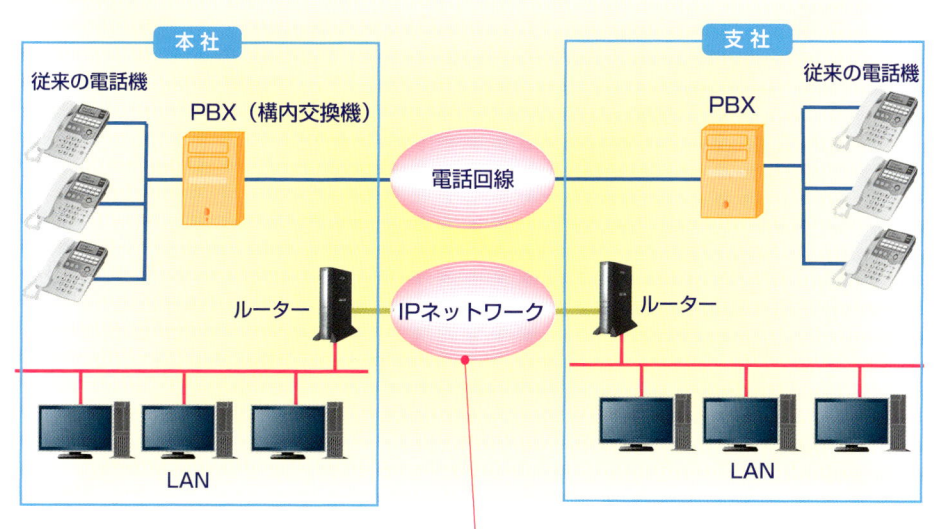

本社 / **支社**

従来の電話機 — PBX（構内交換機） — 電話回線 — PBX — 従来の電話機

ルーター — IPネットワーク — ルーター

LAN / LAN

電話回線（音声ネットワーク）とIPネットワーク（LAN間接続用のデータ回線）が別の回線になっている。

IP電話導入後

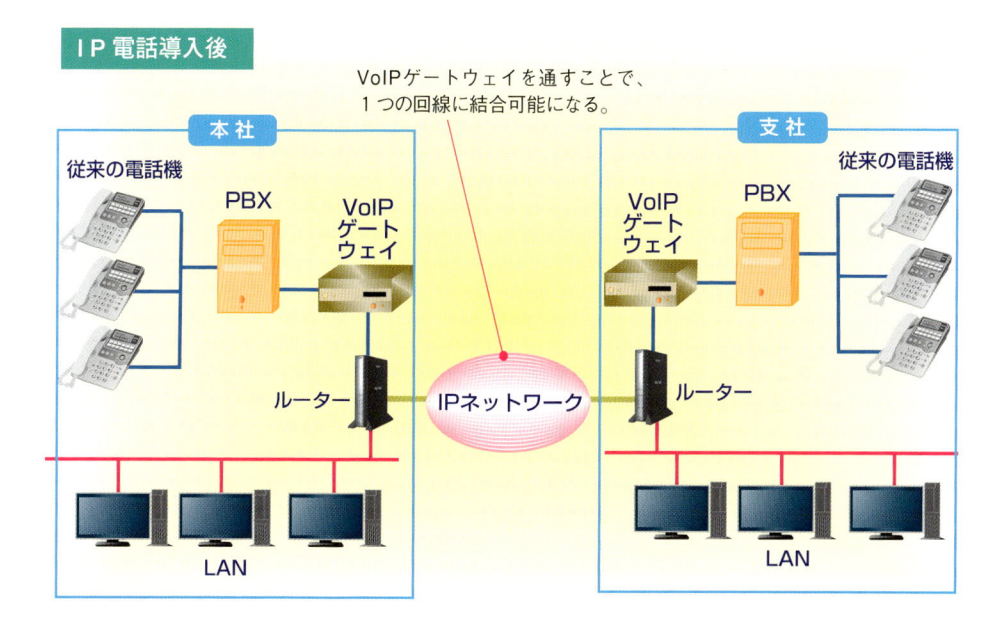

VoIPゲートウェイを通すことで、1つの回線に結合可能になる。

本社 / **支社**

従来の電話機 — PBX — VoIPゲートウェイ — IPネットワーク — VoIPゲートウェイ — PBX — 従来の電話機

ルーター — IPネットワーク — ルーター

LAN / LAN

豆知識 PBXというのは、Private Branch Exchangeの略で構内交換機である。組織内の電話機を接続して公衆電話回線網に接続する装置。

組織内でのIP電話のしくみ②

Key word　**IP-PBX**　IPネットワーク内で、IP電話機の回線交換を行う装置およびソフトウェア。

▶ PBXからIP-PBXへ

　企業内の内線電話網では専用の電話回線と前頁でも説明した企業がビル内に独自に設置したPBX（構内交換機）が利用されていた。このPBXのおかげで、すべての電話機に外線番号を付けずに、内線番号を使用したり、他者の電話に出たり、転送したりすることができた。

　ところがPBXを**IP-PBX**というIP電話端末の回線交換を行う装置に変更してオフィス内のIP化が図れる。電話機はIP電話機に取り替えてLANケーブルでルーターに接続することで電話線の配線が不要になり、より多くのメリットがもたらされるようになる。具体的には、IP-PBXを使った内線電話網はパソコンのIPネットワーク（LAN）を利用して専用の電話線を配線せずに内線電話網を構築できるので、これまで電話回線とLAN回線の2つの通信回線がLAN回線に1本化され、運用コストを削減できる。このように、電話回線の移設の手間と費用の削減も大きい。

　また、従来の内線網ではPBXを1つの内線電話網ごとに設ける必要があったが、IP-PBXはオフィス内の内線電話を1台で集中管理することができるため、支社などのLAN内の内線網もIPネットワークを介して管理できることが大きなメリットになる。

　さらに、IP-PBXを導入することで、オフィス内のネットワークを結合し、連携することで、パソコンとIP電話とのデータの共用や、高度なサービスの利用が可能になる。

▶ IPセントレックス

　企業のビル内にPBXを設置せずにIP電話を導入する方法もある。それを**IPセントレックス**という。

　IPセントレックスとは、通信事業者やプロバイダーが用意する外部のIP電話機用の交換機にネットワーク経由で使用するしくみだ。

　メリットとしては、IP電話を配置した社内LANをインターネット回線でIPセントレックスの事業者に接続するだけという簡潔さと、PBXの設置費や保守費などの経費が削減できる。このようにすることで、各拠点にあるPBXを一か所に集約できるため、運用コストは軽減できる。しかしながら、小規模なオフィスなどでは通信事業所に支払う月額利用料が割高になってしまうこともあるので注意が必要だ。

知っ得　IP-PBXは、当初は社内IPネットワークから外部の一般加入電話に電話をかけるために作られた。

8-9 企業内のIP化

IP-PBX導入

社内：IP電話機、IP電話機、パソコン、ルーター
外部のIPネットワークへ接続
IPネットワーク → IP電話に接続
IP-PBX：IP電話から公衆電話網に接続する交換機
公衆電話網 → 一般加入電話に接続

IPセントレックス導入

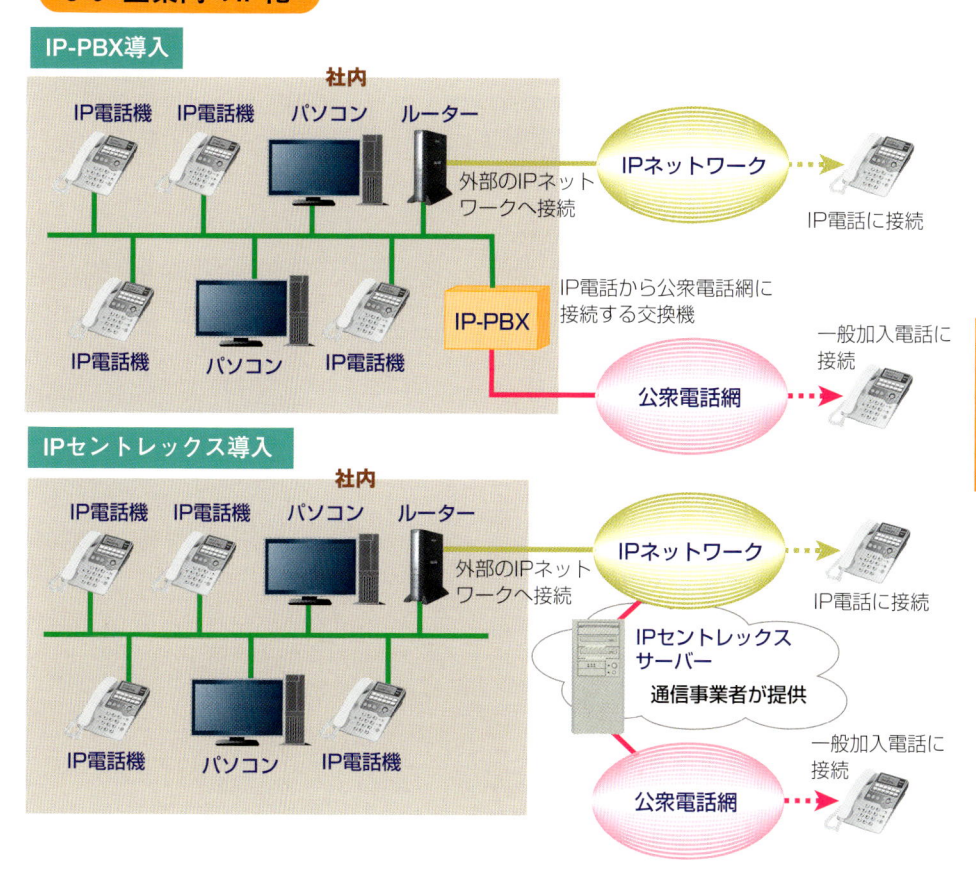

社内：IP電話機、IP電話機、パソコン、ルーター
外部のIPネットワークへ接続
IPネットワーク → IP電話に接続
IPセントレックスサーバー（通信事業者が提供）
公衆電話網 → 一般加入電話に接続

今後の企業のIP化

　さらに、企業内の固定電話と携帯電話を1つのものとして運用するFMC（Fixed Mobile Convergence）というサービスがある。このサービスの特徴は、社内電話と携帯電話間の通話が内線化されることで社内においては携帯電話が内線になり、外出時は通常の携帯電話として使用ができることだ。このため通信コストが削減できる。

　また、iPhoneやAndroidなどのスマートフォンのアプリケーションには、有償無償を問わずSIPクライアントが多数登場しているので、これらをスマートフォンにインストールし、SIPサーバーに登録すれば、スマートフォンがIP電話端末になる。

　このようにFMCと連携したスマートフォンをどんどん利用すれば、固定電話の必要性がなくなる。

豆知識 IP-PBXには、従来にPBXとゲートウェイの代わりに使うハードウェア型とサーバー上で動くソフト型がある。

光回線を使用したIP電話の特徴

> **Key word** ひかり電話　NTT東/西日本の光回線を使ったIP電話サービスの名称。一般の加入電話と同じ電話番号を使い、同じ品質の通話ができるもの。

▶ 回線の違いによるIP電話の欠点と解決

　IP電話が使用する回線はADSL回線、光回線（光ファイバーを使った回線）、ケーブルテレビなどがある。

　どれもパケット通信のしくみは一緒だが、ASDL回線のIP電話は、110番や119番にかけられないこと、また、普通の固定電話機が利用できるにもかかわらず、従来の電話番号ではなく、050から始まる番号を付与されるなどの欠点があった。つまり、普通の一般加入電話のようには使えないのである。

　また、ASDL回線のIP電話は、その普及当初、ユーザーの増加に対応し切れず、通話が混雑し、その結果通話が遅れたり、途中で途切れたりすることもあった。また、最初から電話がつながらない場合も多かったのだ。

　それらを解決したのが光回線やケーブルテレビを使用したIP電話である。このIP電話では、110番や119番に電話をかけることができ、普通の固定電話から乗り換えても電話番号はそのまま使えるようになっている。

　特に、高速な光回線を利用するIP電話は通話に問題はなく、通話が遅くなったり途中で途切れることもほとんどない。

　以下では、光回線を使用したIP電話のネットワークのしくみを説明しよう。

▶ バーチャルLANのしくみ

　光回線を使用したIP電話では、1本の光ファイバーしか使っていなくても、これをあたかも2つのネットワークに分けて使っているかのように見せかける**バーチャルLAN（VLAN、仮想LAN）**というしくみを使っている。

　つまり、右の図8-11のように、表面的には同じ1本の光ファイバーを使っていても、データ通信用LANと音声用LANに分けて利用できるようになる。このようにそれぞれのLANを確保することで、音声データの流れに別のデータパケットが少しでも流れ込み、パケットが損傷したり遅延して、通話に支障が出ないようにする。

　さらに、このIP電話では本物のアドレスを隠してユーザーに見せないようにして、IP電話内のネットワークのセキュリティを保持している。その上、IP電話のネットワーク内で電話が殺到して音声が遅れたり途切れる問題に対して、通信事業者では従来の一般加入電話の経験を応用して、電話が混雑する月日や時間に合わせて柔軟に回線を確保しているのだ。

> **知っ得**　従来のIP電話はADSL回線を前提にして構築されていたが、ひかり電話はIP電話の一種だが光ファイバーを前提にして構築されている。

8-10 光回線使用のIP電話の特色

電話番号の問題を解決
緊急電話の110番や119番にかけられるし、電話番号が050番に変わることもない。

光回線IP電話

通話の品質の問題を解決
通話の品質はよく、一般加入電話のような品質で会話をできる。

セキュリティの問題を解決
通信事業者が全体を設計、構築、管理しているため、インターネットからの攻撃を受けることはないのでセキュリティは万全である。

8-11 バーチャルLANのしくみ

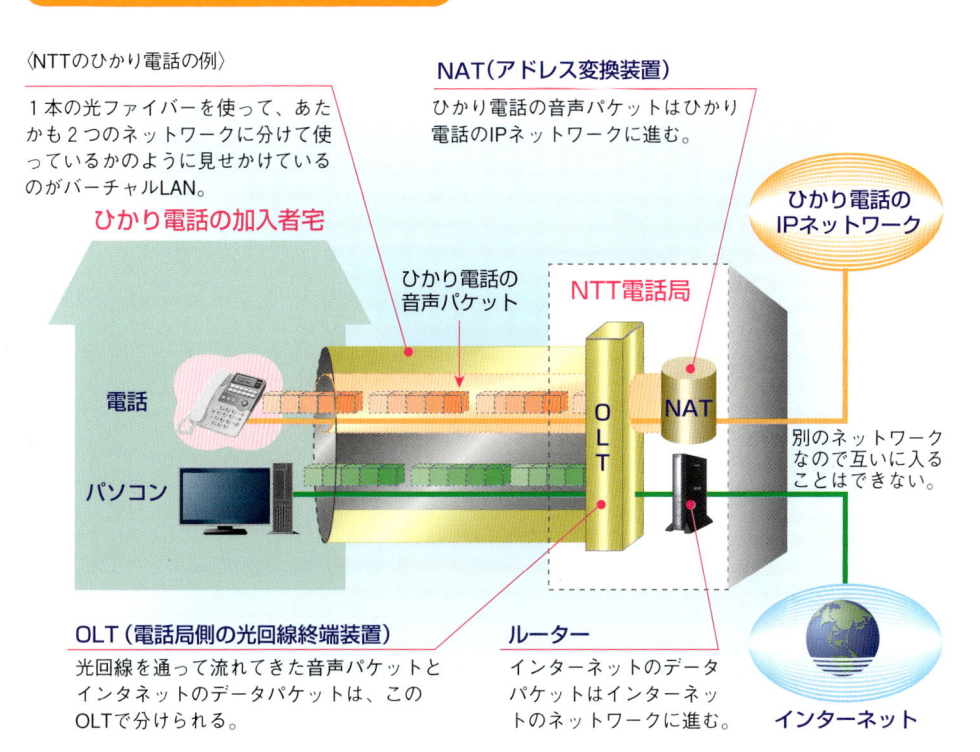

〈NTTのひかり電話の例〉
1本の光ファイバーを使って、あたかも2つのネットワークに分けて使っているかのように見せかけているのがバーチャルLAN。

NAT（アドレス変換装置）
ひかり電話の音声パケットはひかり電話のIPネットワークに進む。

ひかり電話の加入者宅
ひかり電話の音声パケット
NTT電話局
ひかり電話のIPネットワーク
電話
パソコン
OLT
NAT
別のネットワークなので互いに入ることはできない。

OLT（電話局側の光回線終端装置）
光回線を通って流れてきた音声パケットとインターネットのデータパケットは、このOLTで分けられる。

ルーター
インターネットのデータパケットはインターネットのネットワークに進む。

インターネット

豆知識　海外でのIP電話は非常に格安だが、最初からつながらないことが多い。

家庭の電話機からNTTにつながるしくみ

> **Key word** 電話番号のパケット　ひかり電話では最初に相手の電話番号のパケットを送り、相手との間に連絡ができるようになってから通話を行う。

● ひかり電話アダプタがIPアドレスを取得するしくみ

　ひかり電話加入者のAさんが知人のBさん宅へ電話をかけるときのしくみを説明するが、ここではまずAさん宅の電話機からNTTのサーバーに至るまでのプロセスを解説しよう。ひかり電話もIP電話のしくみと同様に、**IP電話アダプタ（ひかり電話アダプタ）**（知っ得 参照）とSIPサーバーによるが、ひかり電話では**ONU（光回線終端装置）**（豆知識 参照）という装置を介して、光ファイバーに接続する。つまり家庭では普通の電話機をひかり電話アダプタに接続して、さらにONUに接続し、それから光ファイバーに接続している。

　IPアドレスを取得するしくみは、まず、ひかり電話アダプタの電源を入れると、ひかり電話加入者宅のひかり電話アダプタのIPアドレス①や電話番号などの情報がONUを通してNTT内部のIPアドレス②を取得するコンピューターに伝わる。

　そして、そのコンピューターからひかり電話アダプタのIPアドレス①、NTT内部のルーターのIPアドレス②、そしてSIPサーバーのIPアドレス③をひかり電話アダプタが取得する（図8-12参照）。

　ただし、ここで取得したそれぞれのIPアドレスは安全対策のために仮のもので本物のIPアドレスがわからないようになっている。仮のIPアドレスは、電話をした時点でNTT電話局にあるNATという変換装置で正しいものに変換される（186頁参照）。

● 家庭の電話機からNTTのサーバーにつながるしくみ

　次に、Aさんが受話器を取り上げると「ツー」というダイヤルトーンの音が聞こえる。これはAさんのひかり電話アダプタが発信した音である。それから、AさんはBさんの電話番号「045-893-21××」とダイヤルすると、ひかり電話アダプタは、「045-893-21××」を音声パケットにしてNTT内部のSIPサーバーのIPアドレス（仮IPアドレス）を付けてONUに送信する。これを受け取ったONUは電気信号を光信号に変換して光ファイバーに送信する。なお、SIPサーバーの役割についてはさらに詳しく次項で説明する。

　以上が、家庭の電話機からNTTのサーバーまでのプロセスだが、ここで注意しなければならないのは、ここでのプロセスはあくまでも電話番号のパケットを送信するものであって、通話内容の送信までには至っていない。

知っ得 ひかり電話アダプタは電話機からの信号は音声パケットに、パソコンからの信号はデータパケットに変換する。

8-12 ひかり電話アダプタがIPアドレスを取得するしくみ

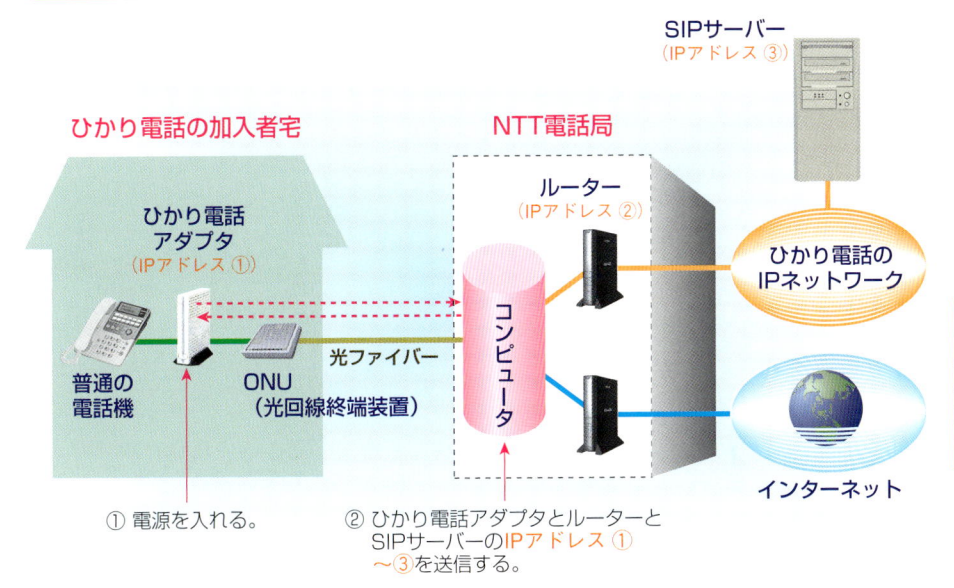

- ひかり電話の加入者宅
  - ひかり電話アダプタ（IPアドレス①）
  - 普通の電話機
  - ONU（光回線終端装置）
- NTT電話局
  - コンピュータ
  - ルーター（IPアドレス②）
  - 光ファイバー
- SIPサーバー（IPアドレス③）
- ひかり電話のIPネットワーク
- インターネット

① 電源を入れる。
② ひかり電話アダプタとルーターとSIPサーバーのIPアドレス①～③を送信する。

8-13 家庭の電話機からNTTまでのしくみ

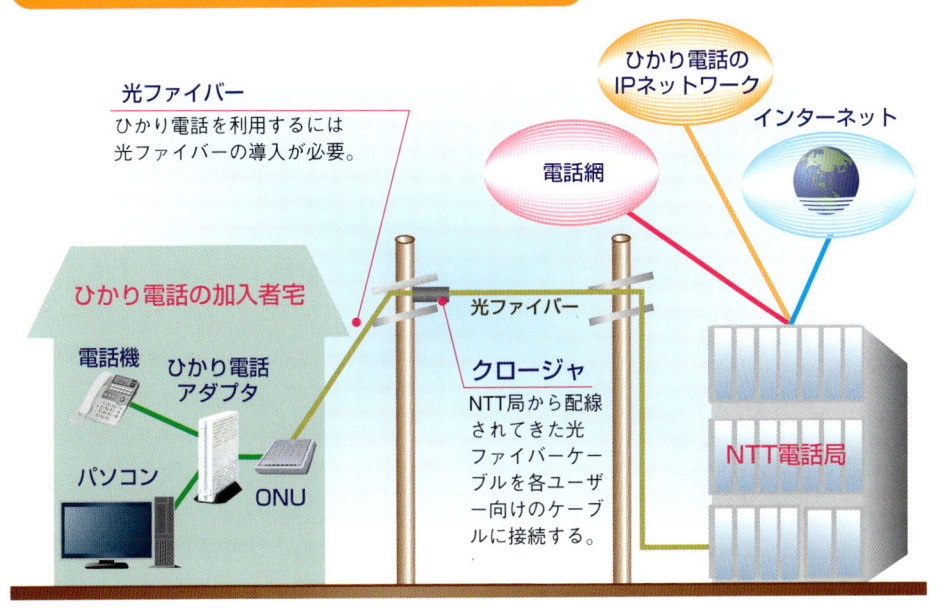

- 光ファイバー
  ひかり電話を利用するには光ファイバーの導入が必要。
- ひかり電話の加入者宅
  - 電話機
  - ひかり電話アダプタ
  - パソコン
  - ONU
- クロージャ
  NTT局から配線されてきた光ファイバーケーブルを各ユーザー向けのケーブルに接続する。
- 電話網
- ひかり電話のIPネットワーク
- インターネット
- NTT電話局

豆知識 ONU（Optical Network Unit）の役割は光とデジタル信号の相互変換と光信号の多重化などを行う。

NTTから相手の電話機につながるしくみ

> **Key word**　SIPサーバー　電話をかける相手の電話番号からIPアドレスを割り出し、その電話番号につなげる。

▶ NTTのサーバーのしくみ

　前項に続き、NTTのひかり電話を例にNTT側から相手の電話機につながるしくみを説明する。NTT内部では多くの家庭からの光ファイバーをまとめて**OLT(光回線終端装置)**に接続している。

　家庭からOLTに入ってきたパケットは、ここでひかり電話の音声パケットとインターネットのデータパケットに分けられる。というのは、家庭ではひかり電話機とパソコンの両方を電話アダプタに接続しており、この両方からデータが送信されることがあるからだ。

　そして、このようにして分けられたひかり電話の音声パケットは**NAT**(ナット)という装置に流れる。前頁で、ひかり電話アダプタの電源を入れるとNTT内部のコンピューターからIPアドレス(仮)を取得すると説明したが、音声パケットがこのNATに送信されると、NATでは仮のIPアドレスと本物のIPアドレスの対応表が用意されていて、それを参照して変換し、そこではじめて本物のIPアドレスに変換される。

　ここから先は、音声パケットの先頭に新たに取得したルーターとSIPサーバーのIPアドレスが入り、送信元IPアドレスとしてひかり電話アダプタの本物のIPアドレスも入るしくみになっている。

　さらに、このNATを通った音声パケットは電話番号パケットと通話パケットに分かれ、この電話番号パケットがSIPサーバーへと送信されるのだ。

▶ SIPサーバーのしくみ

　次にSIPサーバーのしくみについて説明する。SIPサーバーではAさんがダイヤルしたBさんの電話番号を読み、それに対応するIPアドレスを割り出す。このSIPサーバーというのは、本物のIPアドレスに変換するということだけでなく送信されてきた宛先の電話番号から、その電話のIPアドレスを割り出し、そこに接続するという役割を持つ。また、このSIPサーバーは全国に多くあり、それぞれが自分の管轄の電話機を管理している。

　このようにしてSIPサーバーは電話番号のパケットからIPアドレスを割り出すと、そのIPアドレスが自分の管轄であれば、その電話機に連絡する。けれども、自分の管轄でなければリダイレクトサーバーというコンピューターに問い合わせて、そこからBさんの電話番号を管轄しているSIPサーバーのIPアドレスを教え

186　**知っ得**　OLTというのは、Optical Line Terminalの略でNTTでは光回線終端装置と呼んでいるが、音声パケットとデータパケットを分ける役割を持つ。

てもらう。そして、そのSIPサーバーにバトンタッチして、そのSIPサーバーがBさんの電話番号からIPアドレスを割り出し、Bさんの電話機に呼び出しメッセージを送る。

そして、Bさんが受話器を取り上げた時点で、SIPサーバーはAさんに「はい、もしもしBです」という音声を送る。この時点で2人の回線が確保されて通話ができるようになるのだ。これから以降は、すべて2人の会話は通話パケットとして流れることになる。

8-14 NTTのサーバーのしくみ

8-15 SIPサーバーのしくみ

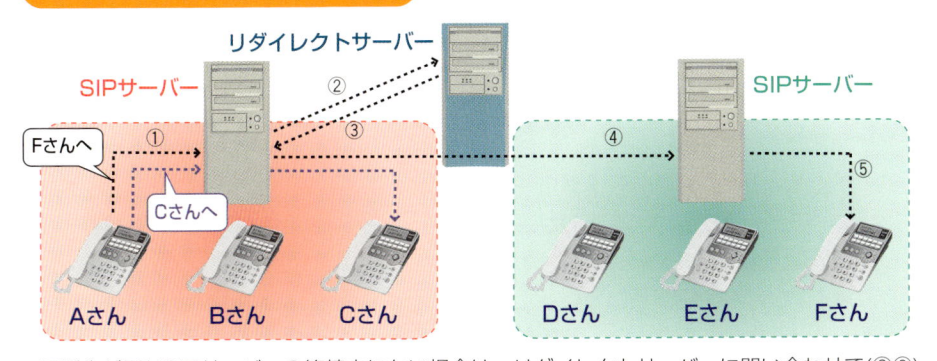

電話先が同じSIPサーバーの管轄内にない場合は、リダイレクトサーバーに問い合わせて(②③)から相手の電話機の管轄内のSIPサーバーにつなげる(④)。

豆知識 NATというのは、Network Address Translationの略。

COLUMN

スカイプはIP電話？

● スカイプとは

　スカイプ（Skype）は、パソコンや携帯端末で使えるインターネット電話ソフトのことで、インターネットに接続したパソコン、スマートフォン、タブレット端末などにスカイプをインストールすれば、スカイプを使っている人同士、場所や時間に関係なく無料で通話ができるというもの。ウェブカメラをつなげばビデオ電話も可能だ。

　また、スカイプの有料サービスなら、相手が一般の固定電話や携帯電話でも格安で通話ができるようになる。

● スカイプとIP電話の違いとは

　さて、スカイプもインターネットを利用する点でいえば、IP電話ともいえるが、実は使ってるネットワークが異なる。スカイプが利用するインターネットは不特定多数の人が使用するインターネット網で、無料のスカイプサービスの場合は、帯域幅や遅延時間、さらにセキュリティ面での保証がなく、音質が低下したり、通話の途中で突然接続が切れたりすることも時々ある。

　一方、IP電話は通信事業者が管理するIPネットワークを使うことから、帯域幅や通話品質などがすべて管理されている。

　そして、IP電話はSIPという通信プロトコルを使用しているのに対して、スカイプではP2P技術でサーバーを介さず、ユーザーの同士の端末間で通信が行われている。

● P2P技術の鍵「スーパーノード」とは

　スカイプでは中央サーバーが存在しないので、全世界に何億人といるスカイプユーザーの中から①**グローバルIPアドレスを持つ** ②**CPUが高性能** ③**大容量のメモリーを持つ** ④**スカイプの起動時間が長い**といった条件に合う人たちをスーパーノードというリーダーのような存在に仕立てている。そして、スーパーノードの端末を、一時的にSIPサーバーの役割を担う端末として利用しているのだ。ただし、選ばれたユーザーはスカイプの使用に何も変わりはないので意識することは全くない。

第9章
テレビ放送のしくみ

テレビ放送のしくみ

> **Key word** テレビ　英語のTelevisionを日本語にしたもの。Tele（遠方）とVision（光景）を組み合わせたもので、遠くにある光景を見るという意味。

▶ 地上波テレビ放送の移り変わり

　テレビ放送はテレビカメラで捉えた映像やマイクを通した音声を電気信号に変えて、テレビ局から山の上の送信所やタワーなどの高い塔（電波塔）に送り、そこから放送用の電波を発信している。

　受信側ではアンテナを立て、アンテナから伝わった電波がテレビで元の映像と音声に再現されている。

　日本の地上波テレビ放送は、アナログ放送が一部の地域を残して2011年7月24日に停止され、移行期間を経て2012年3月31日には完全に地上デジタル（地デジ）放送に変わった。

　デジタル化に伴い、テレビ放送に使用されていた電波の種類が変わった。地上波アナログ放送で使用されていた超短波（VHF）から地デジ放送の電波は周波数が470〜710MHzの極超短波（UHF）になった。この電波の特徴は直進性が強く、ビルや山などの障害物に弱いため、できるだけ高い所から住宅のある下に向けて電波塔のアンテナから発信されている。

▶ テレビ放送の流れ

　まずはテレビ局にて番組が制作されるが、その際、テレビカメラには撮像管と呼ばれる装置が内蔵され、レンズを通った光は撮像管の受光面に被写体の像を結像させる。この受光面に映った像の光の強弱と色の情報を電気信号に変える（光電変換）。

　そして、電気信号は圧縮（エンコード）されて、光ファイバーケーブルやマイクロ波回線などを使い、テレビ局から電波塔に送られる。送られた信号は、電波塔内にある地上デジタルテレビ送信機で電波形式の信号に変えられ、広い範囲に届くように大きな電力に増幅される。

　一方受信側では、受信アンテナで電波を捉えた後、テレビ局でデジタル化して圧縮された映像情報や音声情報に関する電気信号を地デジチューナー内で解凍（デコード）している。

　テレビ画面は電気信号が1/30秒という速さで送られ、1つの画像を作るのに光の点が画面の左上から右に向かって横線を描くように動いていく（走査線）。左端から右端まで信号を送ると、また左端に戻る。右下まで信号を送ったところで左上に戻る。この繰り返しで走査線が次々に引かれ1枚の画像を作っていく。これが映像として見える仕組で、人間の目にはパラパラ漫画と同じ原理で、統一された絵が滑らかに動くように見える。

豆知識　受信アンテナの周りには、ラジオ、携帯電話など様々な電波が飛び交っているが、特定の周波数に共振して、目的の電波を取り出している。

9-1 テレビ放送の流れ

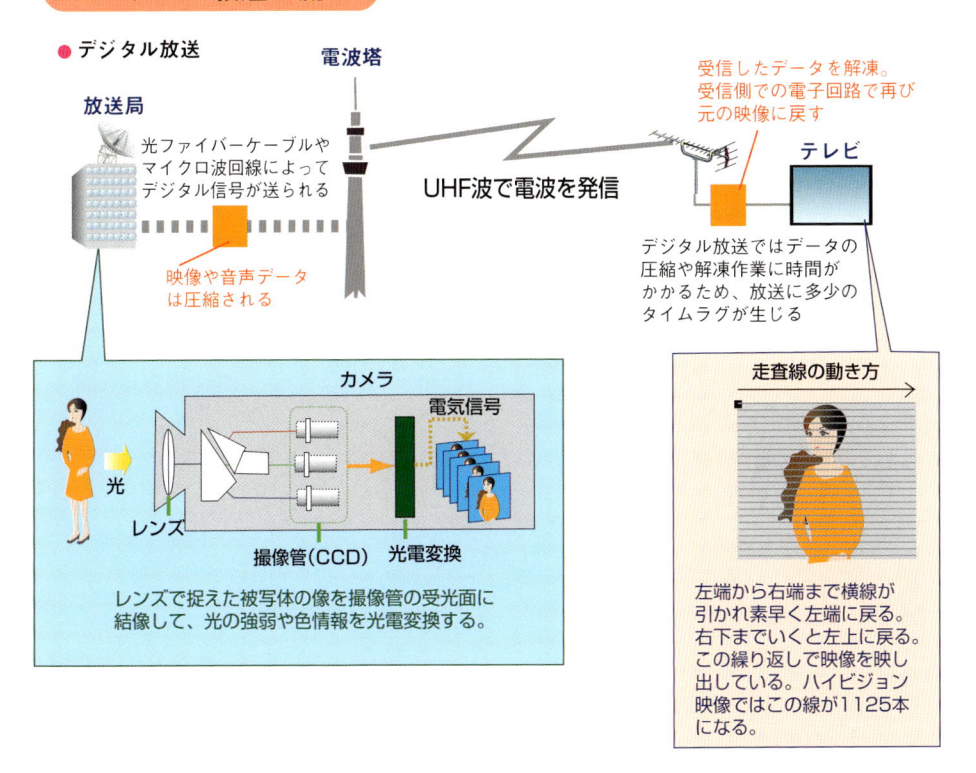

● デジタル放送

放送局　光ファイバーケーブルやマイクロ波回線によってデジタル信号が送られる

電波塔　UHF波で電波を発信

映像や音声データは圧縮される

受信したデータを解凍。受信側での電子回路で再び元の映像に戻す

テレビ

デジタル放送ではデータの圧縮や解凍作業に時間がかかるため、放送に多少のタイムラグが生じる

カメラ

光 → レンズ → 撮像管（CCD） → 光電変換 → 電気信号

レンズで捉えた被写体の像を撮像管の受光面に結像して、光の強弱や色情報を光電変換する。

走査線の動き方

左端から右端まで横線が引かれ素早く左端に戻る。右下までいくと左上に戻る。この繰り返しで映像を映し出している。ハイビジョン映像ではこの線が1125本になる。

第9章

▶ デジタル放送とアナログ放送の違い

　アナログ放送では、放送局から送信された信号は画像情報を波の形で表した、そのままの状態で電波塔からVHF波の電波に変えられ送られていた。VHF波は、特徴として外部からの影響を受けやすいので、電波の形が崩れやすく、また電波塔からの距離が遠ければ遠い程、減衰が激しいため映像の品質を保つことは難しかった。

　一方、デジタル放送に変わり、信号がデジタル信号に変換されるため、外部の影響で劣化したとしても、元のデータへの復元が容易になった。このため、ノイズに強く、高品質な画像や音声の配信が可能になった。

　ただし、デジタル放送ではアナログ放送よりも多くの情報を収録できるようになった分、情報を効率良く送信するために圧縮という処理をしている。受信後は、解凍処理がテレビ側で必要になり、この作業に多少時間がかかることから、アナログ放送と比べると遅れが生じてしまうのだ。

　なお、地デジ放送について詳しくは194頁を参照していただきたい。

なるほど　アナログでハイビジョン放送を配信すると、それまでの放送と比べ5倍の量の電波が必要であった。デジタル化で電波量を減らしつつ、高精細な映像の提供が可能になった。

電波塔のしくみ

> **Key word　電波塔**　電波を送信する塔で、アンテナを保持している。広範囲に向けて電波を送信するために高く建てられている。

▶ 東京タワー

　港区芝公園にある333mのタワーで、パリのエッフェル塔よりも9m高く、東京スカイツリーができるまで、約51年間日本一の高さだった。1957年6月29日に起工し、1958年10月14日に竣工、1959年1月10日からNHK教育放送の電波を発射した。東京全域に電波を送るには約400mの高さが必要だったが、風の影響で電波が乱れることを考慮し、ぎりぎりの333mの高さに決められた。

　関東エリアの各種放送の電波塔だが、それ以外にも大規模地震を想定し、東京駅を中心とした100km圏内を運行するJR東日本の列車に緊急停止信号を発射する防護無線用アンテナや、東京都公害局の風速計、温度計、硫黄酸化物測定器等が取り付けられている。

　2011年7月までは、アナログテレビ放送の電波を関東一円に届けていたが、その後、地上デジタルテレビ放送やラジオ放送（アナログ）を発信している。今後、電波塔としての役割はスカイツリーへ徐々に移行されてデジタル放送の電波塔としての役目を終える予定である。

9-2　東京タワーの役割

FM放送アンテナ
特別展望台の真下からNHK-FM、FM東京・J-WAVE、放送大学FM、InterFMの順にアンテナが設置されていたが、NHK-FM、J-WAVEはすでにスカイツリーに移転している。一方、FM東京は東京タワー頂上部333mの高さに新アンテナを設置し2013年1月頃に送信を開始する予定。放送大学やInterFMも東京タワーに残る。

テレビ中継回線設備
FM放送用アンテナの直下〜大展望台にかけて設置。テレビ局が遠方の取材先から得たデータをマイクロ波で受信し、映像専用線を通して各放送局の演奏所に送るための中継システムのこと。

特別展望台（250m）
大展望台（150m）

地上デジタル放送アンテナ
特別展望台の上部、高さ260〜280mの所の直径13m・高さ12mの円筒形をしたアンテナは「3素子型2L双ループアンテナ5段15面4系統」といわれる。テレビ放送のデジタル化に向け、東京タワーのデジタル用アンテナをこのまま使えるようにアンテナ部分を80〜100mアップして取り付ける計画もあったが断念。結局、電波塔としての役割は東京スカイツリーに移行していく予定。ただし、在京テレビ局6社とは、スカイツリーの電波発信機能に障害が起きたときのための予備電波塔として契約している。

送信機
地上デジタル放送用送信機は大展望台の直下にある。

一口メモ　自立式鉄塔とは、塔本体の骨組みだけで立っている塔のこと。自立式の他にケーブルやワイヤーで支える支線式の塔がある。

東京スカイツリー

　東京タワーから地デジ放送の電波を送信するのでは、他に連立する高層ビルによる電波遮断などで、もはや電波塔としての高さが十分に足りずに首都圏域すべてをカバーし切れなくなってしまった。

　そこで、NHKと民放キー局は新しい電波塔の建設地として墨田区押上にある東武鉄道貨物操車場跡地に新しい電波塔「第2東京タワー」を建設する事を決めた。2008年6月には正式名称が「東京スカイツリー」に決定。

　このようにして、2008年度に着工した東京スカイツリーは、2011年12月に放送事業者による無線設備の取り付け工事が終了し、地上デジタルテレビ放送、FMラジオ、タクシー無線、スマートフォン向け放送サービスなどのアンテナが取り付けられた。その後、デジタルテレビ放送やFM放送の試験電波期間を経て、2012年4月にはNHK-FMとJ-WAVEが東京タワーから移転し、東京スカイツリーからの本放送が開始された。デジタルテレビ放送については2013年1月頃にも本放送が開始される予定である。

　なお、高さ634mの東京スカイツリーは、自立式鉄骨による電波塔としては広州塔の600mを抜いて世界一の高さである。

9-3 東京スカイツリーの役割

デジタル放送アンテナ
約565m〜615mの位置するアンテナゲイン塔に在京テレビ局6社（NHKと民放5社）のアンテナを設置。アンテナは4段20面2システム（合計160面）からなる多面合成アンテナというもので、4ユニット（合計640面）が取り付けられている。

他放送事業者送信アンテナ

ラジオ放送アンテナ
NHK-FM、J-WAVEが2012年4月23日より、東京スカイツリーに設置された放送用アンテナより送信を開始。

タクシー無線集中基地
第1展望台のすぐ下（300m付近）の南西および北東の2か所に、長さ16mの鋼管支持柱に設置されている。無線基地用アンテナとしては日本一高い設置になる。

- アンテナゲイン塔
- 東京スカイツリー天望回廊（450m）
- 東京スカイツリー天望デッキ（350m）

なるほど　新タワーの足元は三角形で、この3という数は三脚のように最も少ない数で安定性が得られる合理的な形状。さらに足元から頂部へ視点を移すと三角形から円形へと変化する。

地上デジタル放送のしくみ

> **Key word** **デジタル** デジタル（Digital）は、ラテン語の「digitus（指の）」が由来で、「指折り数える」という意味。

▶ 地上デジタル放送の特徴

　地上デジタル放送（地デジ放送）とは、デジタル変調やデジタル圧縮を使ったテレビやラジオの地上放送のこと。

　デジタル圧縮で従来の1チャンネル分の帯域（6MHz）でハイビジョンレベルの高画質とCD並の高音質放送や標準画質での3チャンネル放送（マルチ編成）が可能になった。

　そして、デジタル放送では高品質の映像・音声サービスの他にも字幕放送、EPG放送（電子番組表）、データ放送、双方向サービス、ワンセグ放送（168頁参照）など複数の機能を装備している。

　データ放送では、住んでいる地域のニュースや天気予報など地域に限定した情報が提供され、双方向サービスでは放送中の番組のアンケートに答えたり、クイズ番組に参加したり、ショッピング番組でその場で申し込むなど、以前のアナログテレビ放送ではできなかった双方向での通信ができるようになった。

　また、アナログ放送ではしばしば問題になった画像が多重に映るゴースト現象や、車・列車などの移動体での受信で画像が乱れたり途切れるような問題はデジタル放送になってからはなくなった。というのも映像や音声をアナログ放送のようにそのままの波形で送るのではなく、デジタル化して送ることで途中で波形が電波障害などで乱れてしまっても、元の波形への完全な再生が可能だからである。

▶ 地上デジタル放送の受信

　地デジ放送を見るには、アナログ放送で使われていたVHFアンテナではなく、地デジ対応のUHFアンテナが必要だ。

　テレビとUHFからのアンテナ線を接続すれば視聴できるが、地デジ放送に対応していないテレビの場合には、さらに地デジ対応チューナーを用意して、テレビとUHFアンテナを接続する必要がある。テレビチューナーには地デジのみ対応のものと、BS・110度CSデジタルなどの衛星放送と地上放送の両方に対応しているものがある。

　また、デジタル放送では放送を暗号化して送信しているので、その暗号化を解除するための鍵の役割を果たすB-CASカード（**知っ得**参照）が不可欠である。このB-CASカードが挿入されていない受信機（地上デジタル対応チューナーまたはデジタルテレビ）では視聴できない。

> **知っ得** B-CAS（ビー・キャス）カードはデジタルチューナーやデジタルチューナー内蔵テレビ・録画機器を購入すると同封されている。このカードはユーザー登録が必要。

9-4 地上デジタル放送でできること

● 高画質放送

16:9のワイドな画面で迫力と臨場感のあるきめ細かい映像

● データ放送

地域ごとの生活情報を文字データ配信

● マルチ編成

1チャンネル分で2～3番組を同時放送（サブチャンネル使用）

● 字幕放送

字幕がロールアップ表示方法で1行ずつ表示

地デジ放送による様々なサービス

● ワンセグ放送

携帯電話やスマホなどの移動端末で視聴できる地上デジタル放送サービス

● EPG放送

番組案内を配信

● デジタルサラウンド

サラウンドシステムでの立体音響を実現

9-5 地上デジタル放送を視聴するには

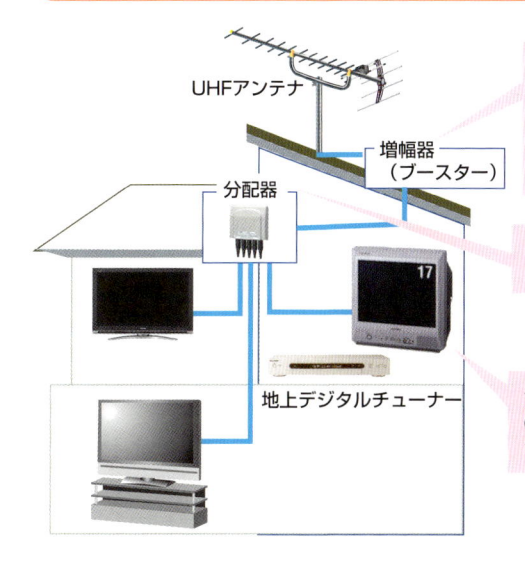

UHFアンテナ
増幅器（ブースター）
分配器
地上デジタルチューナー

複数のテレビに電波を分配したりすると、電波が弱くなることがある。その場合は、増幅器が必要。アンテナに近い位置に設置する。

テレビが各部屋に置いてある場合は分配器（ぶんぱいき）を設置。

アナログTV、ハイビジョン対応アナログTVなどの地デジ放送未対応のテレビの場合は、地上デジタル対応チューナーが必要になる。

第9章

豆知識 デジタル放送ではテレビ番組表をテレビ画面に表示するEPG放送（電子番組表）というシステムを利用できる。この表からワンタッチで録画設定が行える。

双方向データ放送のしくみ

Key word **データ放送** テレビの映像・音声とは別の映像・音声・文字情報を同じ画面に表示する

双方向サービスについて

アナログ放送は一方的に送られてきたテレビを視聴するという受動的なものだったが、デジタル放送では、テレビを通してクイズ番組に参加したり、テレビショッピングチャンネルやアンケートに答えたりといった双方向サービスが可能となった。例えば、NHKでは「デジタル紅白歌合戦」などで、お茶の間から番組に参加できるようになっている。

つまり、通信回路を接続して、テレビを観ている側とテレビ局とで情報交換ができるサービスのことだ。それにはアンテナ回線とは別に電話またはインターネットの回線を利用して、テレビとネットワークを接続する。具体的には、デジタルテレビまたはデジタル対応チューナーに電話回線用のモジュラーケーブル接続端子とLAN接続端子がついているので電話回線またはルーターに接続する。

なお、デジタルテレビやデジタル対応チューナーには、インターネットで使われている暗号化機能SSLが搭載されている。

データ放送のしくみ

データ放送を構成する1つひとつの映像や音声、文字などの各情報をモノメディアといい、それを組み合わせて画面表示するための方式を**マルチメディア符号化方式**という。

デジタル放送のマルチメディア符号化方式には、**BML**（Broadcast Markup Language）という放送用マークアップ言語が使われている（ 一口メモ 参照）。BMLはホームページを記述する言語のHTMLに似ている。例えば、タグを利用して文字やモノメディアを表示する画面上の位置などを記述できる。そして、視聴者側ではこれらの指示をリモコンボタンで操作する。

その他のデータ放送サービス

BMLを使ったデータ放送には、さらに次のような機能が拡張されている。

まず、お気に入りのデータ放送を受信機内にメモし、後で表示させられるブックマーク機能がある。次にBMLからアプリケーションを起動してインターネットブラウザーを搭載していれば一般のホームページを見ることが可能である。

豆知識 データ放送の双方向通信機能を利用して、遠く離れた高齢の家族がどの時間帯にテレビを視聴しているかにより、安否を確認する新たなサービスの実験的利用を始めている。

9-6 双方向サービスを利用するには

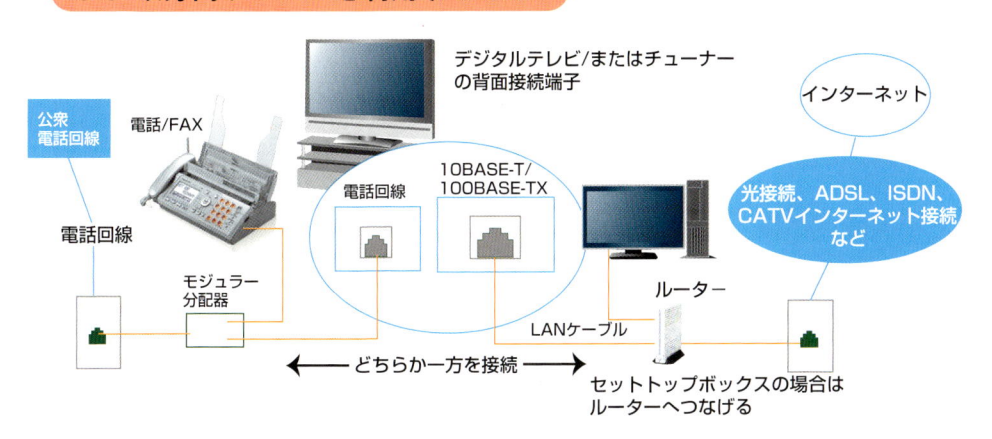

公衆電話回線
電話/FAX
電話回線
モジュラー分配器
デジタルテレビ/またはチューナーの背面接続端子
電話回線
10BASE-T/100BASE-TX
LANケーブル
ルーター
セットトップボックスの場合はルーターへつなげる
どちらか一方を接続
インターネット
光接続、ADSL、ISDN、CATVインターネット接続 など

9-7 双方向データ放送のしくみ

テレビ局から送信された電波には発信元の電話番号情報を含んでいる

インターネット

データ放送画面
データ放送の画面デザインはARIB（アライブ）(社団法人電波産業会)が各放送局に委ねていて、データ放送全体としての一貫性はない。

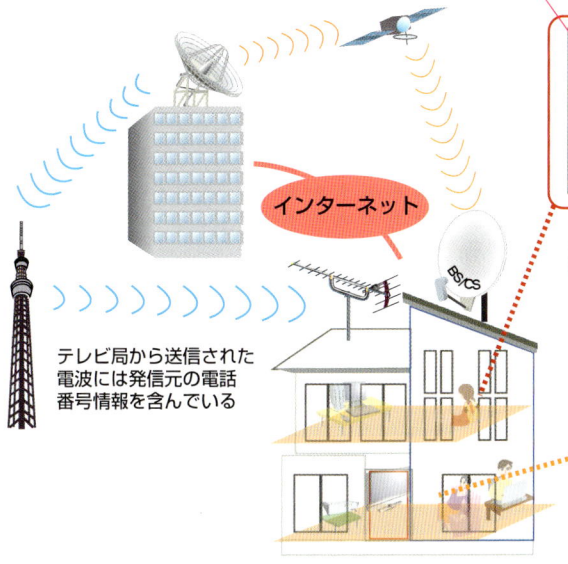

リモコン操作で交通や天気の情報、くらしに役立つ最新情報、地域に密着した情報をいつでも入手できる

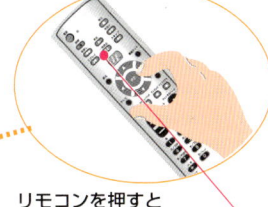

リモコンを押すと情報が発信元(テレビ局)に送信される

リモコンボタン
ARIBで規定されたデータ放送用リモコンキーの規約では「ユーザの混乱を避けるため、1つのボタンに多くの意味をもたせないこと。複数の意味付けを行う場合は、操作内容をコンテンツ内でユーザーへ明示することが望ましい」との記述がある程度で、リモコンのデザインや表記に統一性はない。また、リモコンボタンの規定で、任意に機能を割り当てられる4色のファンクションボタンについては、左から青、赤、緑、黄の順にすることが望ましいとされている。

一口メモ BMLは、ARIB(社団法人電波産業会)がXMLをベースにして、テレビ放送に特化したマークアップ言語として開発・策定した。

衛星放送のしくみ

> **Key word** 衛星放送の基本形態　情報を発信する送信局、その受け取った電波を増幅して地球に送り出す衛星、衛星から地上で受け取る受信局。

衛星放送とは

　衛星放送とは、宇宙空間に打ち上げた人工衛星の放送衛星や通信衛星を使って行う放送のことをいう。

　1986年2月、BS-2b（ゆり2号b）が打ち上げられ、この放送衛星を利用して翌年7月にNHKのBS-1が24時間放送を開始した。これが日本初の衛星放送だった。

　1989年3月には、民間通信衛星JCSAT（ジェイシーサット）-1、6月にはスーパーバードAが打ち上げられ、1991年4月にはWOWOW（ワウワウ）が本放送を開始、1992年2月にはCS放送6チャンネルがスタートし、本格的な衛星テレビ時代が始まった。

　衛星は赤道上空約36,000km静止軌道上で地球と同じ速さで地球のまわりを回っているので地上からは静止しているように見える。それで、静止衛星と呼ばれる。

　衛星はテレビ放送局から送信（**アップリンク**）された電波を受信し、地上に向けて送信（**ダウンリンク**）する。そのため、山や高い建物などの影響で番組が見にくくなるということはなく、日本全域で同じ放送を美しい映像で見ることができる。

　受信するためには、各家庭で衛星放送受信用のパラボラアンテナを設置し、衛星放送用チューナーあるいはチューナー内蔵テレビに接続する。ケーブルテレビに加入して観ることができる。

BS放送とCS放送

　衛星放送にはBS放送とCS放送の2種類がある。

　放送衛星を利用した放送は、BS（Broadcasting Satellites）放送と呼ばれ、一般の家庭で視聴されることを目的とし、1989年にBSアナログ放送が開始され、2000年にはBSデジタル放送が開始された。その後、BSアナログ放送は2011年7月24日で終了した。

　一方、通信衛星を利用した放送はCS（Communication Satellites）放送と呼ばれ、通信事業を目的としたものだったが、1989年に放送法の改正で一般の家庭でも視聴できるようになった。通信衛星は放送衛星に比べ電波の出力が小さいため、BS放送用のアンテナより大きめのアンテナが必要だったが、2002年からは110度CSとなりBS衛星と同じ位置からCS放送電波を発信するようになったため、BS放送とCS放送は兼用アンテナとなった。

なるほど　世界初の人工衛星「スプートニク1号」は宇宙から地球を観測するという目的の科学衛星で、直径わずか58cmの球体。これまで世界で打ち上げられた人工衛星は約5000機にもおよぶ。

9-8 放送衛星

ゆり2号打ち上げ

通信衛星はロケットで地球の引力圏から脱出すると、およそ地上760kmでロケットから切り離され、衛星本体のエンジンを作動させて、徐々に約36,000kmの静止軌道に乗せる。

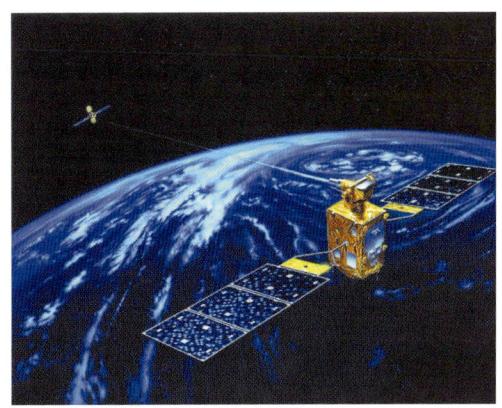

地球上に打ち上げられた人工衛星

静止軌道に投入された後、地上局からの指令電波によって取り付けられているアンテナと両面に折り畳んでいる太陽電池パネルを展開し、太陽電池パネルを太陽の方向に向けて電力を確保する。すべてが順調に動作することを確認すると、放送事業者によってサービスが開始される。

9-9 アップリンクとダウンリンク

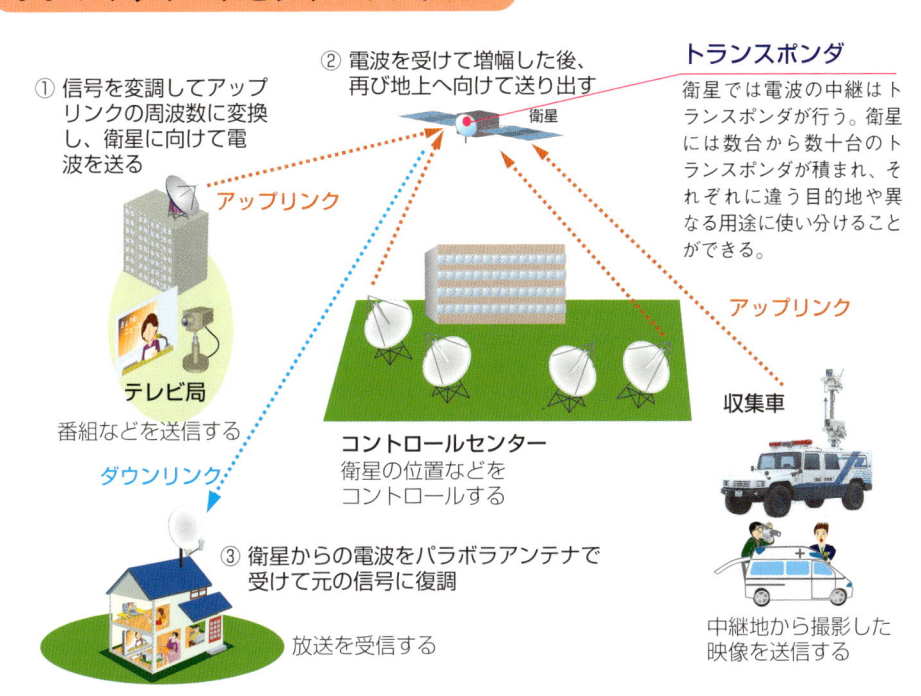

① 信号を変調してアップリンクの周波数に変換し、衛星に向けて電波を送る

② 電波を受けて増幅した後、再び地上へ向けて送り出す

トランスポンダ

衛星では電波の中継はトランスポンダが行う。衛星には数台から数十台のトランスポンダが積まれ、それぞれに違う目的地や異なる用途に使い分けることができる。

アップリンク

テレビ局
番組などを送信する

ダウンリンク

アップリンク

収集車
中継地から撮影した映像を送信する

コントロールセンター
衛星の位置などをコントロールする

③ 衛星からの電波をパラボラアンテナで受けて元の信号に復調

放送を受信する

一口メモ 日本初の通信衛星によるテレビ中継は1963年11月23日。太平洋を結んだ日米間の衛星通信実験がスタートし、飛び込んできた映像はケネディ暗殺というニュースだった。

衛星デジタル放送のしくみ

> **Key word** 人工衛星　種類は大きく分けて2つある。1つは地球の周りを周回して観測する探査衛星、もう1つが放送に使われる放送衛星や通信衛星。

▶ 衛星デジタル放送

　衛星デジタル放送はデジタル信号で送信される衛星放送で2000年よりBSデジタル放送が開始された。主な放送としてはNHKのBS-1、BSプレミアム、民放数チャンネル、有料放送のWOWOWやスターチャンネル ハイビジョンなど、また、データ放送サービスなどもある。BS放送の強みはBSアナログ時代から東経110度にアンテナが設置されているという点だ。
　一方、CS放送は1996年に日本初多チャンネルデジタル放送パーフェクTV!（現スカパー!）が開始された。開始当初からデジタル放送であったことからアナログからデジタルへの移行などもなく幅広いコンテンツを提供し、多チャンネルを実現してきた。また、2000年にN-SAT-110という衛星を打ち上げ2002年に110度CS放送を開始した。
　衛星デジタル放送の特徴はいつでも最新の情報、例えば気象や交通、ニュース、スポーツなどを画面に映すことができ、テレビと電話線を接続することで双方向サービスという楽しみ方ができる点だ。

▶ 衛星を打ち上げている会社

　BS放送用の放送衛星は放送衛星システムという会社によって打ち上げられている。放送衛星システムは放送衛星3号（BS-3）による衛星放送を安定的に継続するためにNHKおよびWOWOWならびにハイビジョン放送などを中心に1993年に設立。
　CS放送用の通信衛星は、スカパーJSAT（ジェイサット）という会社によって打ち上げられている。元々は日本初の民間の衛星通信事業者として日本通信衛星株式会社としてスタート。その後、2008年10月宇宙通信株式会社と株式会社スカイパーフェクト コミュニケーションズと合併した。ニックネームであるジェイシーサット（JCSAT）がそのまま衛星の名前として使われている。
　スカパーJSATでは12機の衛星を保有しているが、衛星はそのままにしておくと、太陽や月の引力の作用などにより静止軌道の定められた位置からずれてしまうため、軌道位置と姿勢を調整するための施設であるJCSAT系衛星管制センターが横浜のJR横浜線中山駅近くに置かれている（**なるほど** 参照）。また、スーパーバード系衛星管制センターについても茨城にある（**豆知識** 参照）。

なるほど　横浜衛星管制センター（YSCC）のバックアップ局として群馬衛星管制（GSCS）がある。災害の被害を同時に受けないように約130km離れて位置している。

9-10 日本で放送を行っている衛星の配置

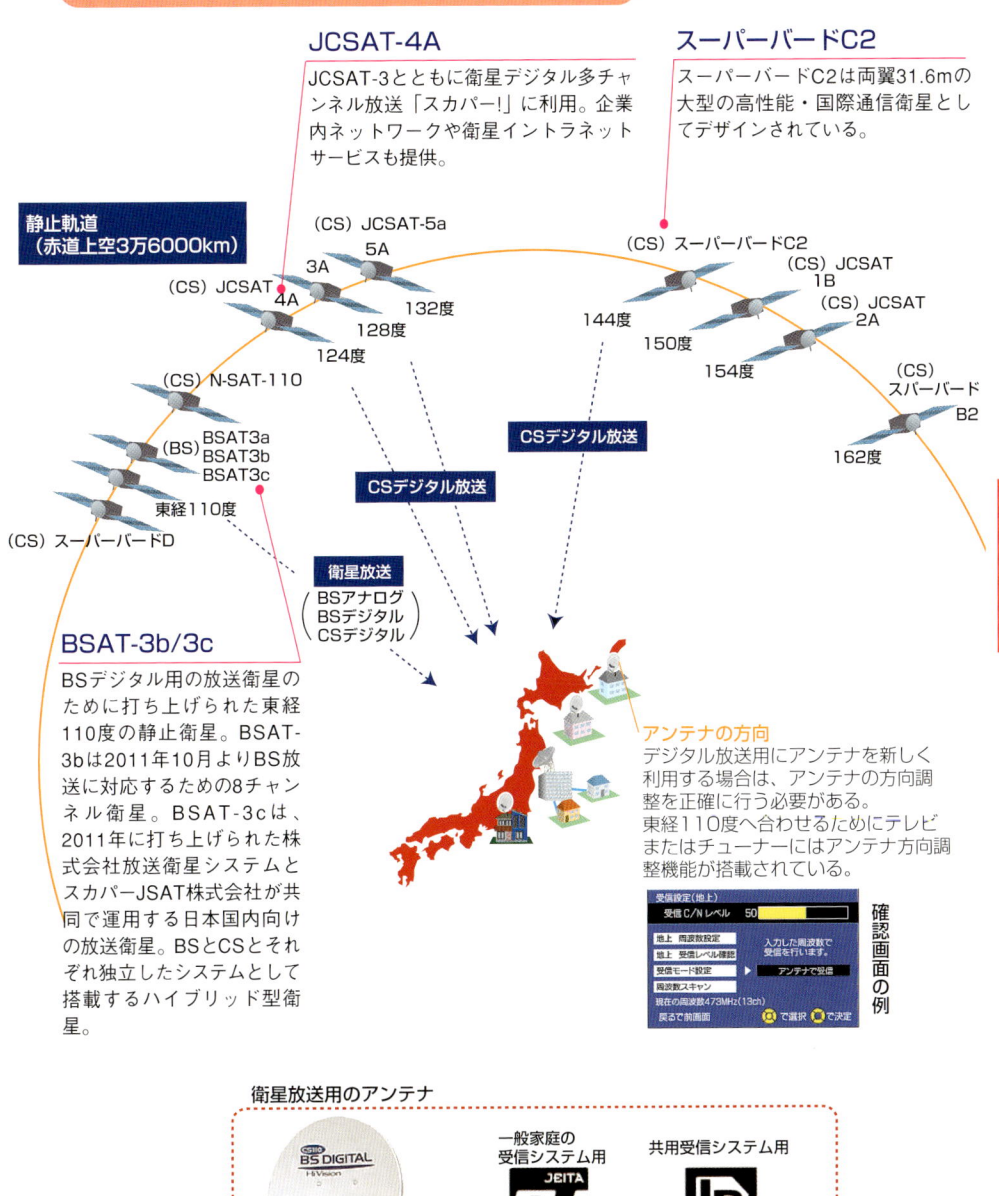

JCSAT-4A
JCSAT-3とともに衛星デジタル多チャンネル放送「スカパー!」に利用。企業内ネットワークや衛星イントラネットサービスも提供。

スーパーバードC2
スーパーバードC2は両翼31.6mの大型の高性能・国際通信衛星としてデザインされている。

静止軌道
(赤道上空3万6000km)

(CS) JCSAT-4A
(CS) JCSAT-5a 3A 5A 132度 128度 124度
(CS) スーパーバードC2 144度 150度
(CS) JCSAT 1B
(CS) JCSAT 2A 154度
(CS) スーパーバード B2 162度

(CS) N-SAT-110
(BS) BSAT3a / BSAT3b / BSAT3c
東経110度
(CS) スーパーバードD

CSデジタル放送
CSデジタル放送

衛星放送
(BSアナログ / BSデジタル / CSデジタル)

BSAT-3b/3c
BSデジタル用の放送衛星のために打ち上げられた東経110度の静止衛星。BSAT-3bは2011年10月よりBS放送に対応するための8チャンネル衛星。BSAT-3cは、2011年に打ち上げられた株式会社放送衛星システムとスカパーJSAT株式会社が共同で運用する日本国内向けの放送衛星。BSとCSとそれぞれ独立したシステムとして搭載するハイブリッド型衛星。

アンテナの方向
デジタル放送用にアンテナを新しく利用する場合は、アンテナの方向調整を正確に行う必要がある。東経110度へ合わせるためにテレビまたはチューナーにはアンテナ方向調整機能が搭載されている。

確認画面の例

衛星放送用のアンテナ

一般家庭の受信システム用
DHマーク
(デジタルハイビジョン受信マーク)

共用受信システム用
BLマーク
(優良住宅部品認定マーク)

第9章

豆知識 茨城ネットワーク管制センター(SPE)のバックアップ局として、山口ネットワーク管制センター(SPW)がある。

ディスプレイの種類としくみ

> **Key word** ディスプレイ　液晶はテレビの他、パソコンや携帯電話、スマートフォンなど幅広く利用され、プラズマはクリアな映像を表現できる。

● 液晶ディスプレイとプラズマディスプレイ

　液晶ディスプレイの特徴は消費電力が少なくて済み、静止精細画像の表示にむいている。構造は2枚の薄いガラス基版に挟まれ、ガラス基板と液晶物質の間には配向膜（はいこうまく）がある。ガラス基板の外側には偏光板が配置されていて、画面背後にあるバックライト（蛍光灯）から放出された光が液晶を通り光の三原色である赤（R）、緑（G）、青（B）のそれぞれのフィルターを通して、前面に画像や文字が表示されるようになっている。

　一方、プラズマディスプレイの特徴は自ら素子が光るので、動画解像度が高く、斜めから画面を見てもはっきりと見える。発光のしくみは、蛍光灯と原理は同じだ。蛍光灯は管内に封入されたガスが放電された時に蛍光体を発光させるが、プラズマディスプレイの場合は、2枚のガラスの間に封入されたネオン、ヘリウム、キセノンガスに電圧をかけると放電し、紫外線を出す。この紫外線がガラス表面に塗られた蛍光体を発光させることで、画面に映像を表示している。このプラズマディスプレイを構成する素子は、プラズマを閉じ込めた小さな「プラズマセル」の内部に紫外線をあてると発光する「蛍光体」を塗ったもので出来ている。光の三原色である赤（R）、緑（G）、青（B）のそれぞれ違う光を出す蛍光体を3つ並べることで、カラー液晶と同様に、あらゆる色を表現している。

9-11 液晶ディスプレイの構造

　電圧をかけなければ、斜めにねじれた液晶分子の隙間が光の通り道となり光が通り抜ける。電圧をかけると、ねじれた状態に配置されていた液晶分子の向きが変化して電界の方向に沿って並ぶ。そして光の通り道になっていたねじれが解けてしまうので、偏光フィルタの2枚にさえぎられて光は通らなくなってしまう。このように電圧のON、OFFで光を遮断したり通したりすることができ、電圧の強さを変えることで光の量も調節できる。このしくみをたくさん並べて後ろからバックライトで光をあてると映像が表示できる。

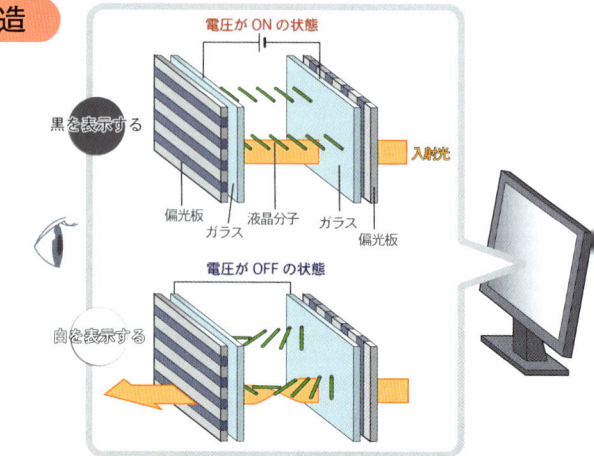

> **知っ得**　液晶分子とは、細長い形をした分子で、自然状態では長軸方向にある程度規則正しく並ぶ性質を持っている。

9-12 プラズマディスプレイの構造

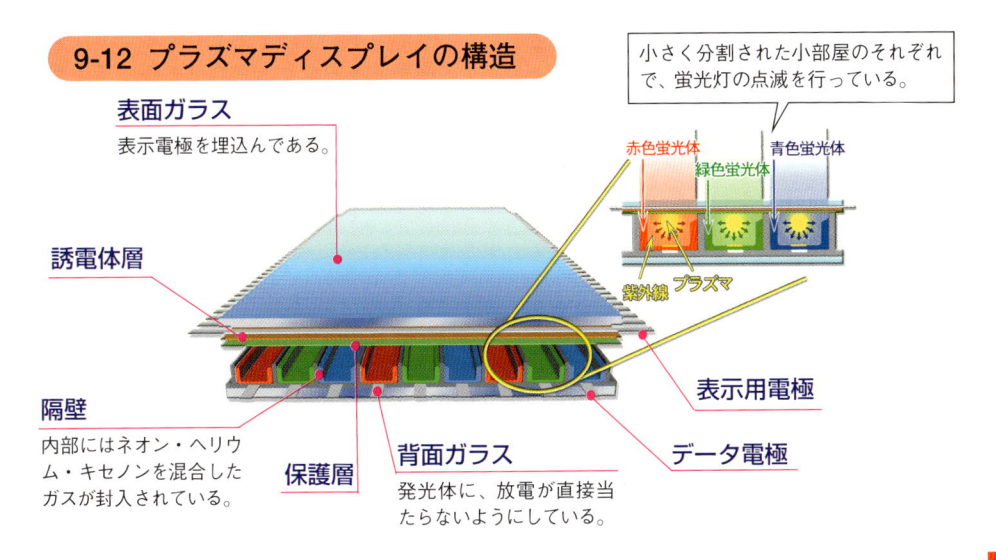

表面ガラス
表示電極を埋込んである。

誘電体層

小さく分割された小部屋のそれぞれで、蛍光灯の点滅を行っている。

赤色蛍光体／緑色蛍光体／青色蛍光体
紫外線　プラズマ

隔壁
内部にはネオン・ヘリウム・キセノンを混合したガスが封入されている。

保護層

背面ガラス
発光体に、放電が直接当たらないようにしている。

データ電極

表示用電極

有機ELディスプレイのしくみ

　次世代ディスプレイとして注目なのが有機ELディスプレイだ。このディスプレイを搭載したスマートフォンも増えている。有機層に赤（R）、緑（G）、青（B）のそれぞれの色ごとに発光する有機分子を用いて電圧を変化させて、発光をコントロールしている。

　発光材料に自ら発光する有機化合物を使用しているため、バックライトの光を必要としない。したがって、従来の液晶ディスプレイと比べてディスプレイがさらに薄く、応答速度も早くなり（映像の残像が見えず動画に向いている）視野角も広いというメリットを持つ。また、電圧も低いため、消費電力が小さいのが特徴。ただし、大型化やコストの面ではまだ課題が多い。

9-13 有機ELディスプレイの構造

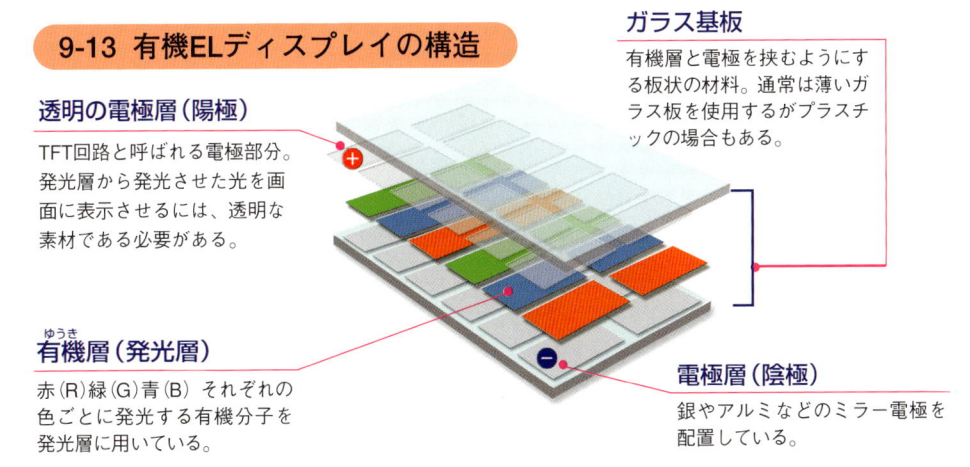

ガラス基板
有機層と電極を挟むようにする板状の材料。通常は薄いガラス板を使用するがプラスチックの場合もある。

透明の電極層（陽極）
TFT回路と呼ばれる電極部分。発光層から発光させた光を画面に表示させるには、透明な素材である必要がある。

有機層（発光層）
赤（R）緑（G）青（B）それぞれの色ごとに発光する有機分子を発光層に用いている。

電極層（陰極）
銀やアルミなどのミラー電極を配置している。

> **豆知識** 有機ELに対して無機ELもある。こちらは炭素を含まない無機化合物に高電圧をかけて発光させる。ただし、最近まで発光効率の点で有機ELに差を付けられていた。

デジタル放送の5.1chサラウンド

> **Key word** サラウンド スピーカーとサブウーファーがそれぞれ独立し、音を再生し、音に包まれるような高音質な音声放送モードを提供。

◆ デジタル放送で変わる音

2000年12月にBSデジタル放送、2003年12月に地上デジタルテレビ放送が開始されてから、2012年4月にテレビは本格的なデジタルの時代に入った。

それにより、地デジ放送やBSデジタル放送では高画質なハイビジョン映像と共に、音楽CDのような品質の高いデジタルサラウンド音声で歌などを楽しめるようになった。また、対応した一部の番組（番組表で「SS」や「5.1」マークが付いたもの）では臨場感溢れる5.1chサラウンドで立体的な音の表現が体験できるようになった。

5.1chサラウンドとは聴く人の前方左、前方右にそれぞれ**フロントスピーカー**を配置し、後方左、後方右に**サラウンドスピーカー**を、前方中央に**センタースピーカー**をそれぞれ配置した5ch（チャンネル）に、さらにもう1つ低音再生用の**サブウーファー**のスピーカーも加えて合計6つのスピーカーによって構成される。

ただし、低音再生用スピーカーであるサブウーファーについては、砲撃音、恐竜の足音など限定された音域再生に使われるため、1チャンネルに満たないものとして、0.1チャンネルとして数えられている。そのため、合計6個のスピーカーでも5.1chと言われている。

そして、サラウンドバックスピーカーを追加することにより、6.1chさらには7.1chになり、後方の音の移動感や連続感がパワーアップし楽しめるようになる。

このように聴く人を取り囲むように複数のスピーカーを配置するマルチチャンネル再生方式のことを、**サラウンド方式**と呼ぶ。

なお、5.1chサラウンドでは「MPEG2-AAC5.1ch」という音声圧縮・伝送方式によるもので、音を再生するには、この方式に対応したAV機器が必要になる。これを内蔵したテレビもあるがAACデコーダを搭載したアンプでもいい。

◆ サラウンドの効果とは

5.1chによる音声効果は、臨場感溢れた迫力ある音声を楽しむだけが目的ではなく、テレビから聞こえてくる人の声や効果音などがそれぞれ独立して前後左右に配置してあるそれぞれのスピーカーやサブウーファーから再生されるしくみなので、テレビの音声のボリュームを上げたり下げたりといちいち調整することなく、それぞれの音が聞きやすく、映像が楽しめるようになっている。

一口メモ ステレオは左右の広がりを表現できる、5.1サラウンドは360度の立体感を表現できる。

9-14 5.1サラウンド

MPEG-2 AAC

5.1サラウンドではAACという音楽圧縮方式を採用。5.1サラウンドを再生するにはAACデコーダが必要。デコーダを搭載したアンプを用意するか、あるいはAACに対応したサラウンドシステムを購入する。

センタースピーカー

テレビ画面の中心に配置するスピーカーで、映画などではセリフや音楽ではメインヴォーカルなどのメインの音を再生。

フロントスピーカー

映画の効果音やライブの楽器音、スポーツ観戦の声など映像全体の音を再生。

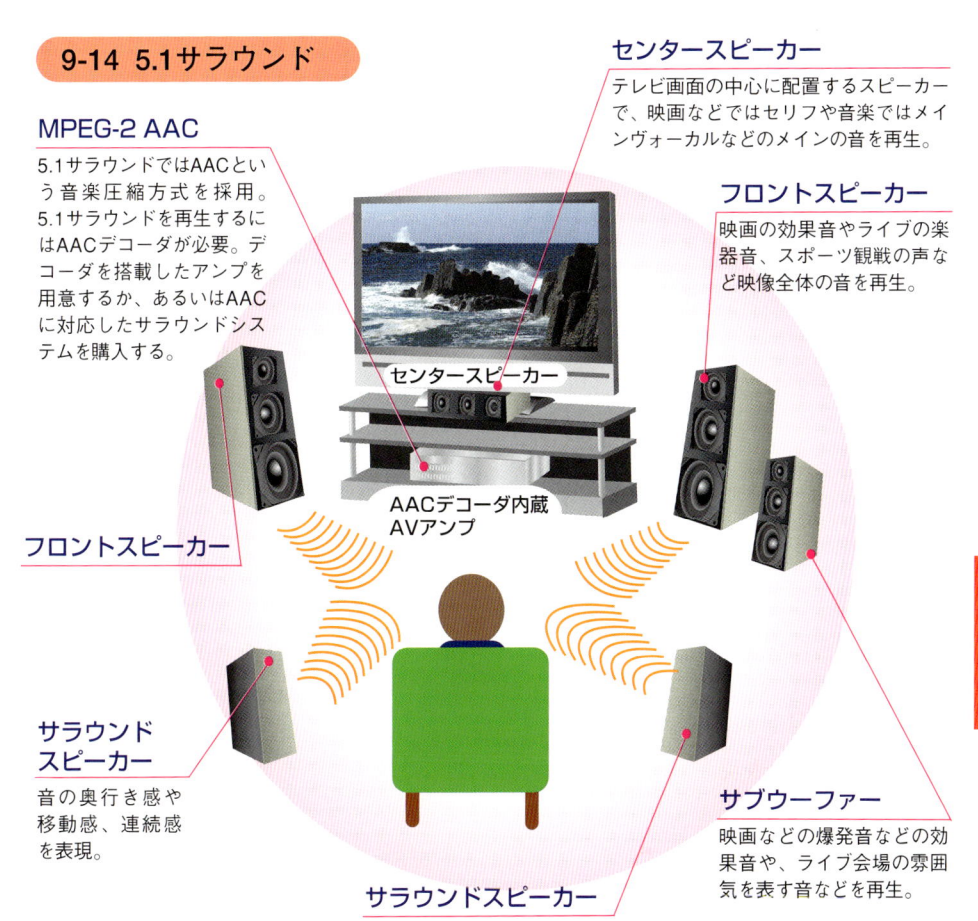

センタースピーカー

AACデコーダ内蔵 AVアンプ

フロントスピーカー

サラウンドスピーカー

音の奥行き感や移動感、連続感を表現。

サラウンドスピーカー

サブウーファー

映画などの爆発音などの効果音や、ライブ会場の雰囲気を表す音などを再生。

9-15 MPEG-2 AAC

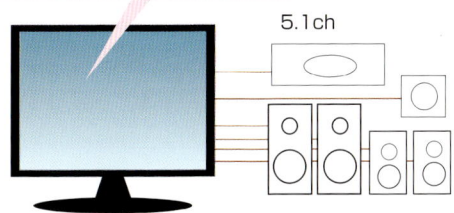

MPEG-2 AAC対応のデコーダー、アンプ搭載のテレビもある

5.1ch

MPEG-2 AAC

地上デジタル放送やBSデジタル放送に採用されていて、AAC（Advanced Audio Coding）方式を使ったMPEG-2音声圧縮フォーマットのこと。従来の音声コーディングよりも高い効率で高品質低ビットレートを目標に開発された。
サンプリング周波数は、最高で48kHzになる。また、データ量は標準ステレオ音声にすると144kbps以下、高音質ステレオ音声で192〜256kbps、5.1チャンネル音声で384kbps以下になる。

豆知識 AACの種類にはMPEG-4 AACがあり、これはiPodに利用されている。

IP放送のしくみ

> **Key word** IP　Internet Protocolの略で、ネットワーク上でデータを通信する際に必要な手順や規約をまとめたものになる。

❯ IP放送とは

　Internet Protocolを利用して、映像や音声信号を伝送する通信サービスのことで、契約した家庭でセットトップボックスまたは対応するテレビ受像機などの専用機器を用いてテレビやラジオの視聴が可能になる。

　通常のインターネット網とは別のIP放送網を使用しているため、大容量のデータの送受信にも問題がない。さらに、データを細かくパケットに分割し、圧縮したデータ形式に変換するので大きなデータも高速に送信できる。このため映画などの動画コンテンツやBSやCS、地デジ放送の再送信を行ったりできる。また、ビデオ・オン・デマンドのサービスを提供することも可能である。

　IP放送のサービスにはユーザーが見たい時に見れるVOD（ビデオ・オン・デマンド）サービスやIPマルチキャスト放送サービス、IP再送信サービスなどがある。

　VODサービスの場合、テレビ画面に表示されたメニューから見たい番組を選ぶとVODコンテンツ配信サーバーから番組が配信される。通常は常に「1対1」だ。これに対して、IPマルチキャスト放送サービスは複数の宛先に同時にデータを一斉送信する、「1対多」の通信となる。これを実現するために、IPマルチキャストという技術が使われ、対応ルーターでネットワークを構築し、マルチキャスト・アドレス（チャンネルを識別するために使われる）を管理しなければならない。したがって現状では通信事業者のネットワーク網内の利用に限られている。

❯ インターネットテレビとの違い

　インターネットを通じてパソコンで映像や音声を楽しめるサービスは、インターネットテレビと呼ばれてIP放送とは区別されている。

　インターネットテレビは一般のインターネット網を経由して映像を配信しているが、IP放送は各事業者が専用IP網を利用しサービス品質を確保している点が異なる。

　また、インターネットテレビは登録や認証などは要求されても、パソコンや携帯電話、スマートフォンなどがあれば誰でも自由に視聴できる。

　ところがIP放送を視聴するにはセットトップボックスまたは、IP放送に対応したテレビ受信機が必要で、通信事業者がそれらを管理してクローズドなネットワーク環境で行われている。

知っ得　VODは、ユーザーが観たい時に観たいコンテンツを呼び出す形態で、家にいながらレンタルビデオを利用するイメージとなる。

9-16 IPマルチキャストを利用した放送型の配信

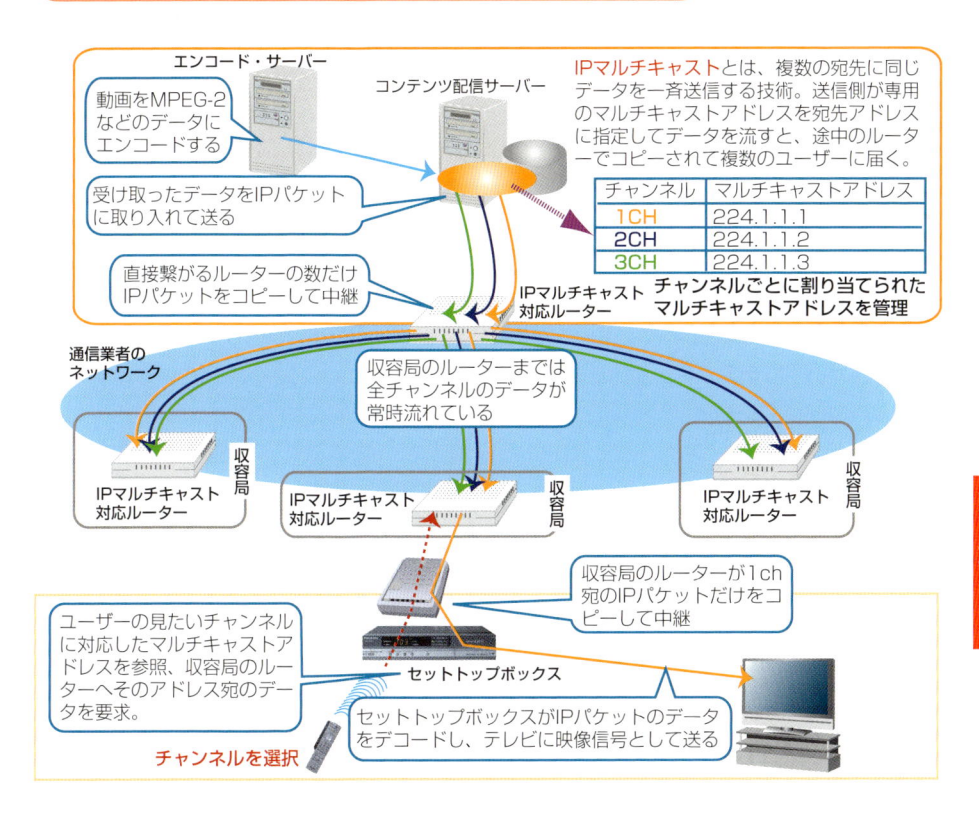

IPマルチキャストとは、複数の宛先に同じデータを一斉送信する技術。送信側が専用のマルチキャストアドレスを宛先アドレスに指定してデータを流すと、途中のルーターでコピーされて複数のユーザーに届く。

チャンネル	マルチキャストアドレス
1CH	224.1.1.1
2CH	224.1.1.2
3CH	224.1.1.3

チャンネルごとに割り当てられたマルチキャストアドレスを管理

- エンコード・サーバー: 動画をMPEG-2などのデータにエンコードする
- コンテンツ配信サーバー: 受け取ったデータをIPパケットに取り入れて送る
- 直接繋がるルーターの数だけIPパケットをコピーして中継
- IPマルチキャスト対応ルーター
- 通信業者のネットワーク
- 収容局のルーターまでは全チャンネルのデータが常時流れている
- 収容局のルーターが1ch宛のIPパケットだけをコピーして中継
- セットトップボックス
- ユーザーの見たいチャンネルに対応したマルチキャストアドレスを参照、収容局のルーターへそのアドレス宛のデータを要求。
- セットトップボックスがIPパケットのデータをデコードし、テレビに映像信号として送る
- チャンネルを選択

9-17 IP放送とインターネットテレビ

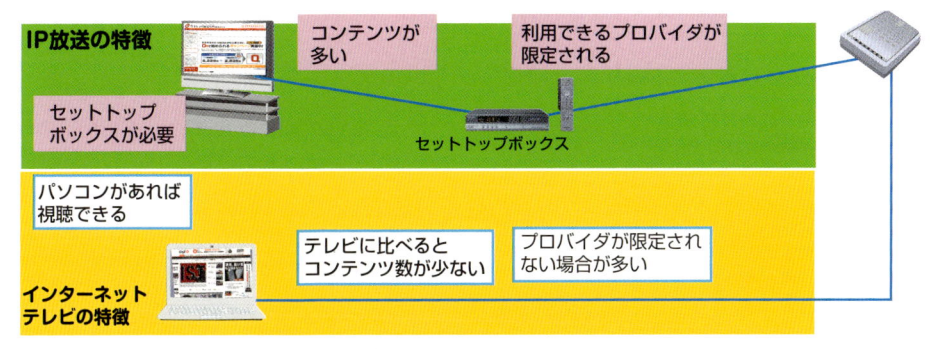

IP放送の特徴
- セットトップボックスが必要
- コンテンツが多い
- 利用できるプロバイダが限定される
- セットトップボックス

インターネットテレビの特徴
- パソコンがあれば視聴できる
- テレビに比べるとコンテンツ数が少ない
- プロバイダが限定されない場合が多い

セットトップボックスとはケーブルテレビや衛星放送、テレビ放送、IP放送などの放送信号を受信して、一般のテレビで視聴可能な信号に変換する装置。通常は、ケーブルテレビ会社などから貸与される。

一口メモ 動画配信サービスで代表的なサイトは「YouTube」、誰でも簡単に動画を観ることができるが会員になると投稿された動画を5段階に評価したりコメントを付けたりできる。

CATVのしくみ

> **Keyword** **CATV** 同軸ケーブルという有線を使用して複数の世帯へのテレビ電波を供給する設備をいう。

❯ CATVとは

　ケーブルテレビは元々、テレビの電波がうまく受信できない難視聴地域で、山頂などに共同アンテナを立て、ケーブルで各家庭に配信するシステム、Community Antenna TVから始まった。

　その後、ニュース、スポーツ、音楽、映画、ドラマといった専門チャンネルで多くの番組を契約家庭に供給するケーブルテレビ（Cable TV）が始まり、これを都市型ケーブルテレビとも呼ぶ。

　日本のケーブルテレビは、一事業者一地区制、すなわち市町村単位で株主に地元資本を加えなければならず、一局当たりの事業規模は小さかった。ところが政府による規制緩和が行われ、1995年、伊藤忠商事と米国のAOLタイムワーナーなどがタイタス・コミュニケーションズというMSO（**なるほど** 参照）を、住友商事と米国コムキャストがジュピターテレコムというMSOを相次いで設立し、各ケーブルテレビ局の放送機材や工事、番組ソフトの一括購入により経営の効率化を図り、業界に革新をもたらした。

　2000年、タイタスとジュピターテレコムが合併、J:COMとして北海道から九州までをカバーするMSOとなった。現在では地デジ、BS、110度CSなどの放送番組の提供ばかりでなく、高速インターネット接続、CATV電話も含めた事業展開をしていて、新興住宅地やマンションなどであらかじめ導入されていることも多い。

❯ テレビ、インターネット、IP電話を一括サービスで

　ケーブルテレビは契約家庭にケーブルを配線し、セットトップボックスと呼ばれる変換機をテレビに接続してテレビ視聴を可能にしている。通常、地デジ放送を見るにはUHFアンテナ、BSを見るにはBS用アンテナなどそれぞれに必要だが、ケーブルテレビの場合はアンテナが不要になる。しかも、1本のケーブルを引くことで、エリア内掛け放題のCATV電話サービスとパソコンを接続する高速インターネットサービスも受けることができる。1本のケーブルで、3つのサービスを一括提供できる本当の意味での双方向メディアとなっている。

　ケーブルテレビの回線は、大部分を光ファイバーを利用して高速なネットワークを構築し、ユーザー宅からケーブルテレビ局までにはOE変換器（図9-18参照）を置いて光信号と電気信号の変換を行っている。

なるほど MSO（Multiple System Operator）は、複数のケーブルテレビ会社に出資して、傘下に入れて統括、運営する会社のことをいう。

9-18 ケーブルテレビ局からの配信

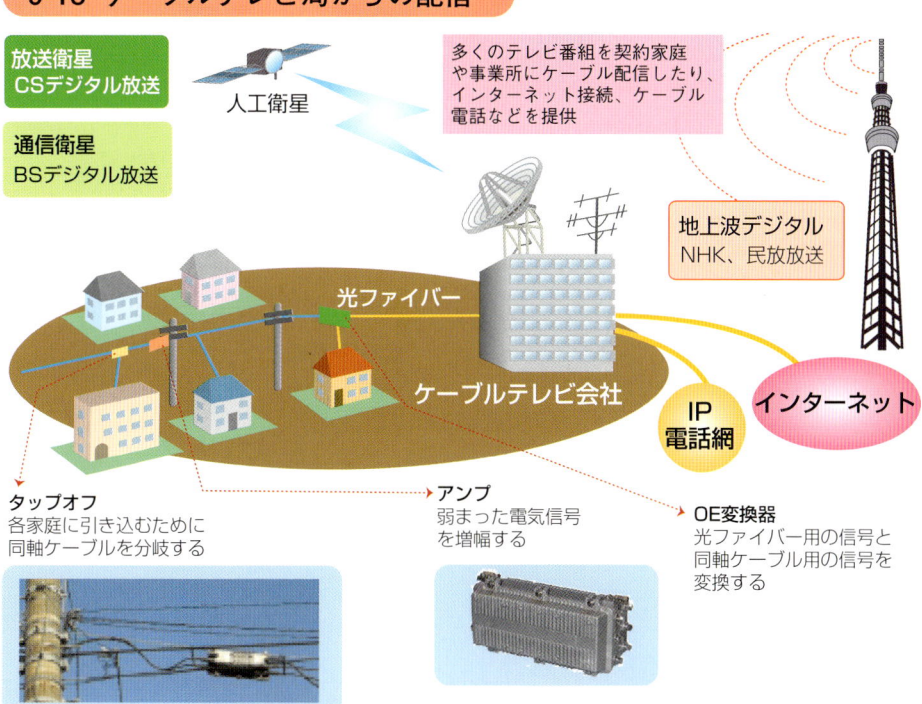

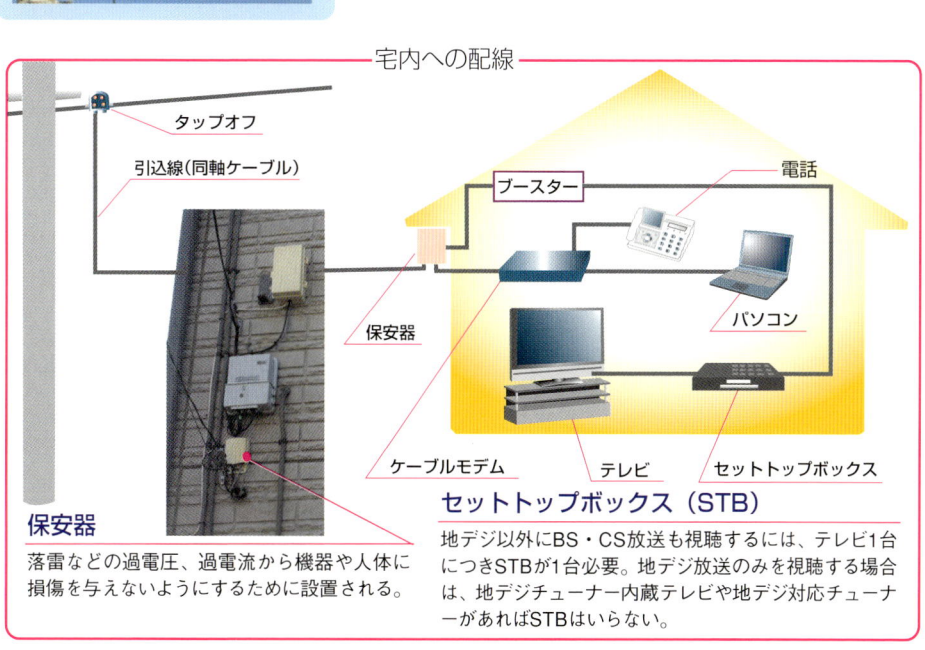

放送衛星
CSデジタル放送

通信衛星
BSデジタル放送

人工衛星

多くのテレビ番組を契約家庭や事業所にケーブル配信したり、インターネット接続、ケーブル電話などを提供

光ファイバー

ケーブルテレビ会社

地上波デジタル
NHK、民放放送

IP電話網

インターネット

タップオフ
各家庭に引き込むために同軸ケーブルを分岐する

アンプ
弱まった電気信号を増幅する

OE変換器
光ファイバー用の信号と同軸ケーブル用の信号を変換する

宅内への配線

タップオフ

引込線(同軸ケーブル)

ブースター

電話

保安器

ケーブルモデム　テレビ　セットトップボックス

パソコン

保安器
落雷などの過電圧、過電流から機器や人体に損傷を与えないようにするために設置される。

セットトップボックス(STB)
地デジ以外にBS・CS放送も視聴するには、テレビ1台につきSTBが1台必要。地デジ放送のみを視聴する場合は、地デジチューナー内蔵テレビや地デジ対応チューナーがあればSTBはいらない。

> **豆知識** 双方向に使用される周波数はほとんど10～55MHzという非常に家庭内雑音が発生しやすい周波数で、その対応策としてハイパスフィルタという機器が必要となる。

COLUMN

テレビ受信アンテナのしくみ

➡ 家庭テレビ受信用

地上波テレビ放送受信のためのテレビアンテナはアナログ放送時に主に使用されていたVHFアンテナからデジタル放送に変わった現在ではUHFアンテナのみが使われている。

UHFアンテナは、UHF帯の電波を使って13～62チャンネルの放送を送信する。

衛星放送受信のためのアンテナはパラボラアンテナといい、仰角方向30～45度で上向き、方向は衛星のある南西～南南西に向ける。

UHFアンテナ（地デジ用）

地デジ放送を視聴するには、UHF帯の13～62チャンネルを受信する全帯域用UHFアンテナが必要。
横に並ぶ棒状の金属（素子）が多いほど電波を受信する能力が高い。一般的には8素子、14素子、20素子、25素子といったものがあるが、地域の電波状況に合ったアンテナを選ぶ。

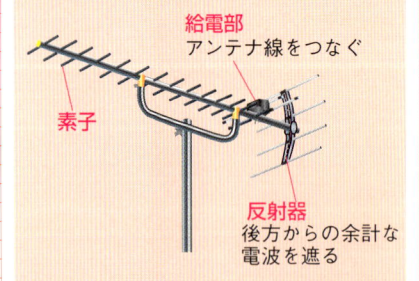

給電部：アンテナ線をつなぐ
素子
反射器：後方からの余計な電波を遮る

UHFアンテナは指向性が高いため、安定した放送受信をするために、送信所（電波塔）に正しくアンテナを向けて設置することが大事。
素子数が多くなると、指向性が鋭くなり、前方からの電波に有利になる。

衛星放送受信アンテナ

BS/CS共用アンテナ。指向性が強く、方向調整（201頁図9-10参照）が必要。反面鏡部分で受けた電波をコンバーター部分に集めるようになっている。

反射器：衛星から届く微弱な電波を焦点に集める
放射器（コンバーター）：集めた電波の周波数を変換してチューナーに送る
仰角

パラボラアンテナは、自宅のベランダなど、晴天時の午後1時～2時に太陽が見える位置（南南西の方角）に仰角方向30～45度で上向きに設置する。ビル、樹木、電線などがアンテナのすぐ前にないようにする。

THE VISUAL ENCYCLOPEDIA OF COMMUNICATION

第10章
近未来通信
のしくみ

センサーネットワーク

Key word　センサー　光、振動、温度などを感知する機器のこと。無線通信機能や移動機能を搭載するものもある。

▶ センサーネットワークとは

　家電にすでに搭載されているセンサー機能にデータ処理や無線通信機能を持たせた装置（センサノードという）を設置し、個々の装置から得られる点としての情報を集め、1つのデータとして立体的、動的、空間的に捉える。そのためには、個々の装置が互いに通信し合い、情報を共有できるネットワークが必要だ。こうしたネットワークを**センサーネットワーク**という。

　例えば、私たちの生活に身近なところでは高齢者が住む宅内にセンサーノードを複数設置し、収集できるデータを監視して元気に日常生活を営んでいるかどうか見守るシステムだ。患者に血圧や心拍を測定する機器とパソコンを接続して、家にいながら診察が受けることが可能な在宅医療システムなども開発されている。また、地球環境を観測するセンサーネットワークでは気温や二酸化炭素濃度を計測し、それをインターネットからリアルタイムに閲覧し、地球規模の問題として温暖化対策のために貴重なデータを収集している。

▶ センサーネットワークの実現

　センサーネットワークの実現に有望視されるのが**RFID**（Radio Frequency IDentification）だ。これはSuicaやPASMO、入退室などの個人認証カードなどに使われている非接触型IC技術だ。工場やスーパーなどで製品を管理するために使われるICタグにも活用されている。また、マラソン大会などでは参加選手の正確なタイムの計測に使われたこともある。このようにタグやカードにICチップを埋め込み、個人情報や製品情報などを記録させて無線通信を利用して認証させている。

　現在5種類の周波数帯域で通信されているRFIDだが、900MHz帯、2.45GHzなどのUHF帯が注目されている。その理由は多少の障害物があっても通信可能で、通信可能距離は2～3m程度、最良で5m程度が可能なことである。

　ネットワークの形態として、直接通信機器同士で通信できるP2P方式（**知っ得**参照）が有効だといわれる。P2P通信のように個々の端末がアクセスポイントとなるネットワークのことを**アドホックネットワーク**といい、アドホックネットワークの実現にはダイナミックな伝送経路技術、端末の自由接続、干渉制御技術、プライバシーの保護とセキュリティ関連技術の標準化と強化が必要だ。

知っ得　ウイルスを添付されて情報流出を招いたり、音楽や動画ファイルを自由に交換でき著作権侵害で悪名をはせたファイル共有ソフト、Winny（ウィニー）で使われる技術。

🔵 センサーネットワークの活用

センサーノードは、小型化することによって、様々なものに搭載可能となり、自然環境の観察や災害時の救助活動、節電など幅広い用途への活用が期待できる。パソコンや家電といった端末に限らず、情報を収集できる装置を地球上の生物に搭載し、センサー同士が通信機能を持ち、ネットワークを構成できれば（M2M）、自然の生態から個人の健康管理、事故や災害時での素早い対処が期待できる。

また反対に、通信装置をばら撒くことで救助を必要とする人を探すことが可能になるかもしれない。このような移動型センサーでは移動手段（アクチュエーター）による制約がなくなれば、ビーコン（無線標識）のように一方向からの受信だけでなく、全方位での感知が可能になり、広範囲での通信ができる。

医療やエネルギーの節約だけにとどまらず、交通網でも道路の工事や渋滞、観光情報などの入手も可能だ。すでに一般道や高速に設置されたビーコンが情報を収集して、VICS（Vehicle Information and Communication System）(豆知識 参照)でカーナビに情報を提供しているが、センサーネットワークならビーコンのないところでも情報を伝達して送ることができる。

センサーネットワークはいつでも何処でも通信が可能なユビキタスネットワークを実現させる。

10-1 センサーネットワークのイメージ

情報処理システム
センサーからの情報を集めて、分析処理を行う。緊急事項はモニタに表示して、警告することができる。タクシーのワイパーが動いていると反応するセンサーノードからの情報を集め、都市内における詳細な降雨情報を得る試みも始まっている。

衛星通信
センサーからの情報を衛星を利用する通信装置と連携させて、より遠くへ送信する。

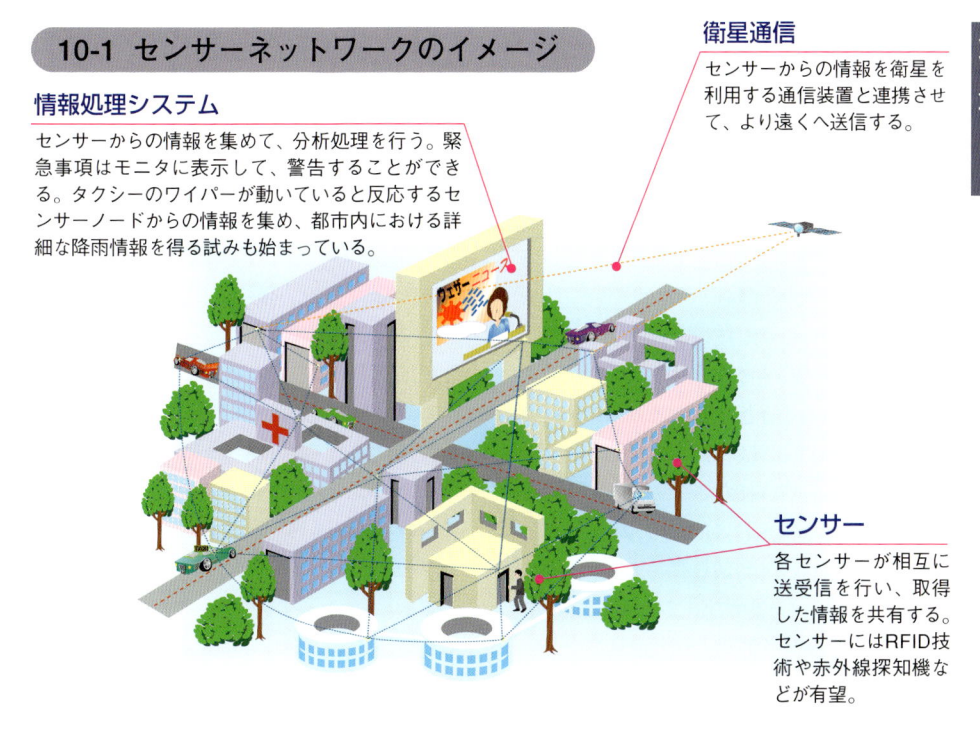

センサー
各センサーが相互に送受信を行い、取得した情報を共有する。センサーにはRFID技術や赤外線探知機などが有望。

豆知識　VICSとは、VICSセンターで編集、処理された渋滞や交通規制などの道路交通情報をリアルタイムに送信し、カーナビなどの車載機に文字・図形で表示するシステム。

モバイルネットワークの未来

> **Key word** **4G** 国際電気通信連合が定める第4世代移動通信システムの略称で、携帯電話やモバイル通信機器などの移動体通信では標準化を目指している。

▶ 第4世代モバイルネットワークの世界

　第4世代移動通信システム（4G）とは、第4世代の無線移動体通信技術の総称で、別名**IMT-Advanced**（アイエムティ アドバンス）とも言われ、国際電気通信連合：ITU（知っ得 参照）によって呼ばれる名称である。

　そして、国際電気通信連合は4Gに適合するシステムとして、2012年2月にLTEの後継規格の「**LTE-Advanced**（エルティー アドバンス）」とWiMAXの後継規格の「**WiMAX2**（ワイマックスツー）」の2つの方式を国際標準にすると決めた。具体的に4Gでは、静止時と低速移動時でも最大時のデータ通信速度を1Gps以上、高速移動時でも100Mbps程度という速度で利用できるシステムになるといわれている。

　国際的に承認された2つの方式のうち、LTE-Advancedは、3G携帯電話の国際的な仕様の検討や作成を行う標準化プロジェクトの**3GPP**が推進しているもので、第3.9世代（3.9G）の**LTE**（ドコモのXi/クロッシィやiPhone5で対応）をさらに発展させたものでる。

　そのLTE-Advancedの特徴が広帯域化とMIMO（Multiple Input Multiple Output：マイモ）伝送の採用だ。MIMOは送受信に複数アンテナを用いて、複数の信号を同じ周波数で受信できるアンテナ技術で、第4世代通信が目指す大容量通信を実現するためにも欠かせない。このLTE-Advancedが実用化されれば、1Gbpsの下り最大速度を見越していて、有線接続による光ファイバーに匹敵する速度が期待される。

　具体的な一例として紹介すると、ドコモではクロッシィの高速化実現に向けてLTE-Advancedの実用化を進めていて、2012年から2014年の間にはデータ通信速度の高速化が実現する予定である。

　一方、WiMAX2は2011年に**IEEE**（電気通信に関する国際的な標準化団体）によって標準化されたもので、業界団体であるWiMAX Forumによる愛称である。

　WiMAX2のサービスが開始されれば、40MHzまでのチャンネル帯域を使用し、下りで最大330Mbps、時速500kmでの高速移動中でも利用できる予定だ。これらが実現すれば、LTE-Advanced同様に有線接続による光ファイバーのデータ通信速度に匹敵する。

　このようにして、4Gシステムが今後定着していくと、場所を問わず快適なデータ通信が行えるようになり、固定のインターネットアクセス回線が必要ない時代になるかもしれない。

知っ得 ITU（Internationl Telecommunication Union：国際電気通信連合）は通信分野の標準化の取り決めを行っている。無線部門の勧告を行っているのが、ITU-Radiocommunicationだ。

10-2 モバイルネットワークの世界

新幹線でインターネット通信
数kmから数10kmの範囲で使える無線通信技術WiMAX2は、実現すれば、40MHz帯域で下り最大330Mbpsの高速通信が可能ともいわれている。また、目標として最大移動速度が時速500kmでも対応できるようにすることである。2013年頃にはLTE-Advancedのサービスが開始されれば、WiMAX2とのサービス競争が始まると予想される。

室内でモバイル通信
既存の通信システムにあまり干渉せず、低電力、低コストで高精度な長距離モバイル通信を実現。位置測定、レーダー、無線通信の3つの機能をあわせ持つことも可能だ。

カーナビとスマホを連動
カーナビでスマートフォンの機能を使うように、カーナビも変化してきている。スマートフォンをつなげることで、カーナビでツイッターやフェイスブック、インターネットラジオを利用できるようになる。また、AR技術搭載のカーナビも販売が開始され、今後どのように広まっていくかが注目である。

ユビキタスサービスの実現

第4世代モバイルネットワークが実現すると、スマートフォンやタブレット端末、あるいはウルトラブックなどの接続機器さえあれば、今以上の高速度で快適にインターネット上で提供される様々なサービスをいつでもどこでも場所を問わずに利用できるようになる。まるで小さな端末が「どこでもドア」のように可能性を秘めた世界への入り口になるのは間違いない。

豆知識　WiMAXやLTEは、携帯電話会社によっては4Gと呼んだり、宣伝では4Gと表示されることがあるが、厳密には3.9Gに相当する。

近未来のハイテク生活

Key word　マルチ編成　ハイビジョン1チャンネル分で2～3チャンネル分を放送できるため、サブチャンネルとして設けることができる。

▶ テレビネットワークの未来

　テレビ放送がすべてデジタル化した現在、マルチ編成も行われるようになり、テレビで受信できる情報量は以前の2から3倍にもなった。そのため、多様なサービスが可能となっている。

　画質・音質はアナログ放送と比べ大幅に向上し、大画面での視聴やサラウンドでの臨場感溢れる音声サービスを提供し、放送と同時にデータ放送や電子番組表の提供、双方向サービスなどはインターネットサービスのようなしくみになっている。いうなれば、テレビを見ながらインターネット通信をしているということだ。そこで、テレビを様々なネットワークに接続すれば、そのまま、テレビネットワークが実現する。この結果、テレビショッピングやクイズ番組、ゲーム番組への参加にとどまらず、医療施設のネットワークに接続して、インターネットを通じた訪問看護を実現したり、テレビで見聴きした映画や音楽を配信してもらうことも可能になる。

　またインターネット接続で可能なサービスがテレビでも可能になる。立体映像を配信できるようになれば、プロジェクターを使ってスクリーンに投影するように、複数方向からの投影で三次元空間に立体映像を映し出すということも可能になるかも知れない。リビングがそのままテレビ空間になり、あたかも出演者の1人になったかのように画面の中に入ることも夢ではない。香りや感触もデジタル信号に乗せて情報として送信できるようになれば、家庭で料理教室や創作教室に参加することもできる。

　平面的空間が立体的で五感で捉えられる感性豊かなものになるだろう。

▶ ハイテク住宅の予想図

　カーテンの開閉や部屋の照明を点けたり消したり、テレビのチャンネルを変えたりすることが、手をかざすだけで自由自在に行えるようになるかもしれない。

　これを実現する技術が、Microsoftが家庭ゲーム機Xbox360用に開発した「Kinect（キネクト）センサー」だ。2012年現在、一般住宅でも採用しようと実用化に向けて開発中である。

　Kinectは被接触型の専用カメラを設置することで、プレイヤーの3次元の動きや姿勢をリアルタイムに認識し、ゲーム内にその動きを取り入れることができるものだ。

一口メモ　Kinectには、音声認識機能も付いているので、声で家電などをコントロールすることも将来的には実現するかもしれない。

10-3 未来のテレビネットワーク

遠隔医療
テレビに接続した体温、脈拍、血圧、心拍などを測るバイオセンサーを使って、在宅で診察が受けられる。病院まで移動する体力の負担や待ち時間が軽減される。

インターネット大学
教育機関に接続して、生の講義を聴くことができる。科学実験なども体感できるようになる。

インターネットオフィス
商業施設やオフィスに接続して、売り場やオフィスの状況をテレビを通して見ることができる。

3D映像
光通信では、瞬時に大量のデータを送信できるようになり、3Dを使った立体映像も瞬時に送信できる。

第10章

知っ得 インターネット通信は中継時にデータを盗み見ることが可能なため、情報漏洩を防ぐために暗号化にはSSLというプロトコルが使われている。

COLUMN

ボディアクセスネットワーク

● ラスト1mの近距離通信

　体に装着できるウェアラブルコンピューターとの通信技術として提案された人体通信技術は、各種設備の中に埋め込まれたコンピューターとの通信を可能にしようというものだ。

　接続のオンオフは直接触れたり、見たりする人間の自然な行為で実行される。すなわち、人体を通信経路とし、人間の自然な行為で通信が可能となる通信ネットワークをBAN（ボディアクセスネットワーク）という。

　このような人体通信では、通信を確立するための手順が煩雑なBluetoothなどの短距離無線通信技術や有線での配線の煩わしさがない。

　また、端末を使わない通信技術は通信妨害に強く、秘匿性の高い通信が可能だろう。接続情報はすべて個人が所有し、生態認証技術がさらに進化すれば、ユーザーの認証やパスワードの入力の必要もなくなるはずだ。

　現時点においは、ICチップに個人情報を書き込んで体に埋め込む方法などが考えられるが、DNA情報を瞬時に読み取れる装置ができればそんな必要もないかも知れない。

　接続情報を個人だけが所有できれば、通信の内容を盗み見られることもない、万全のセキュリティを確立できるようになるだろう。

● BANの未来予想図

　理想的なBANは、人体に通信装置を直接取り付け、脳からの指令をそのまま送信することで、入出力装置や本体機器を必要としない、ICカードなどの端末も必要ないネットワークが実現できるというものだ。入出力という行為を省略して、直接対象物に触れたり、視線を当てるだけで通信できる。

　具体的にはドアに触れるだけで、施錠、開錠ができ、ATMや自動販売機の前に立って、パネルの操作項目に視線を合わせるだけで、目的を達せられる。駅の改札や会社での入退室もゲートやドアに触れるだけで瞬時に個人認証が行われて通過できる。

　まさに、ネットワークを意識させない究極のユビキタス社会が実現される。

さくいん

数字/A,B,C

1000BASE-T 65
10BASE2 64
10BASE5 64
10BASE-T 65
10BASE-TX 65
2.4GHz帯 114
3DS 13
3GPP 214
4G 214
5.1ch 204
ADC 48
ADSL回線 144
AES 122
BAN 218
B-CASカード 194
BML 196
BS放送 198
CATV 208
CDM 56,116
CDMA 152
CELP方式 49
CSMA/CA 118
CSMA/CD 68
CS放送 198
CWDM 56

D,E,F

DFBレーザー 52
DNSサーバー 88
DSSS/CCK方式 121
DWDM 56
EPG放送 195
FDDI 74

FDM 56,116
FDMA 151
FeliCa 22
FOMA 149
FON 126
FPレーザー 52
ftp 100

H,I

H264/MPEG-4 AVC 109
http 100
https 100
IEEE 214
IEEE802.11 12
IEEE802.1X 123
ILS 28
IMT-Advanced 214
iOS 162,164
iPad 10,164
iPhone 8,162
iPhone4S 8
iPhone5 9
IP-PBX 180
IPv4 88
IPv6 88
IP-VAN 76
IPアドレス 88
IPセントレックス 180
IP電話 172,176
IP電話アダプタ 184
IPネットワーク 172
IPパケット 86
IP放送 206
IPマルチキャスト放送 206
ITU 214

219

K,L,M

Kinectセンサー 216
LAN...60,62
LTE 152,214
LTE-Advanced 153,214
MACアドレス 86
MACフレーム 66,68,86
MIMO 120,214
MPEG-2 109
MPEG2-AAC 205
MPEG-4 109
MSO..208

N,O,P,R

NAT 186
OFDMA.....................................153
OFDM方式 121
OLT 186
ONU..184
OSI参照モデル 90
PBX 143,178
PCM方式 49
PHS 166
POP3 102
PSP Vita 12
RFID 22,212

S,T,U

SIPサーバー 175,186
Skype 188
SMTP 102
TCP/IP 90,92,172
TDM 56,116
TDMA 151
UHF 190
UHFアンテナ 194,210
URL 100

V,W

VHF波 191
VLAN 78,182
VoIP 174
VoIPゲートウェイ 175,178
VPN 58
WAN 60
WANサービス 76
WDM 56
WEP 122
WiMAX 124
WiMAX Speed Wi-Fi 16,124
WiMAX2 214
WINDS 30
WPA 122

あ

アクセスポイント 118
アップリンク 198
アドホックネットワーク 212
アナログ信号 46
アナログデータ 48
アナログ変調 54
アプリ（スマートフォン） 163
暗号化 122
アンテナ 44,157
アンドロイド 162,164
イーサネット 64
位相偏移変調 54
位相変調 54
移動体通信 148
移動通信制御局 160
インターネット 82,144
インターネットVPN 76
インターネット検索 106
インターネット通信衛星 30
インターネットプロバイダー 82
ウェブページ 100

ウェルノウンポート 95
衛星デジタル放送 200
衛星放送 198
衛星放送受信アンテナ 210
液晶ディスプレイ 202
オンデマンド型 108

―― か ――

カーナビ 24
カスケード接続 65
仮想LAN 78,182
加入者線 132
加入電話 130
カプセル化 92
架空ケーブル 133
幹線ケーブル 133
基幹LAN 74
きずな 30
基地局 155,158
キャリア 54
共通線信号網 142
緊急電話 136
クラウド・コンピューティング 110
クラウドサービス 110
クラッキング 98
グラハム・ベル 128
携帯ゲーム機 12
携帯電話 148
携帯電話用周波数帯 156
ケーブル 40
ケーブルテレビ 208
検索エンジン 106
検索ロボット 106
広域イーサネット 76
広域通信網 60
公開鍵暗号方式 104
高画質放送 195
公衆交換電話網 134

公衆電話 136
公衆無線 126
構内通信網 60
航法援助無線 26
交流電流 38
小型基地局 158
国際通信衛星 138
国際電気通信連合 214
国際電話 138,140
国際プレフィックス 140
国際ローミング 170
国産電話機 129
極超短波 44
国内プレフィックス 140
固定電話 18,128
固定電話網 134

―― さ ――

サーバー 82
サンプリング周波数 48
サンプリング 48
市外識別番号 140
しきい値 46
支線LAN 74
時分割多重 56
字幕放送 195
ジャム信号 68
周波数 44,54,114
周波数帯 157
周波数分割多重 56
周波数偏移変調 54
周波数変調 54
シングルモード 42
人工衛星 200
振幅偏移変調 54
振幅変調 54
スイッチングハブ 70
スカイプ 188

スター型LAN	62
スタティックルーティング	96
ストリーミング形式	108
スペクトラム拡散方式	121
スマートフォン	8,149,162
セキュリティ（無線LAN）	122
センサノード	212
セットトップボックス	209
セル方式	154
センサー	212
センサーネットワーク	212
全二重通信	70
専用回線	58
増幅器	50
走査線	190
双方向データ放送	196
ソケット	94
組織内IP電話	178

■■■ た ■■■

ダイナミックルーティング	96
ダイヤル方式	130
第4世代移動通信システム	214
ダウンリンク	198
多元接続方式	150
多重化	116
多値振幅変調	54
タブレット端末	164
地上デジタル放送	190,194
チャンネル	116
超短波	44
超長波	44
長波	44
直交振幅変調	54
直行周波数分割多重方式	121
ツイストペアケーブル	40
通信装置（宇宙探査機）	32
（空港）	28
（航空機）	26
通信プロトコル	90
ディスプレイ	202
データ放送	195
デジタル	194
デジタル信号	46
デジタルデータ	48
デジタル変調	54
テレビ	190
テレビ受信アンテナ	210
テレビネットワーク	216
電気信号	50
電子証明書認証	104
電子署名	104
電子認証	104
転送遅延	176
電波	38,44,163
電波塔	192
電波時計	34
電話	128
電話回線	144
電話番号	140
動画圧縮	108
動画配信	108
東京スカイツリー	193
東京タワー	192
同軸ケーブル	40
盗聴	146
トークン	72
トークンパッシング	72
トークンリング	72
ドメイン名	88
トランジスタ	50

■■■ な・は ■■■

二重構造	74
ネットワーク	60
ノード	61

バーチャルLAN	182
パケット	84,174,184
パケット化遅延	176
バス型LAN	62
波長分割多重	56
発信者番号	142
パラボラアンテナ	45,210
パルス	130
搬送波	54
半導体レーザー	52
ハンドオーバー	160
ビーコン	24
光回線終端装置	184
光信号	36
ひかり電話	182
ひかり電話アダプタ	184
光ファイバー	42,144
光ファイバー海底ケーブル	138
光ファイバーケーブル	42
標本化	48
ファイアウォール	98
ファクシミリ	20
フェリカ	22
フォトトランジスタ	50
復号化	49
符号化	49
符号分割多重	56
プッシュ方式	130
プラスチックローミング	170
プラズマディスプレイ	202
フレーム	66
ブロードキャスト	78
ブロードキャストフレーム	78
ブロードバンド	144
プロキシサーバー	101
ベル	37
変調	54
ボイジャー	32
傍受	146
ポート番号	94
ボディアクセスネットワーク	218

ま・や・ら・わ

マイクロセル方式	166
マイクロ波	44
マイモ	120
マルコーニ	37
マルチキャスト通信	112
マルチ編成	195,216
マルチメディア符号化方式	196
マルチモード	42
ミリ波	44
無線	44
無線LAN	118,120,122,162,164
無線LANルーター	14
無線通信	38,114,116
メールの送受信	102
メタルケーブル	40
モールス信号	36
モバイルWiMAX	16,124
モバイルネットワーク	214
有機ELディスプレイ	203
有線通信	38
ユニバーサルサービス	136
リアルタイム型	108
量子値	48
リング型LAN	63
ルーター	14,84
ルーティング	96
ルーティングテーブル	96
レイヤ3スイッチ	80
ワンセグ放送	168,195

■執筆・編集
高作 義明 たかさく・よしあき
横浜市立大学大学院（商学部経営学科）修士課程修了。同大学において講師（情報処理）を歴任、C言語を指導。また、國學院大學においても情報処理講師を歴任。現在はパソコン書籍の執筆。著書「徹底図解 パソコンのしくみ」「今さら聞けないパソコンの常識［改訂4版］」 以上2冊・新星出版社、他多数

■担当スタッフ
株式会社 トリプルウイン
書籍の執筆及び、Macにて書籍の編集やデザイン、制作を行う。

■イラスト
加藤 愛一 かとう・あいいち

■本文デザイン
中濱 健治 なかはま・けんじ

■お問い合わせ
本書の内容に関するお問い合わせは、書名・発行年月日を明記の上、下記の宛先まで書面、または電子メールにてお願いいたします。電話によるお問い合わせはお受けしておりません。なお、本書の範囲をこえるご質問等につきましてはお答えできませんので、あらかじめご了承ください。

〒927-2151 石川県輪島市門前町走出6-15
　　　　　　（株）トリプルウイン　読者質問係
　　　　　　mail：mon_4121@yahoo.co.jp

落丁・乱丁のあった場合は、送料当社負担でお取替えいたします。当社営業部宛にお送りください。
法律で認められた場合を除き、本書からの転写、転載（電子化を含む）は禁じられています。代行業者等の第三者による電子データ化及び電子書籍化は、いかなる場合も認められていません。

徹底図解　通信のしくみ　改訂版

著　者　　高　作　義　明
発行者　　富　永　靖　弘
印刷所　　誠宏印刷株式会社

発行所　東京都台東区　株式　新星出版社
　　　　台東2丁目24　会社
　　　　〒110-0016　☎03(3831)0743

©Yoshiaki Takasaku　　　　　　Printed in Japan

ISBN978-4-405-10709-0